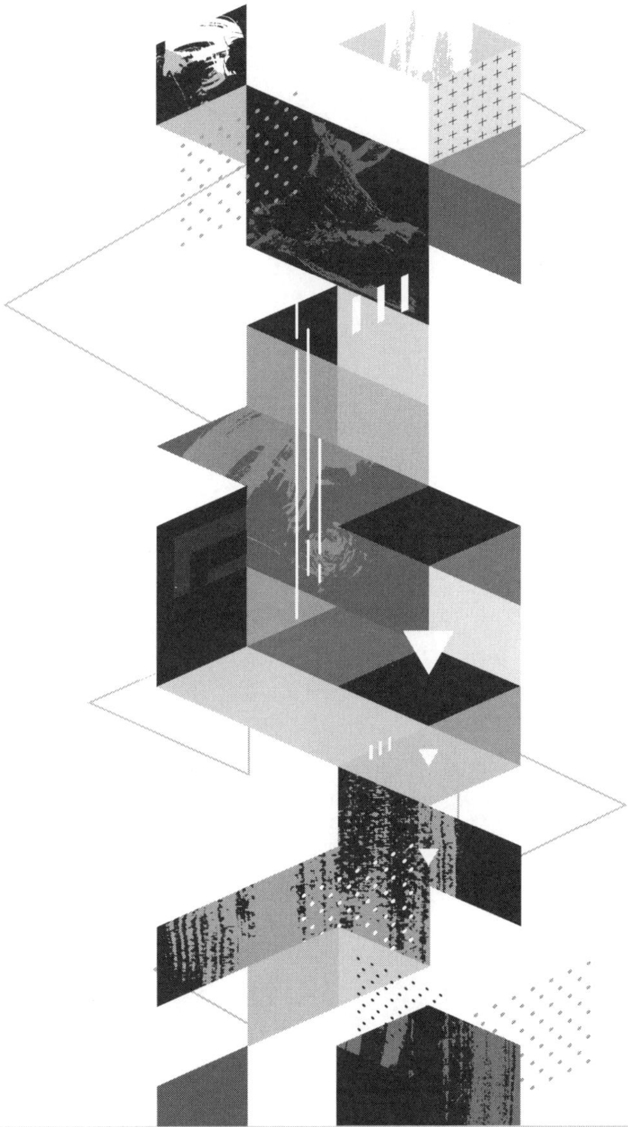

위험물시설론

정거성 지음

도서출판 동화기술

머리말

21세기의 산업이 급속도로 발전함에 따라 에너지, 연료사용의 다양한 변화로 인하여 위험물의 생산 및 소비에 있어서도 무엇보다도 안전한 취급이 요구되고 있는 실정입니다.

특히 위험물의 제조소, 저장소, 취급소의 시설이 대형화 되고 차량용, 기계설비용, 연료용, 제품생산용 등으로 위험물 사용이 증가하고 있는 추세로 화재 및 각종 재해 예방을 위해서는 무엇보다도 시공자의 위험물시설기준에 적합한 공사와 설치자의 계획적인 안전관리가 최우선이라고 판단되며 앞으로 과학적이고 체계적인 연구가 필요하다고 봅니다.

본서는 이러한 점을 감안하여 위험물을 저장하기 위한 시설, 설비의 구조와 품목별로 안전하게 취급하는 요령 등을 중심으로 전문성을 살리고 누구나 쉽게 이해할 수 있도록 편집하여 위험물 안전관리에 대한 관심을 갖도록 노력하였습니다.

첫째, 제조소등의 위치, 구조, 설비의 기준을 위험물안전관리법 시행규칙 별표 내용의 순서대로 엮어 효율적으로 공부하는데 중점을 두었으며

둘째, 국내 서술적인 기준설명을 도표화하여 관계인이 쉽게 해득할 수 있도록 하였고

셋째, 국내 소방교육기관에서 사용하고 있는 교재와 관련 실무서적을 참고하여 내용의 객관성을 유지하였습니다.

소방관련학과 학생, 소방공무원, 위험물안전관리자, 위험물탱크시험 및 기술인력, 위험물관련업체 종사자, 위험물관련자격을 취득하기 위하여 준비하는 사람에게 조금이나마 도움이 되었으면 합니다.

끝으로 30여 년간 소방현장업무의 경험을 바탕으로 전문적인 분야를 누구나 이해할 수 있는 실용성 있는 내용으로 쓰려고 노력하였습니다만 미흡한 부분에 대해서는 많은 조언을 당부 드리고 계속 수정, 보완해 나갈 것을 약속드리며 이 책이 나오기까지 도움을 주신 여러분께 감사의 말씀을 드립니다.

저자 정거성

차 례

Chapter 1 위험물제조소등 시설 개요

Chapter 2 위험물제조소

Chapter 3 위험물저장소

Chapter 5 위험물제조소등 소방시설

Chapter 6 위험물의 저장 및 취급기준

Chapter 7 위험물 운반에 관한 기준

Chapter 8 위험물 운송시 준수기준

Chapter

01 위험물제조소등 시설 개요

제1절 위험물제조소등의 개념

제1관 위험물제조소등의 정의

위험물이란 인화성 또는 발화성 등의 성질을 가지는 것으로서 그 성질상 화재 또는 폭발의 위험이 높아 함부로 저장 또는 취급하게 되면 생명 및 재산상의 손실을 초래할 우려가 매우 높다. 따라서 지정수량 이상의 위험물의 저장 또는 취급은 법에 의해 금지되어 있으며 일정한 시설을 설치한 경우에 한하여 저장 또는 취급할 수 있도록 하고 있다.

지정수량 이상의 위험물을 저장하거나 취급하기 위해서는 법에 정하는 기준에 적합하게 시설을 갖추고 시·지도사의 설치허가 및 완공검사를 받도록 규정하고 있다. 이러한 장소를 가리켜 위험물제조소등이라 하고, 위험물을 이용하는 목적 및 형태 등에 따라 위험물제조소, 위험물저장소, 위험물취급소로 분류한다.

제2관 위험물제조소등의 구분

Ⅰ. 위험물제조소

위험물을 제조할 목적으로 지정수량 이상의 위험물을 저장 또는 취급하기 위한 시설을 설치한 장소로서 위험물시설의 설치허가(허가가 면제된 경우 및 협의로써 허가를 받은 것으로 보는 경우를 포함)를 받은 장소를 말한다.

Ⅱ. 위험물저장소

지정수량 이상의 위험물을 저장하기 위한 장소로서 위험물시설의 설치허가를 받은 장소를 말하며, 다음과 같이 8가지로 구분한다.

1. 옥내저장소

옥내(지붕과 기둥 또는 벽 등에 의하여 둘러싸인 곳을 말한다. 이하 같다)에 위험물을 용기에 담아 저장(위험물을 저장하는데 따른 취급을 포함한다. 이하 같다)하는 장소(옥내탱크저장소 제외)를 말한다.

2. 옥외탱크저장소

옥외에 있는 탱크(지하탱크, 이동탱크, 암반탱크를 제외한다)에 위험물을 저장하는 장소로서 옥외의 지반 또는 가대 위에 탱크를 고정해서 설치하여 대량으로 위험물을 저장할 수 있다.

3. 옥내탱크저장소

전용의 건축물 내 또는 건축물의 전용실내에 설치된 탱크에 위험물을 저장하는 장소이다. 탱크의 용량제한 외에 옥내탱크저장소를 설치할 수 있는 건축물의 층수 등에 관한 제한이 있다.

4. 지하탱크저장소

지하에 매설된 탱크에 위험물을 저장하는 장소이다. 저장시설의 본체가 지중에 매설되므로 지상에는 탱크에 부속하는 설비만이 설치되는 특수한 시설이다.

5. 간이탱크저장소

간이탱크에 위험물을 저장하는 저장소로서 탱크의 용량, 탱크의 기수, 설치장소 등에 관한 제한이 있다.

6. 이동탱크저장소

차량(피견인자동차에 있어서는 앞차 축을 갖지 아니하는 것으로서 당해 피견인자동차의 일부가 견인자동차에 적재되고 당해 피견인자동차와 그 적재물의 중량의 상당부분이 견인자동차에 의하여 지탱되는 구조의 것에 한한다)에 고정된 탱크에 위험물을 저장하는 장소를 말한다. 일반적으로 탱크로리라 부르는 저장소이다.

7. 옥외저장소

옥외의 장소에서 제2류 위험물 중 유황 또는 인화성고체(인화점이 섭씨 0도 이상), 제4류 위험물 중 제1석유류(인화점이 섭씨 0도 이상) · 알코올류 · 제2석유류 · 제3석유류 · 제4석유류 및 동식물유류 또는 제6류 위험물을 저장하는 저장소(옥외탱크저장소 제외)이다. 다만, 「관세법」 제154조[1]의 규정에 의한 보세구역의 경우에는 제2류 위험물 및 제4류 위험물 중 특별시 · 광역시 또는 도의 조례에서 정하는 위험물을 저장할 수 있다. 「국제해사기구에 관한 협약」에 의하여 설치된 국제해사기구가 채택한 「국제해상위험물규칙」(IMDG Code)에 적합한 용기에 수납된 위험물이다.

8. 암반탱크저장소

지하 암반 내의 공간을 이용한 탱크에 액체의 위험물을 저장하는 장소를 말한다. 일반적으로 원유나 석유의 대량 비축에 사용되는 저장소이다.

---

1) 관세법 제154조(보세구역의 종류)
보세구역은 지정보세구역 · 특허보세구역 및 종합보세구역으로 구분하고, 지정보세구역은 지정장치장 및 세관검사장으로 구분하며, 특허보세구역은 보세창고 · 보세공장 · 보세전시장 · 보세건설장 및 보세판매장으로 구분한다.

III. 위험물취급소

지정수량 이상의 위험물을 제조 외의 목적으로 취급하기 위한 장소로서 설치허가를 받은 장소를 말하며, 그 목적에 따라 주유취급소, 판매취급소, 이송취급소, 일반취급소로 구분된다.

1. 주유취급소

고정된 주유설비(항공기에 주유하는 경우에는 차량에 설치된 고정주유설비를 포함한다.)에 의하여 자동차·항공기 또는 선박 등의 연료탱크에 직접 주유하기 위하여 위험물(「석유 및 석유대체연료 사업법」 제29조[2]에 규정에 의한 가짜석유제품에 해당되는 물품 제외)을 취급하는 장소를 말하며 위험물을 옮겨 담거나 차량에 고정된 5,000 ℓ 이하의 탱크에 주입하기 위하여 고정된 급유설비를 병설한 장소를 포함한다.

2. 판매취급소

점포에서 위험물을 용기에 담아 판매하기 위하여 지정수량의 40배 이하의 위험물을 취급하는 장소로 저장할 수 있는 위험물의 수량에 따라 제1종 판매취급소와 제2종 판매취급소로 구분하고 있으며 위험물을 배합하는 실을 따로 두고 있다.

---

2) 석유 및 석유대체연료 사업법 제29조(가짜석유제품 제조 등의 금지)

① 누구든지 다음 각 호의 가짜석유제품 제조 등의 행위를 하여서는 아니 된다.

1. 가짜석유제품을 제조·수입·저장·운송·보관 또는 판매하는 행위
2. 가짜석유제품임을 알면서 사용하거나 제10조 및 제33조에 따라 등록·신고하지 아니한 자가 판매하는 가짜석유제품을 사용하는 행위
3. 가짜석유제품으로 제조·사용하게 할 목적으로 석유제품·석유화학제품·석유대체연료 또는 탄소와 수소가 들어 있는 물질을 공급·판매·저장·운송 또는 보관하는 행위

② 제1항에도 불구하고 다음 각 호의 경우는 제1항에 따른 가짜석유제품의 제조 등의 행위로 보지 아니한다.

1. 석유정제업자가 제5조 제1항에 따라 등록한 석유정제시설을 이용하여 석유제품을 제조하는 경우
2. 석유정제업자, 석유수출입업자 또는 국제석유거래업자가 품질보정행위를 하는 경우
3. 석유정제업자 또는 석유수출입업자가 제26조의2에 따라 석유대체연료를 혼합하는 경우
4. 시험·연구 목적으로 제2조 제10호 각 목의 어느 하나의 방법을 사용하여 연료를 제조하거나 그 제조 연료를 저장·운송 또는 보관하는 경우
5. 경주용자동차 등 산업통상자원부령으로 정하는 특수용도의 연료로 제조 또는 판매하는 경우

5의2. 국제석유거래업자가 종합보세구역에서 석유제품 등을 혼합하여 석유제품을 제조(종합보세구역에서 종합보세사업장을 설치·운영하는 자에게 위탁하여 제조하는 경우를 포함한다)하여 그 제품을 보세구역에서 거래하는 경우

6. 그 밖에 석유제품을 대체하여 사용할 수 있는 연료로서 산업통상자원부장관이 그 이용·보급을 확대할 필요가 있다고 인정하여 기획재정부장관과의 협의를 거쳐 이용·보급의 방법, 대상 및 절차 등을 고시한 경우

3. 이송취급소

배관 및 이에 부속하는 설비에 의하여 위험물을 이송하는 장소를 말한다.

4. 일반취급소

상기한 취급소에 해당하지 아니하는 취급소(「석유 및 석유대체연료 사업법」 제29조 규정에 의한 가짜석유제품에 해당하는 위험물을 취급하는 경우의 장소를 제외)를 말한다. 제조소와는 달리 위험물을 이용하여 최종산물이 위험물이 아닌 제품을 제조·생산 경우 또는 위험물을 생산하지 아니하는 제반 취급소를 일반취급소라 할 수 있다.

제2절 위험물제조소등의 설치

제1관 위험물제조소등 설치허가

1. 위험물을 제조·저장 및 취급하는 장소에 대한 각종 위해를 방지하여 안전을 확보하기 위하여 제조소등을 설치하고자 하는 자에 대하여 시·도지사의 허가를 받도록 규정하고 있다.
   현 법령에 정하는 위치·구조·설비의 일정한 사항을 변경할 경우에도 시·도지사에게 허가를 득하여 변경하도록 하는 소방상 위험성을 배제하기 위한 제도적인 안전장치라고 볼 수 있다.
2. 설치허가 또는 변경허가를 할 경우 후술하는 위험물제조소등의 위치·구조 또는 설비에 관한 기준 등 허가에 필요한 사항을 기재한 「제조소등 설치허가 또는 변경허가 신청서」를 시·도지사 또는 소방서장에게 제출하여야 한다.
3. 위험물제조소등 설치허가를 받은 자가 제조소등의 설치를 마치거나 그 위치·구조 또는 설비의 변경을 마친 때에는 당해 제조소등마다 시·도지사가 행하는 완공검사(액체를 사용하는 위험물탱크인 경우에는 탱크안전성능검사를 마친 후)를 받아 완공검사 필증을 교부받음으로서 사용할 수 있다.

제2관 위험물 탱크안전성능검사

Ⅰ. 의의

탱크안전성능검사라 함은 위험물저장탱크의 안전성을 확인하는 것을 말하며 주로 비파괴시험, 충수시험, 수압시험, 기밀시험 등으로 실시한다.

「위험물안전관리법」 제8조의 탱크안전성능검사의 규정은 각종 위험물의 위해로부터의 안전을 위하여 위험물을 저장하는 시설 중 가장 대표적인 위험물탱크에 대한 규정을 하고 있다. 위험물을 저장하는 용기인 탱크에 대한 규정은 안전 확보를 위한 시설 규제 차원에서는 가장 중요하며 가장 일차적인 사항이라 할 수 있다.

위험물을 저장하는 용기에 대한 안전이 확보되지 않으면 여타의 모든 안전사항들이 무의미하게 될 수 있기 때문에 이 규정은 제조소등에 설치되는 위험물탱크에 대한 안전을 확보하기 위하여 제조소등의 허가를 득한 자가 위험물탱크 설치시 또는 탱크의 위치·구조 설비의 변경공사를 할 때에도 당해 탱크의 안전성능검사를 시·도지사가 실시하도록 규정하고 있다. 탱크의 안전과 관련하여 탱크안전성능검사는 권한 위임된 관할소방서장이 실시하고 기술원에 업무위탁 그리고 탱크시험자가 전문적이고 효율적으로 수행하기위하여 기술능력·시설 및 장비를 갖추어 시·도지사에게 등록한 후 탱크시험자의 업무에 종사할 수 있도록 규정하고 있다.

II. 안전성능검사를 받아야 하는 탱크저장시설

위험물탱크 용량이 지정수량 이상인 액체위험물탱크로서 옥내탱크, 옥외탱크, 지하탱크, 간이탱크, 이동탱크, 암반탱크

III. 탱크안전성능검사자

1. 소방서장
2. 한국소방산업기술원
3. 위험물 탱크안전성능시험자로 등록한 자

IV. 위험물 탱크안전성능검사의 구분과 검사신청시기

1. 기초·지반검사

가. 내용 : 위험물 탱크의 기초 및 지반에 관한 공사에 있어서 당해 탱크의 기초 및 지반이 행정안전부령으로 정하는 기준에 적합한지 여부를 확인

나. 검사 신청시기 : 위험물탱크의 기초 및 지반에 관한 공사의 개시 전

다. 검사결과 : 검사결과 검사신청자에게 서면 통지

라. 해당탱크 : 옥외탱크저장소의 액체위험물탱크 중 그 용량이 100만ℓ 이상인 탱크

2. 충수·수압검사

가. 내용 : 탱크의 배관 그 밖의 부속설비를 부착하기 전에 당해 탱크 본체의 누설 및 변형에 대한 안전성이 행정안전부령으로 정하는 기준에 적합한지 여부를 확인

나. 검사신청시기 : 위험물을 저장·취급하는 탱크에 배관 기타의 부속설비를 부착하기 전

다. 검사결과 : 신청자에게 탱크검사필증교부

라. 해당탱크 : 액체위험물을 저장 또는 취급하는 탱크. 다만, 다음에 해당하는 탱크를 제외한다.

1) 제조소 또는 일반취급소에 설치된 탱크로서 용량이 지정수량 미만인 것

2) 「고압가스 안전관리법」 제17조제1항[3]의 규정에 의한 특정설비에 관한 검사에 합격한 탱크

3) 「산업안전보건법」 제34조제2항[4]의 규정에 의한 성능검사에 합격한 탱크

3. 용접부검사

가. 내용 : 탱크의 배관 그 밖의 부속설비를 부착하기 전에 행하는 당해 탱크의 본체에 관한 공사에 있어서 탱크의 용접부가 행정안전부령으로 정하는 기준에 적합한지 여부를 확인

나. 검사신청시기 : 탱크본체에 관한 공사개시 전

다. 검사결과 : 신청자에게 탱크검사필증교부

라. 해당탱크 : 옥외탱크저장소의 액체위험물탱크 중 그 용량이 100만 ℓ 이상인 탱크. 탱크 저부에 관계된 변경공사(탱크의 옆판과 관련되는 공사를 포함하는 것을 제외한다)시 정기검사에 의해 용접부에 관한 사항이 행정안전부령으로 정하는 기준에 적합하다고 인정된 탱크는 제외

---

3) 고압가스 안전관리법 제17조(용기등의 검사)

① 용기등을 제조·수리 또는 수입한 자(외국용기등 제조자를 포함한다)는 그 용기등을 판매하거나 사용하기 전에 산업통상자원부장관, 시장·군수 또는 구청장의 검사를 받아야 한다. 다만, 대통령령으로 정하는 용기등에 대하여는 그 검사의 전부 또는 일부를 생략할 수 있다.

4) 산업안전보건법 제34조(안전인증)

① 고용노동부장관은 유해하거나 위험한 기계·기구·설비 및 방호장치·보호구(이하 "유해·위험한 기계·기구·설비등"이라 한다)의 안전성을 평가하기 위하여 그 안전에 관한 성능과 제조자의 기술능력 및 생산 체계 등에 관한 안전인증기준(이하 "안전인증기준"이라 한다)을 정하여 고시할 수 있다. 이 경우 안전인증기준은 유해·위험한 기계·기구·설비등의 종류별, 규격 및 형식별로 정할 수 있다.

② 유해·위험한 기계·기구·설비등으로서 근로자의 안전·보건에 필요하다고 인정되어 대통령령으로 정하는 것(이하 "안전인증대상 기계·기구등"이라 한다)을 제조(고용노동부령으로 정하는 기계·기구 등을 설치·이전하거나 주요 구조 부분을 변경하는 경우를 포함한다. 이하 이 조 및 제34조의2부터 제34조의4까지의 규정에서 같다)하거나 수입하는 자는 안전인증대상 기계·기구등이 안전인증기준에 맞는지에 대하여 고용노동부장관이 실시하는 안전인증을 받아야 한다.

4. 암반탱크검사

가. 내용 : 탱크의 본체에 관한 공사에 있어서 탱크의 구조가 행정안전부령으로 정하는 기준에 적합한지 여부를 확인

나. 검사신청시기 : 암반탱크의 본체에 관한 공사의 개시 전

다. 검사결과 : 검사결과 검사신청자에게 서면 통지

라. 해당탱크 : 액체위험물을 저장 또는 취급하는 암반내의 공간을 이용한 탱크

제3관 완공검사

Ⅰ. 의의

완공검사란 당해 제조소등이 이 법령에서 규정하고 있는 각종 사항 및 기술기준에 적합한지 여부를 관할행정기관인 시·도지사가 확인·검사하는 것을 말하며 이는 「다중이용업소의 안전관리에 관한 특별법」 제9조제3항[5]의 다중이용업의 소방시설등의 공사를 마친

---

5) 다중이용업소의 안전관리에 관한 특별법 제9조(다중이용업소의 안전관리기준 등)

① 다중이용업주 및 다중이용업을 하려는 자는 영업장에 대통령령으로 정하는 안전시설등을 행정안전부령으로 정하는 기준에 따라 설치·유지하여야 한다. 이 경우 다음 각 호의 어느 하나에 해당하는 영업장 중 대통령령으로 정하는 영업장에는 소방시설 중 간이스프링클러설비를 행정안전부령으로 정하는 기준에 따라 설치하여야 한다.
1. 숙박을 제공하는 형태의 다중이용업소의 영업장
2. 밀폐구조의 영업장

② 소방본부장이나 소방서장은 안전시설등이 행정안전부령으로 정하는 기준에 맞게 설치 또는 유지되어 있지 아니한 경우에는 그 다중이용업주에게 안전시설등의 보완 등 필요한 조치를 명하거나 허가관청에 관계 법령에 따른 영업정지 처분 또는 허가등의 취소를 요청할 수 있다.

③ 다중이용업을 하려는 자(다중이용업을 하고 있는 자를 포함한다)는 다음 각 호의 어느 하나에 해당하는 경우에는 안전시설등을 설치하기 전에 미리 소방본부장이나 소방서장에게 행정안전부령으로 정하는 안전시설등의 설계도서를 첨부하여 행정안전부령으로 정하는 바에 따라 신고하여야 한다.
1. 안전시설등을 설치하려는 경우
2. 영업장 내부구조를 변경하려는 경우로서 다음 각 목의 어느 하나에 해당하는 경우
  가. 영업장 면적의 증가
  나. 영업장의 구획된 실의 증가
  다. 내부통로 구조의 변경
3. 안전시설등의 공사를 마친 경우

④ 소방본부장이나 소방서장은 제3항제1호 및 제2호에 따라 신고를 받았을 때에는 설계도서가 행정안전부령으로 정하는 기준에 맞는지를 확인하고, 그에 맞도록 지도하여야 한다.

⑤ 소방본부장이나 소방서장은 제3항제3호에 따라 공사완료의 신고를 받았을 때에는 안전시설등이 행정안전부령으로 정하는 기준에 맞게 설치되었다고 인정하는 경우에는 행정안전부령으로 정하는 바에 따라 안전시설등 완비증명서를 발급하여야 하며, 그 기준에 맞지 아니한 경우에는 시정될 때까지 안전시설등 완비증명서를 발급하여서는 아니 된다.

때에, 소방시설공사업법 제14조[6]의 소방시설공사업자가 소방시설공사를 마친 때 소방본부장 또는 소방서장이 당해 공사의 적정여부를 확인하는 절차와 동일한 제도이며 또한 건축법에 있어서의 사용승인제도와 유사하다.

본 조에서의 완공검사는 설치되는 당해 제조소등의 적법·적정여부의 확인 외에 이 법에서 규정하고 있는 각종 사항들을 종합적으로 점검·확인한다는 의미에서 이 법의 실효성을 간접적으로 담보하는 기능을 함께 가지고 있다.

완공검사는 위험물에 있어서 인적인 통제(설치된 제조소등에 있어서의 안전관리등)를 제외한 물적 통제의 마지막 확인과정이라 할 수 있으며 일반적으로 위험물 시설 등은 설치시에 적법·적정하게 설치하여 두면 그 이후에는 달리 위반사항이 발생할 여지가 거의 없는 것이 일반적이므로 허가 및 완공검사시에 당해 시설의 적정·여부에 대한 면밀한 확인이 필요하다.

특히 지하시설의 경우에는 지하에 묻혀버리면 완공검사시에 지하부분에 대해서는 확인할 수 없는 문제가 발생할 수 있는바 완공검사 전에 중간검사 등을 통하여 탱크등이 지하에 묻히기 전에 지하시설의 적정여부를 확인할 필요가 있다.

II. 완공검사의 예외

제소소등의 설치를 마쳤거나 또는 기존의 제조소등에 있어 변경허가를 득하고 공사를 완료한 때에는 완공검사 확인 즉 완공검사 후 적합 판정이 있어야 당해 제조소등을 사용할 수 있도록 하고 있으나, 기존의 제조소등에 있어서 설치된 시설의 변경을 하고자 변경허가신청을 할 때 당해 제조소에 있어서의 화재예방에 관한 조치사항을 기재한 서류를 제출하는 경우는 당해 제조소등에 있어서 변경 공사와 관계가 없는 나머지 부분에 대하여서는 미리 사용할 수 있도록 규정하고 있다.

---

6) 소방시설공사업법 제14조(완공검사)

① 공사업자는 소방시설공사를 완공하면 소방본부장 또는 소방서장의 완공검사를 받아야 한다. 다만, 제17조제1항에 따라 공사감리자가 지정되어 있는 경우에는 공사감리 결과보고서로 완공검사를 갈음하되, 대통령령으로 정하는 특정소방대상물의 경우에는 소방본부장이나 소방서장이 소방시설공사가 공사감리 결과보고서대로 완공되었는지를 현장에서 확인할 수 있다.

② 공사업자가 소방대상물 일부분의 소방시설공사를 마친 경우로서 전체 시설이 준공되기 전에 부분적으로 사용할 필요가 있는 경우에는 그 일부분에 대하여 소방본부장이나 소방서장에게 완공검사(이하 "부분완공검사"라 한다)를 신청할 수 있다. 이 경우 소방본부장이나 소방서장은 그 일부분의 공사가 완공되었는지를 확인하여야 한다.

③ 소방본부장이나 소방서장은 제1항에 따른 완공검사나 제2항에 따른 부분완공검사를 하였을 때에는 완공검사증명서나 부분완공검사증명서를 발급하여야 한다.

④ 제1항부터 제3항까지의 규정에 따른 완공검사 및 부분완공검사의 신청과 검사증명서의 발급, 그 밖에 완공검사 및 부분완공검사에 필요한 사항은 행정안전부령으로 정한다.

III. 완공검사의 신청

「위험물안전관리법」 제9조의 규정에 의한 제조소등에 대한 완공검사를 받고자 하는 자는 이를 시·도지사에게 신청하여야 하며 시·도지사는 제조소등에 대하여 완공검사를 실시하고, 완공검사를 실시한 결과 당해 제조소등이 「위험물안전관리법」 제5조제4항의 규정에 의한 기술기준(탱크안전성능검사에 관련된 것을 제외한다)에 적합하다고 인정하는 때에는 완공검사필증을 교부하여야 한다.

1. 완공검사의 신청에 필요한 서류

가. 배관에 관한 내압시험, 비파괴시험 등에 합격하였음을 증명하는 서류(내압시험 등을 하여야 하는 배관이 있는 경우에 한한다)

나. 소방서장, 한국소방산업기술원 또는 탱크시험자가 교부한 탱크검사합격확인증 또는 탱크시험합격확인증(해당 위험물탱크의 완공검사를 실시하는 소방서장 또는 기술원이 그 위험물탱크의 탱크안전성능검사를 실시한 경우는 제외한다)

다. 재료의 성능을 증명하는 서류(이중벽탱크에 한한다)

라. 「위험물안전관리법 시행령」 제22조제1항제2호[7]의 규정에 의하여 한국소방산업기술원 완공검사를 실시한 경우에는 완공검사결과서에 위치·구조·설비의 설계도면을 첨부하여 소방서장에게 송부하고, 검사대상명·접수일시·검사일·검사번호·검

---

7) 위험물안전관리법 시행령 제22조(업무의 위탁)

① 법 제30조제2항에 따라 다음 각 호의 어느 하나에 해당하는 업무는 기술원에 위탁한다.

1. 법 제8조제1항의 규정에 의한 시·도지사의 탱크안전성능검사 중 다음 각목의 1에 해당하는 탱크에 대한 탱크안전성능검사
   가. 용량이 100만리터 이상인 액체위험물을 저장하는 탱크
   나. 암반탱크
   다. 지하탱크저장소의 위험물탱크 중 행정안전부령이 정하는 액체위험물탱크
2. 법 제9조제1항에 따른 시·도지사의 완공검사에 관한 권한 중 다음 각 목의 어느 하나에 해당하는 완공검사
   가. 지정수량의 3천배 이상의 위험물을 취급하는 제조소 또는 일반취급소의 설치 또는 변경(사용 중인 제조소 또는 일반취급소의 보수 또는 부분적인 증설은 제외한다)에 따른 완공검사
   나. 옥외탱크저장소(저장용량이 50만 리터 이상인 것만 해당한다) 또는 암반탱크저장소의 설치 또는 변경에 따른 완공검사
3. 법 제18조제2항의 규정에 의한 소방본부장 또는 소방서장의 정기검사
4. 법 제20조제2항에 따른 시·도지사의 운반용기 검사
5. 법 제28조제1항의 규정에 의한 소방청장의 안전교육에 관한 권한 중 제20조제2호에 해당하는 자에 대한 안전교육

② 법 제30조제2항의 규정에 의하여 법 제28조제1항의 규정에 의한 소방청장의 안전교육 중 제20조제1호 제3호 및 제4호에 해당하는 자(안전관리자로 선임된 자, 위험물운반자로 종사하는 자, 위험물운송자로 종사하는 자를 포함한다) 「소방기본법」 제40조의 규정에 의한 한국소방안전원에 위탁한다.

사자·검사결과 및 검사결과서 발송일 등을 기재한 완공검사업무대장을 작성하여 10년간 보관하여야 한다.

2. 완공검사 신청시기

가. 지하탱크가 있는 제조소등에 있어서는 당해 지하탱크를 매설하기 전

나. 이동탱크저장소에 대한 완공검사는 이동저장탱크를 완공하고 상치장소를 확보한 후

다. 이송취급소에 대한 완공검사는 이송배관 공사의 전체 또는 일부를 완료한 후에 시설별로 신청할 수 있다. 다만, 지하·하천 등에 매설하는 이송배관의 공사에 대한 검사의 신청은 매설하기 전에 이를 하여야 한다.

라. 다음의 위험물시설 중 전체 공사가 완료된 후에는 검사를 실시하기 곤란한 것에 있어서는 다음에 정하는 시기에 완공검사를 신청하여야 한다.

1) 위험물설비 또는 배관의 설치가 완료되어 기밀시험 또는 내압시험을 실시하는 시기

2) 배관을 지하에 설치하는 경우에 있어서는 시·도지사, 소방서장 또는 기술원이 지정하는 부분을 매몰하기 직전

3) 기술원이 지정하는 부분의 비파괴시험을 실시하는 시기

마. 가. 내지 라.에 해당하지 아니하는 제조소등은 공사를 완료한 후 신청한다.

3. 완공검사 신청절차

가. 지정수량의 3,000배 이상의 위험물을 취급하는 제조소 또는 일반취급소, 특정옥외탱크저장조, 준특정옥외탱크저장소, 암반탱크저장소의 완공검사

제조소등 공사완료 → 한국소방산업기술원에게 신청(완공검사신청서, 탱크검사합격확인증 또는 탱크시험합격확인증) → 검사실시 → 완공검사결과서 송부(신청인, 소방서장) → 소방서장 검토 → 완공검사필증 교부(이 경우 필증교부주체는 기술원임) → 설치자 사용

나. 일반 제조소등에 있어서의 완공검사

제조소등 공사완료 → 소방서장에게 신청(완공검사신청서, 탱크검사합격확인증 또는 탱크시험합격확인증) → 검사실시 → 완공검사필증 교부 → 설치자 사용

참 고

위험물안전관리법상 권한위임과 업무위탁

[시·도지사의 권한이 소방서장에게 위임되는 경우 : 위험물안전관리법 시행령 제21조]

1. 제조소등의 설치허가 또는 변경허가
2. 위험물의 품명, 수량 또는 지정수량 배수의 변경 신고의 수리
3. 군사목적 또는 군부대시설을 위한 제조소등을 설치하거나 그 위치·구조 또는 설비의 변경에 관한 군부대의 장과의 협의
4. 탱크안전성능검사(기술원에 위탁한 것은 제외)
5. 완공검사(기술원에 위탁한 것은 제외)
6. 제조소등의 설치자의 지위승계 신고의 수리
7. 제조소등의 용도 폐지 신고의 수리

7의 2. 제조소등의 사용중지신고 또는 재개신고의 수리

7의 3. 안전조치의 이행명령

8. 제조소등의 설치·허가의 취소와 사용정지
9. 과징금 처분
10. 예방 규정의 수리·반려 및 변경 명령
11. 정기점검 결과의 수리

[한국소방산업기술원에 업무위탁되는 경우 : 위험물안전관리법 시행령 제22조]

1. 시·도지사가 실시하는 다음 대상의 탱크안전성능검사
   가. 용량이 100만 ℓ 이상인 액체위험물을 저장하는 탱크
   나. 암반탱크
   다. 지하탱크저장소의 위험물탱크 중 행정안전부령으로 정하는 액체위험물탱크
2. 시·도지사가 실시하는 다음 대상의 완공검사
   가. 지정수량 3천배 이상의 위험물 취급하는 제조소 또는 일반취급소 설치 또는 변경에 따른 완공검사
   나. 저장용량이 50만 ℓ 이상의 옥외탱크저장소의 설치 또는 변경에 따른 완공검사
   다. 암반탱크저장소의 설치 또는 변경에 따른 완공검사
3. 소방본부장 또는 소방서장이 실시하는 정기검사(액체위험물을 저장 또는 취급하는 100만 ℓ 이상의 옥외탱크저장소)
4. 시·도지사가 실시하는 운반용기 검사
5. 소방청장이 실시하는 탱크시험자의 기술인력으로 종사하는 자에 대한 안전교육

[한국소방안전원에 업무위탁되는 경우 : 위험물안전관리법 시행령 제22조]

소방청장이 실시하는 안전교육 중 위험물제조소등 안전관리자로 선임된 자와 위험물 운송자로 종사하는 자

참 고

위험물 및 지정수량(제2조 및 제3조 관련)

위험물			지정수량
유별	성질	품 명	
제1류	산화성 고체	1. 아염소산염류	50kg
		2. 염소산염류	50kg
		3. 과염소산염류	50kg
		4. 무기과산화물	50kg
		5. 브롬산염류	300kg
		6. 질산염류	300kg
		7. 요오드산염류	300kg
		8. 과망간산염류	1,000kg
		9. 중크롬산염류	1,000kg
		10. 과요드산염류, 과요드산크롬, 납, 요드차아염소산염류, 염소화이소시아눔, 퍼옥소이황잔염, 퍼옥소붕산염 11. 제1호 내지 제10호의 1에 해당하는 어느 하나 이상을 함유한 것	50kg, 300kg 또는 1,000kg
제2류	가연성 고체	1. 황화린	100kg
		2. 적린	100kg
		3. 유황	100kg
		4. 철분	500kg
		5. 금속분	500kg
		6. 마그네슘	500kg
		7. 그 밖에 총리령으로 정하는 것 8. 제1호 내지 제7호의 1에 해당하는 어느 하나 이상을 함유한 것	100kg 또는 500kg
		9. 인화성고체	1,000kg
제3류	자연 발화성 물질 및 금수성 물질	1. 칼륨	10kg
		2. 나트륨	10kg
		3. 알킬알루미늄	10kg
		4. 알킬리튬	10kg
		5. 황린	20kg
		6. 알칼리금속(칼륨 및 나트륨을 제외한다) 및 알칼리토금속	50kg
		7. 유기금속화합물(알킬알루미늄 및 알킬리튬을 제외한다)	50kg

참 고

<table>
<tr><td rowspan="4"></td><td rowspan="4"></td><td colspan="2">8. 금속의 수소화물</td><td>300kg</td></tr>
<tr><td colspan="2">9. 금속의 인화물</td><td>300kg</td></tr>
<tr><td colspan="2">10. 칼슘 또는 알루미늄의 탄화물</td><td>300kg</td></tr>
<tr><td colspan="2">11. 염소화규소화합물
12. 제1호 내지 제11호의 1에 해당하는 어느 하나 이상을 함유한 것</td><td>10kg, 20kg, 50kg 또는 300kg</td></tr>
<tr><td rowspan="11">제4류</td><td rowspan="11">인화성 액체</td><td colspan="2">1. 특수인화물(이황화탄소, 디에틸에테르, 아세트알데히드, 삼화프로필렌)</td><td>50ℓ</td></tr>
<tr><td rowspan="2">2. 제1석유류</td><td>비수용성액체(휘발유벤젠)</td><td>200ℓ</td></tr>
<tr><td>수용성액체(아세톤, 피티딘, 아세트니트릴)</td><td>400ℓ</td></tr>
<tr><td colspan="2">3. 알코올류(에탄올, 메탄올)</td><td>400ℓ</td></tr>
<tr><td rowspan="2">4. 제2석유류</td><td>비수용성액체(등유, 경유)</td><td>1,000ℓ</td></tr>
<tr><td>수용성액체(의산, 초산)</td><td>2,000ℓ</td></tr>
<tr><td rowspan="2">5. 제3석유류</td><td>비수용성액체(중유, 크레오쇼트유)</td><td>2,000ℓ</td></tr>
<tr><td>수용성액체(글리셀린, 프로필렌)</td><td>4,000ℓ</td></tr>
<tr><td colspan="2">6. 제4석유류(기어유, 실린더유)</td><td>6,000ℓ</td></tr>
<tr><td colspan="2">7. 동·식물유류(정어리유, 야자유, 채종유)</td><td>10,000ℓ</td></tr>
<tr style="display:none"></tr>
<tr><td rowspan="10">제5류</td><td rowspan="10">자기 반응성 물질</td><td colspan="2">1. 유기과산화물</td><td>10kg</td></tr>
<tr><td colspan="2">2. 질산에스테르류</td><td>10kg</td></tr>
<tr><td colspan="2">3. 니트로화합물</td><td>200kg</td></tr>
<tr><td colspan="2">4. 니트로소화합물</td><td>200kg</td></tr>
<tr><td colspan="2">5. 아조화합물</td><td>200kg</td></tr>
<tr><td colspan="2">6. 디아조화합물</td><td>200kg</td></tr>
<tr><td colspan="2">7. 히드라진 유도체</td><td>200kg</td></tr>
<tr><td colspan="2">8. 히드록실아민</td><td>100kg</td></tr>
<tr><td colspan="2">9. 히드록실아민염류</td><td>100kg</td></tr>
<tr><td colspan="2">10. 금속아지화합물, 질산구아니딘
11. 제1호 내지 제10호의 1에 해당하는 어느 하나 이상을 함유한 것</td><td>10kg, 100kg 또는 200kg</td></tr>
<tr><td rowspan="5">제6류</td><td rowspan="5">산화성 액체</td><td colspan="2">1. 과염소산</td><td>300kg</td></tr>
<tr><td colspan="2">2. 과산화수소</td><td>300kg</td></tr>
<tr><td colspan="2">3. 질산</td><td>300kg</td></tr>
<tr><td colspan="2">4. 할로겐화합물</td><td>300kg</td></tr>
<tr><td colspan="2">5. 제1호 내지 제4호의 1에 해당하는 어느 하나 이상을 함유한 것</td><td>300kg</td></tr>
</table>

참 고

비고

1. "산화성고체"라 함은 고체[액체(1기압 및 섭씨 20도에서 액상인 것 또는 섭씨 20도 초과 섭씨 40도 이하에서 액상인 것을 말한다. 이하 같다)또는 기체(1기압 및 섭씨 20도에서 기상인 것을 말한다) 외의 것을 말한다. 이하 같다]로서 산화력의 잠재적인 위험성 또는 충격에 대한 민감성을 판단하기 위하여 소방청장이 정하여 고시(이하 "고시"라 한다)하는 시험에서 고시로 정하는 성질과 상태를 나타내는 것을 말한다. 이 경우 "액상"이라 함은 수직으로 된 시험관(안지름 30mm, 높이 120mm의 원통형유리관을 말한다)에 시료를 55mm까지 채운 다음 당해 시험관을 수평으로 하였을 때 시료액면의 끝부분이 30mm를 이동하는데 걸리는 시간이 90초 이내에 있는 것을 말한다.
2. "가연성고체"라 함은 고체로서 화염에 의한 발화의 위험성 또는 인화의 위험성을 판단하기 위하여 고시로 정하는 시험에서 고시로 정하는 성질과 상태를 나타내는 것을 말한다.
3. 유황은 순도가 60중량퍼센트 이상인 것을 말한다. 이 경우 순도측정에 있어서 불순물은 활석 등 불연성물질과 수분에 한한다.
4. "철분"이라 함은 철의 분말로서 53μm의 표준체를 통과하는 것이 50중량퍼센트 미만인 것은 제외한다.
5. "금속분"이라 함은 알칼리금속·알칼리토류금속·철 및 마그네슘외의 금속의 분말을 말하고, 구리분·니켈분 및 150μm의 체를 통과하는 것이 50중량퍼센트 미만인 것은 제외한다.
6. 마그네슘 및 제2류제8호의 물품 중 마그네슘을 함유한 것에 있어서는 다음 각목의 1에 해당하는 것은 제외한다.
   가. 2mm의 체를 통과하지 아니하는 덩어리 상태의 것
   나. 직경 2mm 이상의 막대 모양의 것
7. 황화린·적린·유황 및 철분은 제2호의 규정에 의한 성상이 있는 것으로 본다.
8. "인화성고체"라 함은 고형알코올 그 밖에 1기압에서 인화점이 섭씨 40도 미만인 고체를 말한다.
9. "자연발화성물질 및 금수성물질"이라 함은 고체 또는 액체로서 공기 중에서 발화의 위험성이 있거나 물과 접촉하여 발화하거나 가연성가스를 발생하는 위험성이 있는 것을 말한다.
10. 칼륨·나트륨·알킬알루미늄·알킬리튬 및 황린은 제9호의 규정에 의한 성상이 있는 것으로 본다.
11. "인화성액체"라 함은 액체(제3석유류, 제4석유류 및 동식물유류에 있어서는 1기압과 섭씨 20도에서 액상인 것에 한한다)로서 인화의 위험성이 있는 것을 말한다. 다만, 다음 각 목의 어느 하나에 해당하는 것을 법 제20조 제1항의 중요기준과 세부기준에 따른 운반용기를 사용하여 운반하거나 저장(진열 및 판매를 포함한다)하는 경우는 제외한다.
    가. 「화장품법」 제2조 제1호에 따른 화장품 중 인화성액체를 포함하고 있는 것
    나. 「약사법」 제2조 제4호에 따른 의약품 중 인화성액체를 포함하고 있는 것
    다. 「약사법」 제2조 제7호에 따른 의약외품(알코올류에 해당하는 것은 제외한다) 중 수용성인 인화성액체를 50부피퍼센트 이하로 포함하고 있는 것
    라. 「의료기기법」에 따른 체외진단용 의료기기 중 인화성액체를 포함하고 있는 것
    마. 「생활화학제품 및 살생물제의 안전관리에 관한 법률」 제3조 제4호에 따른 안전확인대상생활화학제품(알코올류에 해당하는 것은 제외한다) 중 수용성인 인화성액체를 50부피퍼센트 이하로 포함하고 있는 것
12. "특수인화물"이라 함은 이황화탄소, 디에틸에테르 그 밖에 1기압에서 발화점이 섭씨 100도 이하인 것 또는 인화점이 섭씨 영하 20도 이하이고 비점이 섭씨 40도 이하인 것을 말한다.
13. "제1석유류"라 함은 아세톤, 휘발유 그 밖에 1기압에서 인화점이 섭씨 21도 미만인 것을 말한다.

참 고

14. "알코올류"라 함은 1분자를 구성하는 탄소원자의 수가 1개부터 3개까지인 포화1가 알코올(변성알코올을 포함한다)을 말한다. 다만, 다음 각목의 1에 해당하는 것은 제외한다.
    가. 1분자를 구성하는 탄소원자의 수가 1개 내지 3개의 포화1가 알코올의 함유량이 60중량퍼센트 미만인 수용액
    나. 가연성액체량이 60중량퍼센트 미만이고 인화점 및 연소점(태그개방식인화점측정기에 의한 연소점을 말한다. 이하 같다)이 에틸알코올 60중량퍼센트 수용액의 인화점 및 연소점을 초과하는 것
15. "제2석유류"라 함은 등유, 경유 그 밖에 1기압에서 인화점이 섭씨 21도 이상 70도 미만인 것을 말한다. 다만, 도료류 그 밖의 물품에 있어서 가연성 액체량이 40중량퍼센트 이하이면서 인화점이 섭씨 40도 이상인 동시에 연소점이 섭씨 60도 이상인 것은 제외한다.
16. "제3석유류"라 함은 중유, 클레오소트유 그 밖에 1기압에서 인화점이 섭씨 70도 이상 섭씨 200도 미만인 것을 말한다. 다만, 도료류 그 밖의 물품은 가연성 액체량이 40중량퍼센트 이하인 것은 제외한다.
17. "제4석유류"라 함은 기어유, 실린더유 그 밖에 1기압에서 인화점이 섭씨 200도 이상 섭씨 250도 미만의 것을 말한다. 다만 도료류 그 밖의 물품은 가연성 액체량이 40중량퍼센트 이하인 것은 제외한다.
18. "동식물유류"라 함은 동물의 지육 등 또는 식물의 종자나 과육으로부터 추출한 것으로서 1기압에서 인화점이 섭씨 250도 미만인 것을 말한다. 다만, 법 제20조제1항의 규정에 의하여 총리령으로 정하는 용기기준과 수납·저장기준에 따라 수납되어 저장·보관되고 용기의 외부에 물품의 통칭명, 수량 및 화기엄금(화기엄금과 동일한 의미를 갖는 표시를 포함한다)의 표시가 있는 경우를 제외한다.
19. "자기반응성물질"이라 함은 고체 또는 액체로서 폭발의 위험성 또는 가열분해의 격렬함을 판단하기 위하여 고시로 정하는 시험에서 고시로 정하는 성질과 상태를 나타내는 것을 말한다.
20. 제5류 제11호의 물품에 있어서는 유기과산화물을 함유하는 것 중에서 불활성고체를 함유하는 것으로서 다음 각목의 1에 해당하는 것은 제외한다.
    가. 과산화벤조일의 함유량이 35.5중량퍼센트 미만인 것으로서 전분가루, 황산칼슘2수화물 또는 인산1수소칼슘2수화물과의 혼합물
    나. 비스(4클로로벤조일)퍼옥사이드의 함유량이 30중량퍼센트 미만인 것으로서 불활성고체와의 혼합물
    다. 과산화지크밀의 함유량이 40중량퍼센트 미만인 것으로서 불활성고체와의 혼합물
    라. 1·4비스(2-터셔리부틸퍼옥시이소프로필)벤젠의 함유량이 40중량퍼센트 미만인 것으로서 불활성고체와의 혼합물
    마. 시크로헥사놀퍼옥사이드의 함유량이 30중량퍼센트 미만인 것으로서 불활성고체와의 혼합물
21. "산화성액체"라 함은 액체로서 산화력의 잠재적인 위험성을 판단하기 위하여 고시로 정하는 시험에서 고시로 정하는 성질과 상태를 나타내는 것을 말한다.
22. 과산화수소는 그 농도가 36중량퍼센트 이상인 것에 한하며, 제21호의 성상이 있는 것으로 본다.
23. 질산은 그 비중이 1.49 이상인 것에 한하며, 제21호의 성상이 있는 것으로 본다.
24. 위 표의 성질란에 규정된 성상을 2가지 이상 포함하는 물품(이하 이 호에서 "복수성상물품"이라 한다)이 속하는 품명은 다음 각목의 1에 의한다.
    가. 복수성상물품이 산화성고체의 성상 및 가연성고체의 성상을 가지는 경우 : 제2류제8호의 규정에 의한 품명
    나. 복수성상물품이 산화성고체의 성상 및 자기반응성물질의 성상을 가지는 경우 : 제5류제11호의 규정에 의한 품명

참 고

다. 복수성상물품이 가연성고체의 성상과 자연발화성물질의 성상 및 금수성물질의 성상을 가지는 경우 : 제3류제12호의 규정에 의한 품명

라. 복수성상물품이 자연발화성물질의 성상, 금수성물질의 성상 및 인화성액체의 성상을 가지는 경우 : 제3류제12호의 규정에 의한 품명

마. 복수성상물품이 인화성액체의 성상 및 자기반응성물질의 성상을 가지는 경우 : 제5류제11호의 규정에 의한 품명

25. 위 표의 지정수량란에 정하는 수량이 복수로 있는 품명에 있어서는 당해 품명이 속하는 유(類)의 품명 가운데 위험성의 정도가 가장 유사한 품명의 지정수량란에 정하는 수량과 같은 수량을 당해 품명의 지정수량으로 한다. 이 경우 위험물의 위험성을 실험·비교하기 위한 기준은 고시로 정할 수 있다.

26. 동 표에 의한 위험물의 판정 또는 지정수량의 결정에 필요한 실험은 「국가표준기본법」에 의한 공인시험기관, 한국소방산업기술원, 중앙소방학교 또는 소방청장이 지정하는 기관에서 실시할 수 있다. 이 경우 실험 결과에는 실험한 위험물에 해당하는 품명과 지정수량이 포함되어야 한다.

2

위험물제조소

Chapter 02

위험물제조소

제1절 위험물제조소의 개요

Ⅰ. 위험물제조소의 의의

위험물제조소란 위험물을 제조하는 시설로서 최초에 사용한 원료가 위험물인가, 비위험물인가의 여부에 관계없이 여러 공정을 거쳐 제조한 최종 물품이 위험물인 대상을 말한다. 즉, 사용한 원료에 상관없이 생산해낸 최종 제품이 위험물에 해당할 경우 위험물제조소에 해당한다.

Ⅱ. 위험물제조소의 범위

제조소는 위험물을 제조하기 위한 시설이므로 제조시설이 필요하고 또는 이를 취급할 수 있는 취급시설이 있어야 한다. 바로 여기까지가 제조소의 범위이며, 원료를 저장하거나 생산제품을 저장하기 위한 시설의 경우 위험물제조소의 범위에 속하는 것이 아니고 별도의 위험물저장소 허가를 받아야 한다.

Ⅲ. 일반취급소와의 구별

제조소는 위험물을 제조하는 시설이므로 생산제품이 위험물이다. 이는 위험물을 원료로 하여 위험물을 제조, 생산하는 경우(원유를 원료로 휘발유, 등유, 경유, 중유 등을 생산하는 경우)와 비위험물을 원료로 하여 위험물을 제조, 생산하는 경우(고구마를 원료로 알코올을 생산하는 경우)가 있는데 제조소는 원료의 위험물, 비위험물 여부를 가리지 않고 생산제품이 위험물이면 제조소에 속한다. 그러나 제조소와 유사한 제조시설을 가지고 있다 하더라도 생산제품이 위험물이 아닐 경우 제조소가 아닌 일반취급소로 분류한다. 따라서 제조소와 일반취급소를 구분하는 기준은 생산제품이 위험물인지 여부이다.

제2절 제조소의 위치·구조 및 설비의 기준

Ⅰ. 안전거리[1)]

1. 제조소(제6류 위험물을 취급하는 제조소를 제외한다)는 다음 각 목의 규정에 의한 건축물의 외벽 또는 이에 상당하는 공작물의 외측으로부터 당해 제조소의 외벽 또는 이에

1) 안전거리 : 위험물 시설과 다른 공작물 또는 방호대상물과의 안전성을 확보하기 위한 물리적 수평거리

상당하는 공작물의 외측까지의 사이에 다음 각 목의 규정에 의한 수평거리(이하 "안전거리"라 한다)를 두어야 한다.

가. 나목 내지 라목의 규정에 의한 것 외의 건축물 그 밖의 공작물로서 주거용으로 사용되는 것(제조소가 설치된 부지 내에 있는 것을 제외한다)에 있어서는 10m 이상

나. 학교·병원·극장 그 밖에 다수인을 수용하는 시설로서 다음의 1에 해당하는 것에 있어서는 30m 이상

1) 「초·중등교육법」 제2조 및 「고등교육법」 제2조에 정하는 학교

2) 「의료법」 제3조제2항제3호에 따른 병원급 의료기관

3) 「공연법」 제2조제4호에 따른 공연장, 「영화 및 비디오물의 진흥에 관한 법률」 제2조제10호에 따른 영화상영관 및 그 밖에 이와 유사한 시설로서 3백명 이상의 인원을 수용할 수 있는 것

4) 「아동복지법」 제3조제10호에 따른 아동복지시설, 「노인복지법」 제31조제1호부터 제3호까지에 해당하는 노인복지시설, 「장애인복지법」 제58조제1항에 따른 장애인복지시설, 「한부모가족지원법」 제19조제1항에 따른 한부모가족복지시설, 「영유아보육법」 제2조제3호에 따른 어린이집, 「성매매방지 및 피해자보호 등에 관한 법률」 제9조제1항에 따른 성매매피해자등을 위한 지원시설, 「정신건강증진 및 정신질환자 복지서비스 지원에 관한 법률」 제3조제4호에 따른 정신건강증진시설, 「가정폭력방지 및 피해자보호 등에 관한 법률」 제7조의2제1항에 따른 보호시설 및 그 밖에 이와 유사한 시설로서 20명 이상의 인원을 수용할 수 있는 것

다. 「문화재보호법」의 규정에 의한 유형문화재와 기념물 중 지정문화재에 있어서는 50m 이상

라. 고압가스, 액화석유가스 또는 도시가스를 저장 또는 취급하는 시설로서 다음의 1에 해당하는 것에 있어서는 20m 이상. 다만, 당해 시설의 배관 중 제조소가 설치된 부지 내에 있는 것은 제외한다.

1) 「고압가스 안전관리법」의 규정에 의하여 허가를 받거나 신고를 하여야 하는 고압가스제조시설(용기에 충전하는 것을 포함한다) 또는 고압가스사용시설로서 1일 30m^3 이상의 용적을 취급하는 시설이 있는 것

2) 「고압가스 안전관리법」의 규정에 의하여 허가를 받거나 신고를 하여야 하는 고압가스저장시설

3) 「고압가스 안전관리법」의 규정에 의하여 허가를 받거나 신고를 하여야 하는 액화산소를 소비하는 시설

4) 「액화석유가스의 안전관리 및 사업법」의 규정에 의하여 허가를 받아야 하는 액화석유가스제조시설 및 액화석유가스저장시설

5) 「도시가스사업법」 제2조제5호의 규정에 의한 가스공급시설

마. 사용전압이 7,000V 초과 35,000V 이하의 특고압가공전선에 있어서는 3m 이상

바. 사용전압이 35,000V를 초과하는 특고압가공전선에 있어서는 5m 이상

※ 안전거리규제 대상은 제조소(제6류 취급 제외), 일반취급소, 옥내저장소, 옥외탱크저장소, 옥외저장소이다.

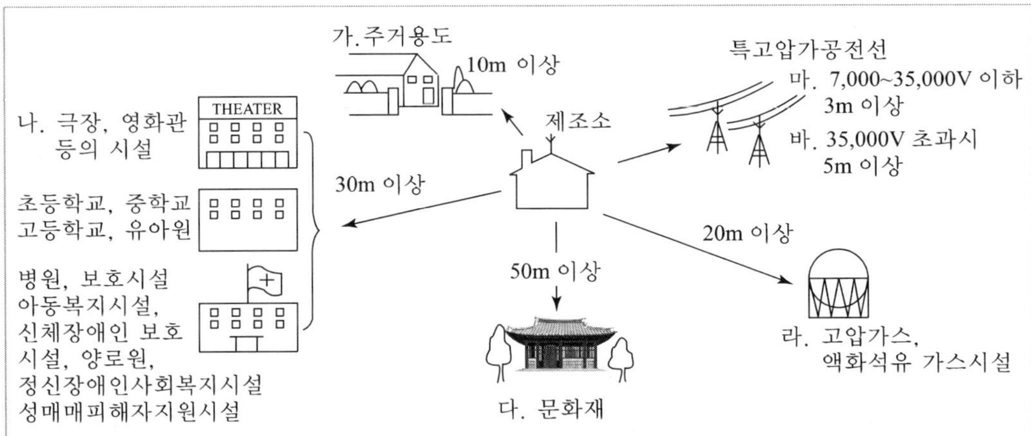

그림 2-1 위험물제조소의 안전거리

2. 제1호 가목 내지 다목의 규정에 의한 건축물 등은 부표의 기준에 의하여 불연재료로 된 방화상 유효한 담 또는 벽을 설치하는 경우에는 다음 표의 기준에 의하여 안전거리를 단축할 수 있다.

[제조소등의 안전거리의 단축기준] (위험물안전관리법 시행규칙 제28조 별표 4 부표)

1. 방화상 유효한 담을 설치한 경우의 안전거리는 다음 표와 같다.

(단위 : m)

구 분	취급하는 위험물의 최대수량 (지정수량의 배수)	안 전 거 리 (이상)		
		주거용 건축물	학교·유치원등	문화재
제조소·일반취급소(취급하는 위험물의 양이 주거지역에 있어서는 30배, 상업지역에 있어서는 35배, 공업지역에 있어서는 50배 이상인 것을 제외한다)	10배 미만	6.5	20	35
	10배 이상	7.0	22	38

구 분	취급하는 위험물의 최대수량 (지정수량의 배수)	안 전 거 리 (이상)		
		주거용 건축물	학교·유치원등	문화재
옥내저장소(취급하는 위험물의 양이 주거지역에 있어서는 지정수량의 120배, 상업지역에 있어서는 150배, 공업지역에 있어서는 200배 이상인 것을 제외한다)	5배 미만	4.0	12.0	23.0
	5배 이상 10배 미만	4.5	12.0	23.0
	10배 이상 20배 미만	5.0	14.0	26.0
	20배 이상 50배 미만	6.0	18.0	32.0
	50배 이상 200배 미만	7.0	22.0	38.0
옥외탱크저장소(취급하는 위험물의 양이 주거지역에 있어서는 지정수량의 600배, 상업지역에 있어서는 700배, 공업지역에 있어서는 1,000배 이상인 것을 제외한다)	500배 미만	6.0	18.0	32.0
	500배 이상 1,000배 미만	7.0	22.0	38.0
옥외저장소(취급하는 위험물의 양이 주거지역에 있어서는 지정수량의 10배, 상업지역에 있어서는 15배, 공업지역에 있어서는 20배 이상인 것을 제외한다)	10배 미만	6.0	18.0	32.0
	10배 이상 20배 미만	8.5	25.0	44.0

2. 방화상 유효한 담의 높이는 다음에 의하여 산정한 높이 이상으로 한다.

가. $H \leqq pD^2 + a$인 경우 $h = 2$

나. $H > pD^2 + a$인 경우 $h = H - p(D^2 - d^2)$

다. "가" 및 "나"에서 D, H, a, d, h 및 p는 다음과 같다.

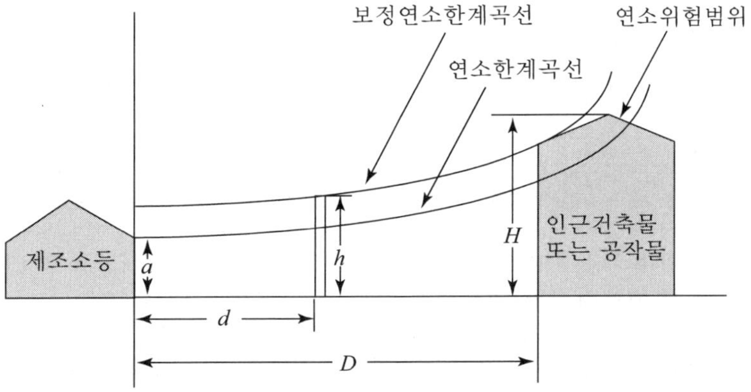

D : 제조소등과 인근 건축물 또는 공작물과의 거리(m)

H : 인근 건축물 또는 공작물의 높이(m)

a : 제조소등의 외벽의 높이(m)

d : 제조소등과 방화상 유효한 담과의 거리(m)

h : 방화상 유효한 담의 높이(m)

p : 상수

구분	제조소등의 높이(a)	비 고
제조소·일반취급소·옥내저장소	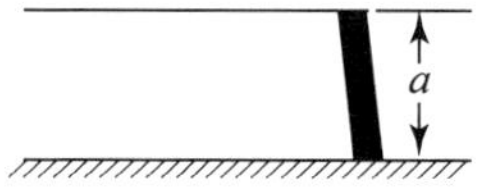	벽체가 내화구조로 되어 있고, 인접축에 면한 개구부가 없거나, 개구부에 갑종방화문이 있는 경우
	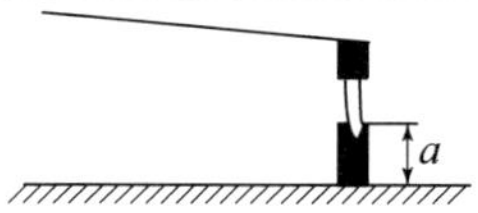	벽체가 내화구조이고, 개구부에 갑종방화문이 없는 경우
	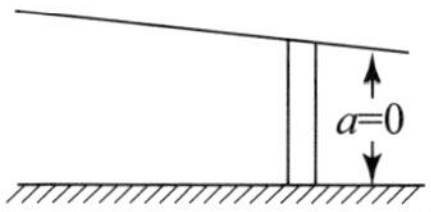	벽체가 내화구조외의 것으로 된 경우
	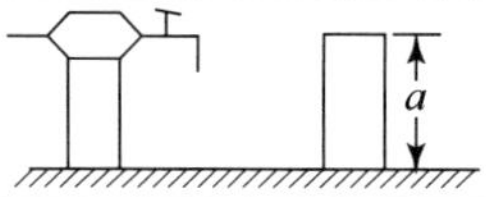	옮겨 담는 작업장 그 밖의 공작물
옥외탱크저장소	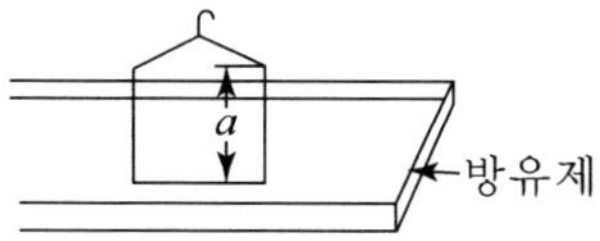	옥외에 있는 세로형 탱크
	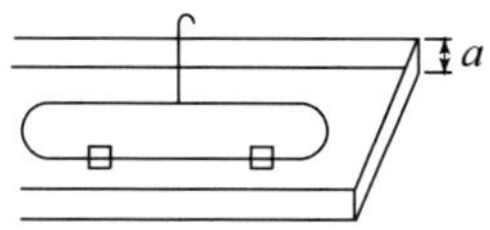	옥외에 있는 가로형 탱크. 다만, 탱크내의 증기를 상부로 방출하는 구조로 된 것은 탱크의 최상단까지의 높이로 한다.
옥외저장소	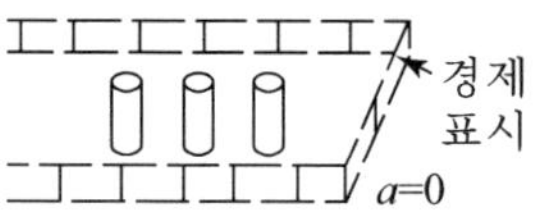	

인근 건축물 또는 공작물의 구분	p의 값
◦ 학교·주택·문화재 등이 건축물 또는 공작물이 목조인 경우 ◦ 학교·주택·문화재 등의 건축물 또는 공작물이 방화구조 또는 내화구조[2]이고, 제조소 등에 면한 부분의 개구부에 방화문이 설치되지 아니한 경우	0.04
◦ 학교·주택·문화재 등의 건축물 또는 공작물이 방화구조인 경우 ◦ 학교·주택·문화재 등의 건축물 또는 공작물이 방화구조 또는 내화구조이고, 제조소 등에 면한 부분의 개구부에 을종방화문이 설치된 경우	0.15
◦ 학교·주택·문화재 등의 건축물 또는 공작물이 내화구조이고, 제조소 등에 면한 개구부에 갑종방화문이 설치된 경우	∞

2) 건축법 시행령 제2조(정의)
이 영에서 사용하는 용어의 뜻은 다음과 같다.

라. 가목 내지 다목에 의하여 산출된 수치가 2 미만일 때에는 담의 높이를 2m로, 4 이상일 때에는 담의 높이를 4m로 하되, 다음의 소화설비를 보강하여야 한다.

1) 당해 제조소등의 소형소화기[3] 설치대상인 것에 있어서는 대형소화기를 1개 이상 증설을 할 것

2) 해당 제조소등이 대형소화기 설치대상인 것에 있어서는 대형소화기[4] 대신 옥내소화전설비·옥외소화전설비·스프링클러설비·물분무소화설비·포소화설비·불활성가스소화설비·할로겐화합물소화설비·분말소화설비 중 적응소화설비를 설치할 것

3) 해당 제조소등이 옥내소화전설비·옥외소화전설비·스프링클러설비·물분무소화설비·포소화설비·불활성가스소화설비·할로겐화합물소화설비 또는 분말소화설비 설치대상인 것에 있어서는 반경 30m 마다 대형소화기 1개 이상을 증설할 것

3. 방화상 유효한 담의 길이는 제조소등의 외벽의 양단(a_1, a_2)을 중심으로 I 제1호 각 목에 정한 인근 건축물 또는 공작물(이 호에서 "인근 건축물 등"이라 한다)에 따른 안전거리를 반지름으로 한 원을 그려서 당해 원의 내부에 들어오는 인근 건축물 등의 부분 중 최외측 양단(p_1, p_2)을 구한 다음, a_1과 p_1을 연결한 선분(ℓ_1)과 a_2와 p_2를 연결한 선분(ℓ_2) 상호간의 간격(ℓ)으로 한다.

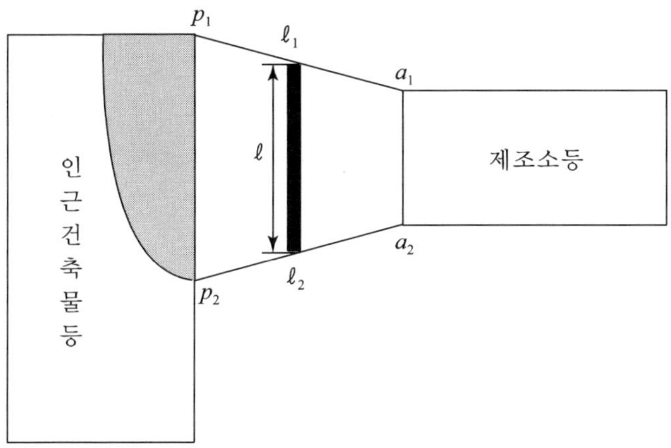

4. 방화상 유효한 담은 제조소등으로부터 5m 미만의 거리에 설치하는 경우에는 내화구조

7. "내화구조(耐火構造)"란 화재에 견딜 수 있는 성능을 가진 구조로서 국토교통부령으로 정하는 기준에 적합한 구조를 말한다.

8. "방화구조(防火構造)"란 화염의 확산을 막을 수 있는 성능을 가진 구조로서 국토교통부령으로 정하는 기준에 적합한 구조를 말한다.

3) 소형소화기 : 능력단위가 1단위 이상이고 대형소화기의 능력단위 미만인 수동식소화기

4) 대형소화기 : 화재시 사람이 운반 할 수 있도록 운반대와 바퀴가 설치되어 있고 능력단위가 A급 10단위 이상, B급 20단위 이상인 수동식소화기

로, 5m 이상의 거리에 설치하는 경우에는 불연재료로 하고, 제조소등의 벽을 높게 하여 방화상 유효한 담을 갈음하는 경우에는 그 벽을 내화구조로 하고 개구부를 설치하여서는 아니된다.

II. 보유공지[5)]

1. 위험물을 취급하는 건축물 그 밖의 시설(위험물을 이송하기 위한 배관 그 밖에 이와 유사한 시설을 제외한다)의 주위에는 그 취급하는 위험물의 최대수량에 따라 다음 표에 의한 너비의 공지를 보유하여야 한다.

취급하는 위험물의 최대수량	공지의 너비
지정수량의 10배 이하	3m 이상
지정수량의 10배 초과	5m 이상

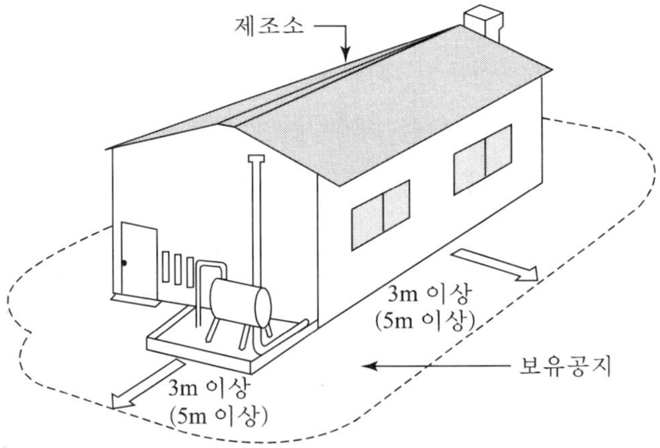

그림 2-2 보유공지

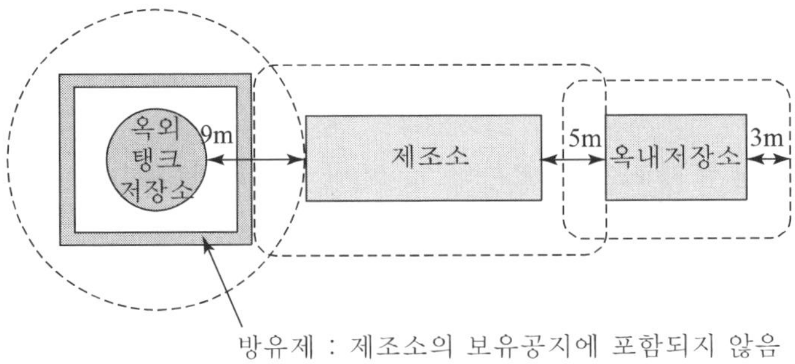

그림 2-3 보유공지의 중복

5) 보유공지 : 화재예방 또는 진압측면에서 위험물시설주변에 두는 공간

2. 제조소의 작업공정이 다른 작업장의 작업공정과 연속되어 있어 제조소의 건축물 그 밖의 공작물의 주위에 공지를 두게 되면 그 제조소의 작업에 현저한 지장이 생길 우려가 있고, 당해 제조소와 다른 작업장 사이에 다음 각 목의 기준에 따라 방화상 유효한 격벽을 설치한 때에는 당해 제조소와 다른 작업장 사이에 제1호의 규정에 의한 공지를 보유하지 아니할 수 있다.
   가. 방화벽은 내화구조로 할 것. 다만, 취급하는 위험물이 제6류 위험물인 경우에는 불연재료로 할 수 있다.
   나. 방화벽에 설치하는 출입구 및 창 등의 개구부는 가능한 한 최소로 하고, 출입구 및 창에는 자동폐쇄식의 갑종방화문을 설치할 것
   다. 방화벽의 양단 및 상단이 외벽 또는 지붕으로부터 50cm 이상 돌출하도록 할 것

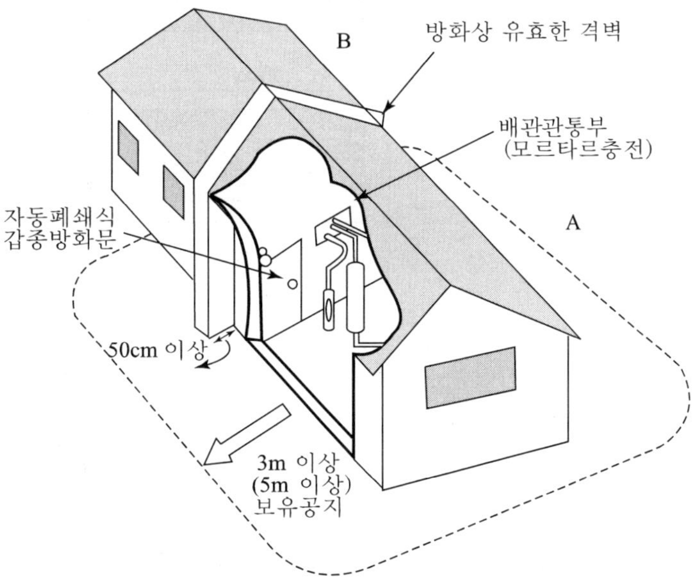

그림 2-4 보유공지의 적용

Ⅲ. 표지 및 게시판

1. 제조소에는 보기 쉬운 곳에 다음 각 목의 기준에 따라 "위험물 제조소"라는 표시를 한 표지를 설치하여야 한다.
   가. 표지는 한 변의 길이가 0.3m 이상, 다른 한 변의 길이가 0.6m 이상인 직사각형으로 할 것
   나. 표지의 바탕은 백색으로, 문자는 흑색으로 할 것

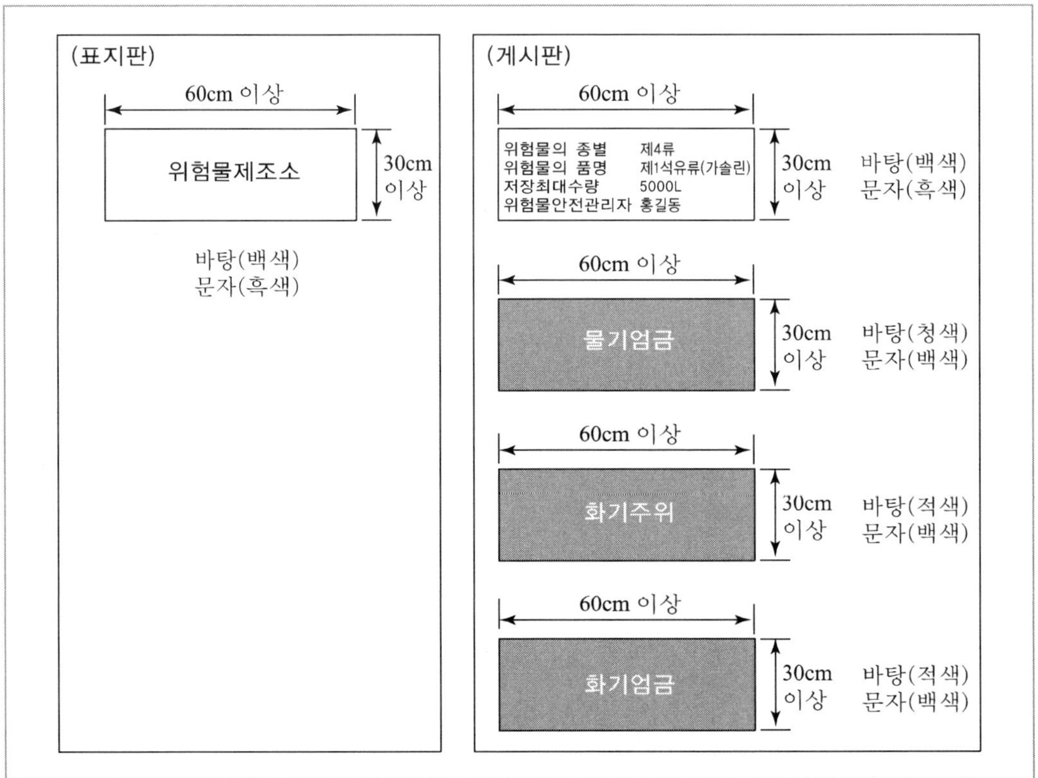

그림 2-5 표지 및 게시판

2. 제조소에는 보기 쉬운 곳에 다음 각 목의 기준에 따라 방화에 관하여 필요한 사항을 게시한 게시판을 설치하여야 한다.

   가. 게시판은 한 변의 길이가 0.3m 이상, 다른 한 변의 길이가 0.6m 이상인 직사각형으로 할 것

   나. 게시판에는 저장 또는 취급하는 위험물의 유별·품명 및 저장최대수량 또는 취급최대수량, 지정수량의 배수 및 안전관리자의 성명 또는 직명을 기재할 것

   다. 나목의 게시판의 바탕은 백색으로, 문자는 흑색으로 할 것

   라. 나목의 게시판 외에 저장 또는 취급하는 위험물에 따라 다음의 규정에 의한 주의사항을 표시한 게시판을 설치할 것

      1) 제1류 위험물 중 알칼리금속의 과산화물과 이를 함유한 것 또는 제3류 위험물 중 금수성물질[6]에 있어서는 "물기엄금"

6) 금수성물질 : 물과 접촉하여 발화하거나 가연성가스를 발생하는 위험성이 있는 물질

2) 제2류 위험물(인화성고체를 제외한다)에 있어서는 “화기주의”

3) 제2류 위험물 중 인화성고체, 제3류 위험물 중 자연발화성물질[7] 제4류 위험물 또는 제5류 위험물에 있어서는 “화기엄금”

마. 라목의 게시판의 색은 “물기엄금”을 표시하는 것에 있어서는 청색바탕에 백색문자로, “화기주의” 또는 “화기엄금”을 표시하는 것에 있어서는 적색바탕에 백색문자로 할 것.

Ⅳ. 건축물의 구조

위험물을 취급하는 건축물의 구조는 다음 각 호의 기준에 의하여야 한다.

1. 지하층[8]이 없도록 하여야 한다. 다만, 위험물을 취급하지 아니하는 지하층으로서 위험물의 취급장소에서 새어나온 위험물 또는 가연성 증기가 흘러 들어갈 우려가 없는 구조로 된 경우에는 그러하지 아니하다.
2. 벽·기둥·바닥·보·서까래 및 계단을 불연재료[9]로 하고, 연소(延燒)의 우려가 있는 외벽(소방청장이 정하여 고시하는 것에 한한다. 이하 같다)은 출입구 외의 개구부가 없는 내화구조의 벽으로 하여야 한다. 이 경우 제6류 위험물을 취급하는 건축물에 있어서 위험물이 스며들 우려가 있는 부분에 대하여는 아스팔트 그 밖에 부식되지 아니하는 재료로 피복하여야 한다.

---

7) 자연발화성물질 : 고체 또는 액체로서 공기 중에서 발화의 위험성이 있는 물질

8) 지하층이란 건축물의 바닥이 지표면아래에 있는 층으로서 바닥에서 지표면까지 평균높이가 해당층 높이의 $\frac{1}{2}$이상인 것을 말한다(건축법 제2조 제1항 제5호).

9) 불연재료(부연재료) : 불에 타지 아니하는 성질을 가진 재료로서 국토교통부령의 정하는 기준에 적합한 재료

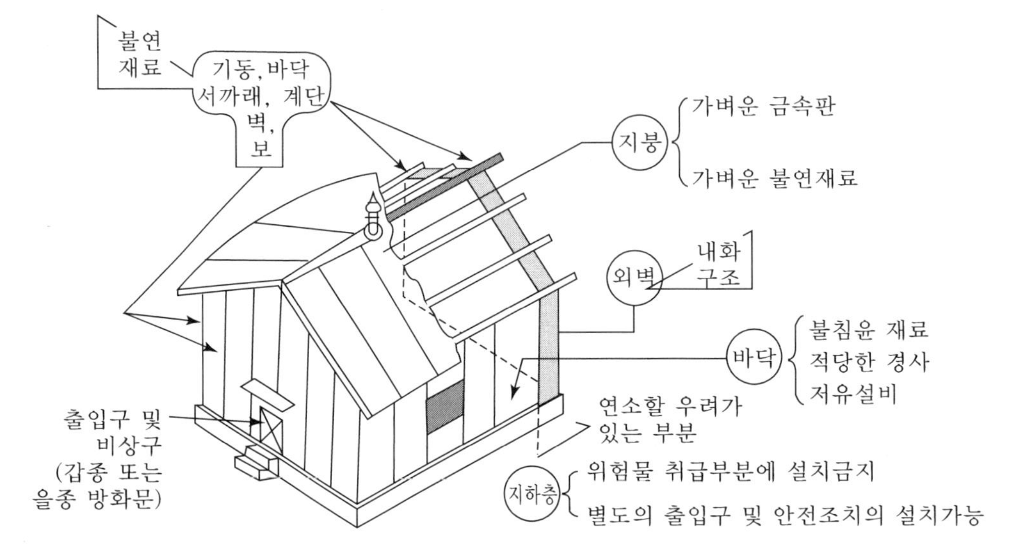

그림 2-6 제조소 건축물의 구조

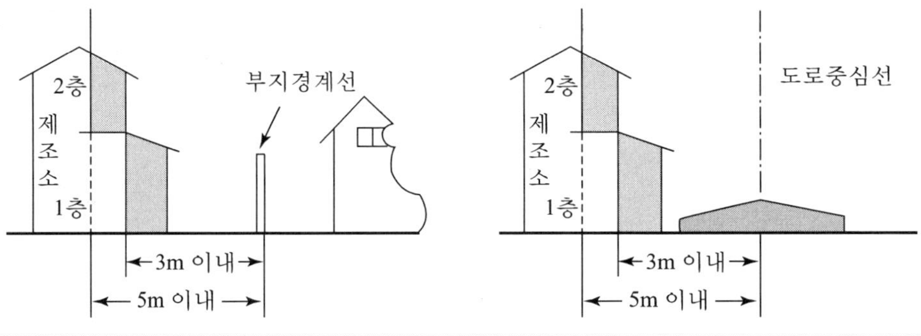

그림 2-7 인접경계선 및 도로중심선에서의 연소우려가 있는 외벽

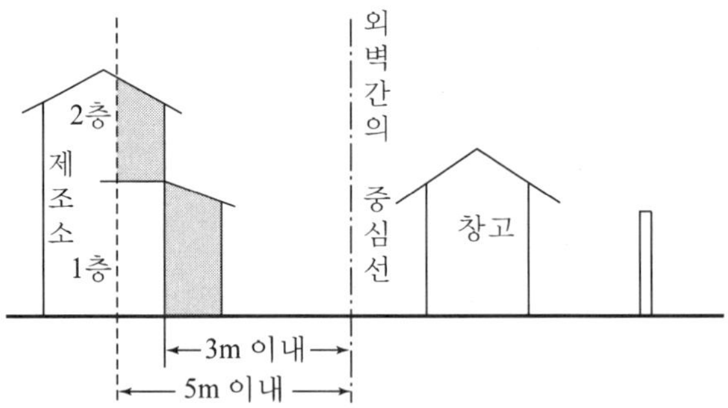

그림 2-8 동일부지 내 건축물의 외벽간 중심선에서 연소우려가 있는 외벽

3. 지붕(작업공정상 제조기계시설 등이 2층 이상에 연결되어 설치된 경우에는 최상층의 지붕을 말한다)은 폭발력이 위로 방출될 정도의 가벼운 불연재료로 덮어야 한다. 다만, 위험물을 취급하는 건축물이 다음 각 목의 1에 해당하는 경우에는 그 지붕을 내화구조로 할 수 있다.
   가. 제2류 위험물(분말상태의 것과 인화성고체를 제외한다), 제4류 위험물 중 제4석유류·동식물유류 또는 제6류 위험물을 취급하는 건축물인 경우
   나. 다음의 기준에 적합한 밀폐형 구조의 건축물인 경우
      1) 발생할 수 있는 내부의 과압(過壓) 또는 부압(負壓)에 견딜 수 있는 철근콘크리트조일 것
      2) 외부화재에 90분 이상 견딜 수 있는 구조일 것
4. 출입구와 산업안전보건기준에 관한 규칙 제17조에 따라 설치하여야 하는 비상구[10]에는 갑종방화문 또는 을종방화문[11]을 설치하되, 연소의 우려가 있는 외벽에 설치하는 출입구에는 수시로 열 수 있는 자동폐쇄식의 갑종방화문을 설치하여야 한다.

---

10) 산업안전보건기준에 관한 규칙 제17조(비상구의 설치)
   ① 사업주는 별표 1에 규정된 위험물질을 제조·취급하는 작업장과 그 작업장이 있는 건축물에 제11조에 따른 출입구 외에 안전한 장소로 대피할 수 있는 비상구 1개 이상을 다음 각 호의 기준에 맞는 구조로 설치하여야 한다.
      1. 출입구와 같은 방향에 있지 아니하고, 출입구로부터 3m 이상 떨어져 있을 것
      2. 작업장의 각 부분으로부터 하나의 비상구 또는 출입구까지의 수평거리가 50m 이하가 되도록 할 것
      3. 비상구의 너비는 0.75m 이상으로 하고, 높이는 1.5m 이상으로 할 것
      4. 비상구의 문은 피난 방향으로 열리도록 하고, 실내에서 항상 열 수 있는 구조로 할 것
   ② 사업주는 제1항에 따른 비상구에 문을 설치하는 경우 항상 사용할 수 있는 상태로 유지하여야 한다.

11) 건축물의 피난·방화구조 등의 기준에 관한 규칙 제26조(방화문의 구조)
   영 제64조에 따른 갑종방화문 및 을종방화문은 국토교통부장관이 정하여 고시하는 시험기준에 따라 시험한 결과 다음 각 호의 구분에 따른 기준에 적합하여야 한다.
      1. 갑종방화문 : 다음 각 목의 성능을 모두 확보할 것
         가. 비차열(非遮熱) 1시간 이상
         나. 차열(遮熱) 30분 이상(영 제46조제4항에 따라 아파트 발코니에 설치하는 대피공간의 갑종방화문만 해당한다)
      2. 을종방화문 : 비차열 30분 이상의 성능을 확보할 것

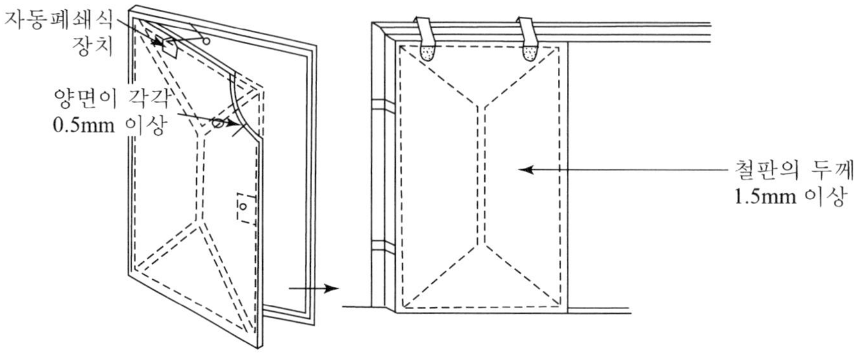

그림 2-9 갑종방화문

5. 위험물을 취급하는 건축물의 창 및 출입구에 유리를 이용하는 경우에는 망입유리(두꺼운 판유리에 철망을 넣은 것)로 하여야 한다.

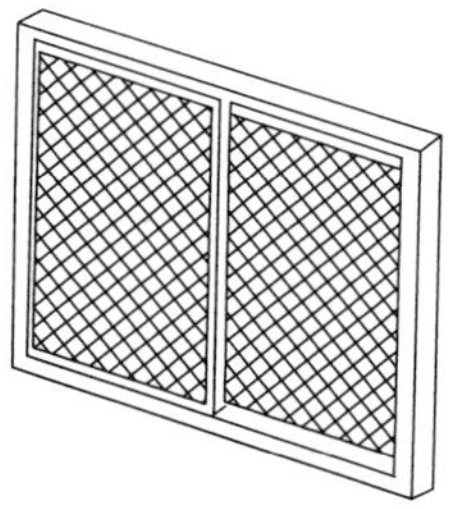

그림 2-10 철틀망입유리문(을종방화문)의 예

그림 2-11 망입유리

6. 액체의 위험물을 취급하는 건축물의 바닥은 위험물이 스며들지 못하는 재료를 사용하고, 적당한 경사를 두어 그 최저부에 집유설비를 하여야 한다.

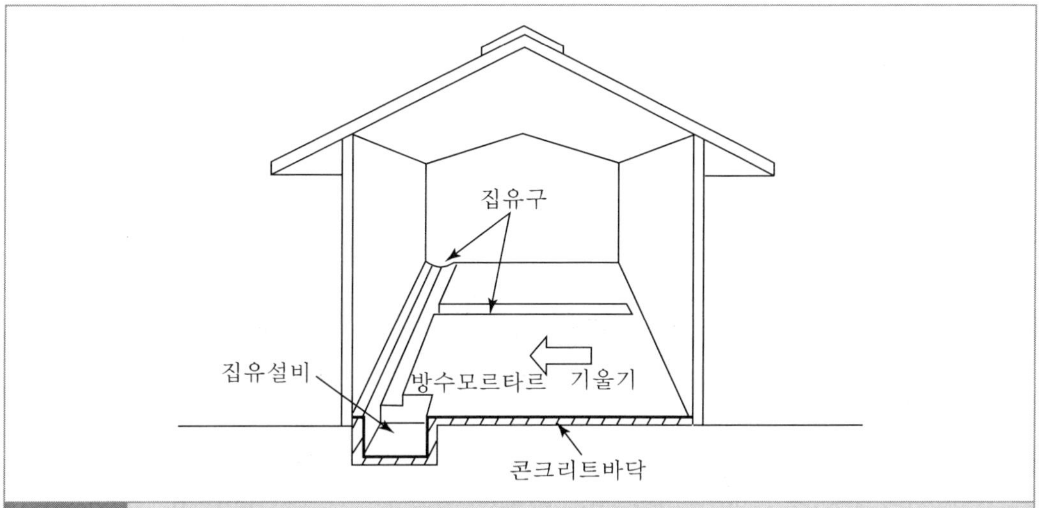

그림 2-12 액체위험물을 취급하는 건축물의 바닥

V. 채광·조명 및 환기설비

1. 위험물을 취급하는 건축물에는 다음 각 목의 기준에 의하여 위험물을 취급하는데 필요한 채광·조명 및 환기의 설비를 설치하여야 한다.
   가. 채광설비는 불연재료로 하고, 연소의 우려가 없는 장소에 설치하되 채광면적을 최소로 할 것
   나. 조명설비는 다음의 기준에 적합하게 설치할 것
      1) 가연성가스 등이 체류할 우려가 있는 장소의 조명등은 방폭등으로 할 것
      2) 전선은 내화·내열전선으로 할 것
      3) 점멸스위치는 출입구 바깥부분에 설치할 것. 다만, 스위치의 스파크로 인한 화재·폭발의 우려가 없는 경우에는 그러하지 아니하다.
   다. 환기설비는 다음의 기준에 의할 것
      1) 환기는 자연배기방식으로 할 것
      2) 급기구는 당해 급기구가 설치된 실의 바닥면적 150m^{2}마다 1개 이상으로 하되, 급기구의 크기는 800cm^2 이상으로 할 것. 다만, 바닥면적이 150cm^2 미만인 경우에는 다음의 크기로 하여야 한다.

바닥면적	급기구의 면적
60m^2 미만	150cm^2 이상
60m^2 이상 90m^2 미만	300cm^2 이상
90m^2 이상 120m^2 미만	450cm^2 이상
120m^2 이상 150m^2 미만	600cm^2 이상

3) 급기구는 낮은 곳에 설치하고 가는 눈의 구리망 등으로 인화방지망을 설치할 것

4) 환기구는 지붕위 또는 지상 2m 이상의 높이에 회전식 고정벤티레이터(ventilator) 또는 루프팬방식으로 설치할 것

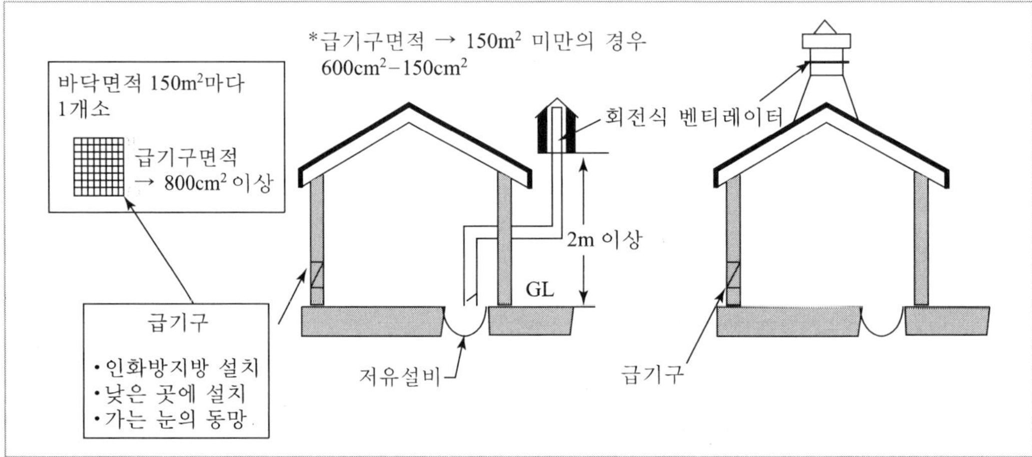

그림 2-13 환기설비

2. 배출설비가 설치되어 유효하게 환기가 되는 건축물에는 환기설비를 하지 아니할 수 있고, 조명설비가 설치되어 유효하게 조도가 확보되는 건축물에는 채광설비를 하지 아니할 수 있다.

VI. 배출설비

가연성증기 또는 미분이 체류할 우려가 있는 건축물에는 그 증기 또는 미분을 옥외의 높은 곳으로 배출할 수 있도록 다음 각 호의 기준에 의하여 배출설비를 설치하여야 한다.

1. 배출설비는 국소방식으로 하여야 한다. 다만, 다음 각 목의 1에 해당하는 경우에는 전역방식으로 할 수 있다.

가. 위험물취급설비가 배관이음 등으로만 된 경우

나. 건축물의 구조·작업장소의 분포 등의 조건에 의하여 전역방식이 유효한 경우

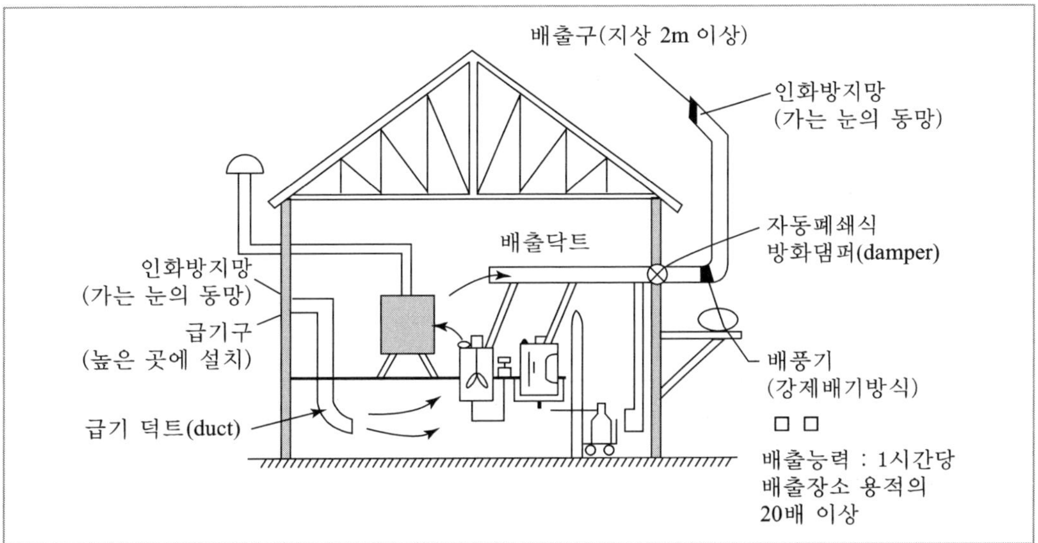

그림 2-14 배출설비(국소방식)

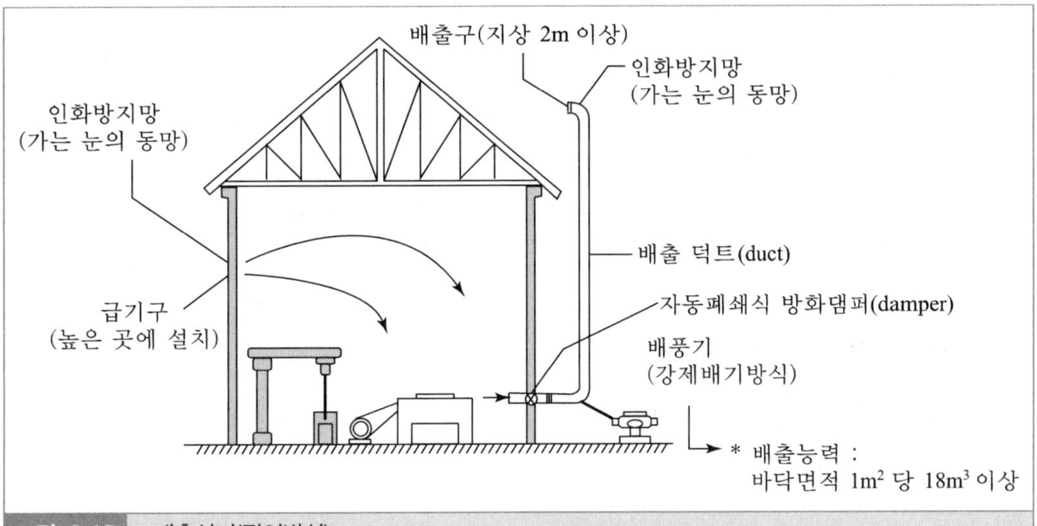

그림 2-15 배출설비(전역방식)

2. 배출설비는 배풍기(오염된 공기를 뽑아내는 통풍기)·배출 덕트(공기 배출 통로)·후드(hood) 등을 이용하여 강제적으로 배출하는 것으로 하여야 한다.

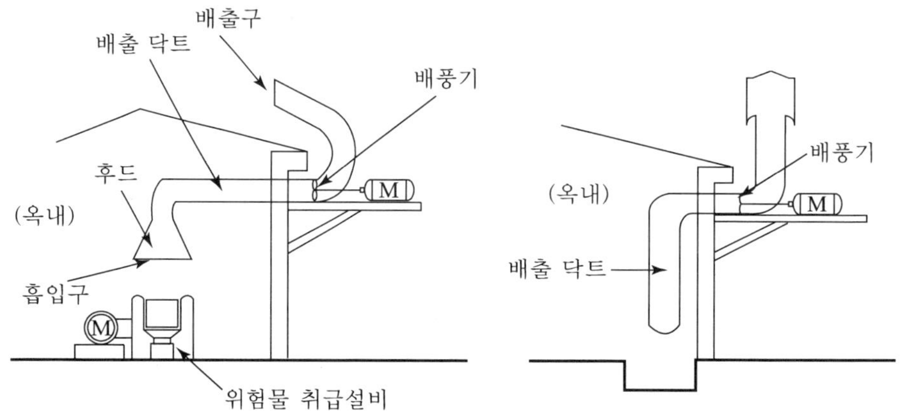

그림 2-16 배출설비의 구성

3. 배출능력은 1시간당 배출장소 용적의 20배 이상인 것으로 하여야 한다. 다만, 전역방식의 경우에는 바닥면적 $1m^2$당 $18m^3$ 이상으로 할 수 있다.
4. 배출설비의 급기구 및 배출구는 다음 각 목의 기준에 의하여야 한다.
   가. 급기구는 높은 곳에 설치하고, 가는 눈의 구리망 등으로 인화방지망을 설치할 것
   나. 배출구는 지상 2m 이상으로서 연소의 우려가 없는 장소에 설치하고, 배출 덕트가 관통하는 벽부분의 바로 가까이에 화재시 자동으로 폐쇄되는 방화댐퍼를 설치할 것
5. 배풍기는 강제배기방식으로 하고, 옥내 덕트의 내압이 대기압 이상이 되지 아니하는 위치에 설치하여야 한다.

Ⅶ. 옥외 설비의 바닥

옥외에서 액체위험물을 취급하는 설비의 바닥은 다음 각 호의 기준에 의하여야 한다.

1. 바닥의 둘레에 높이 0.15m 이상의 턱을 설치하는 등 위험물이 외부로 흘러나가지 아니하도록 하여야 한다.
2. 바닥은 콘크리트 등 위험물이 스며들지 아니하는 재료로 하고, 제1호의 턱이 있는 쪽이 낮게 경사지게 하여야 한다.
3. 바닥의 최저부에 집유설비를 하여야 한다.
4. 위험물(온도 20℃의 물 100g에 용해되는 양이 1g 미만인 것에 한한다)을 취급하는 설비에 있어서는 당해 위험물이 직접 배수구에 흘러들어가지 아니하도록 집유설비에 유분리장치를 설치하여야 한다.

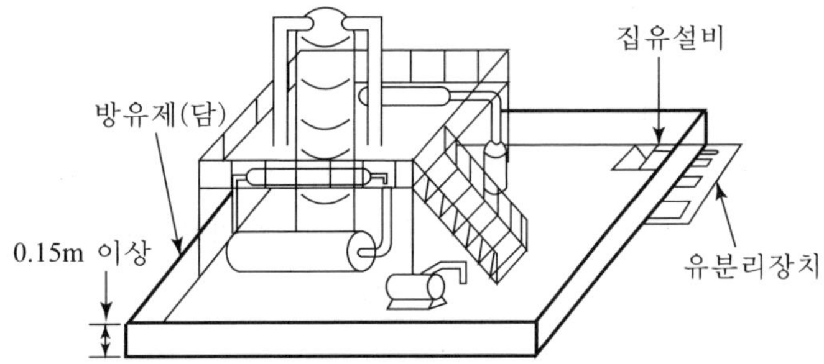

그림 2-17 옥외설비의 바닥

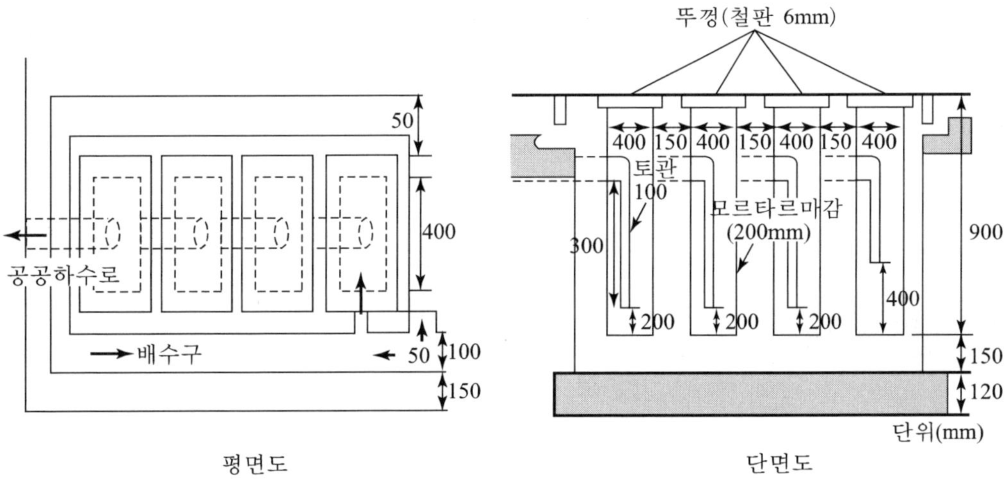

그림 2-18 유분리장치

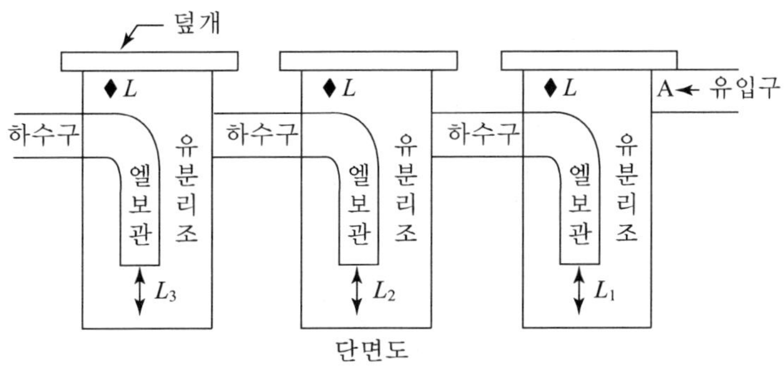

L : 15cm 이상, $L_1 \geq L_2 \geq L_3$: 10cm 이상 30cm 미만

그림 2-19 유분리장치의 구조도 (예시)

VIII. 기타 설비

1. 위험물의 누출·비산방지

위험물을 취급하는 기계·기구 그 밖의 설비는 위험물이 새거나 넘치거나 비산하는 것을 방지할 수 있는 구조로 하여야 한다. 다만, 당해 설비에 위험물의 누출 등으로 인한 재해를 방지할 수 있는 부대설비(되돌림관·수막 등)를 한 때에는 그러하지 아니하다.

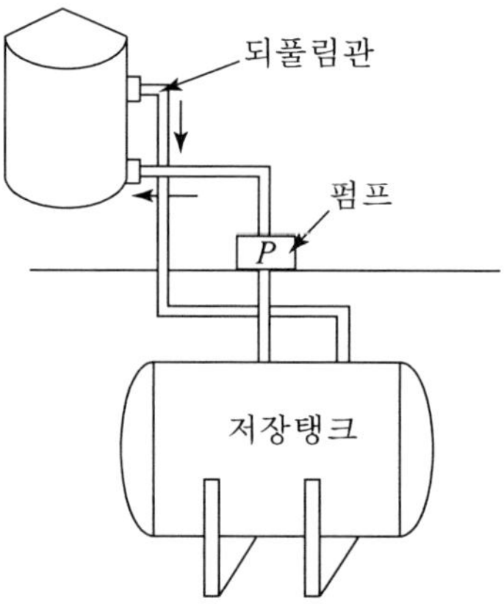

그림 2-20 되돌림관

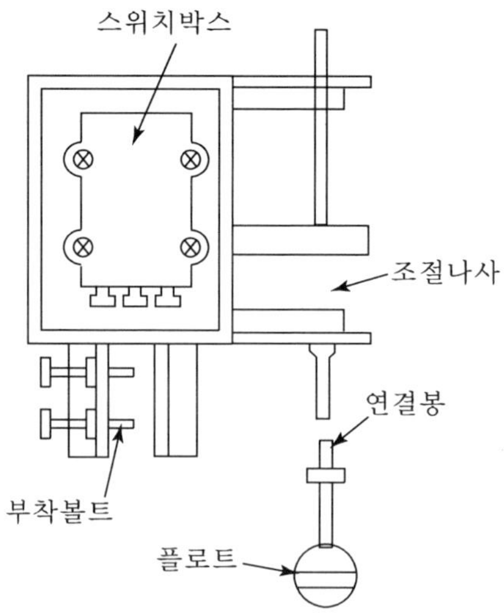

그림 2-21 플로트 스위치

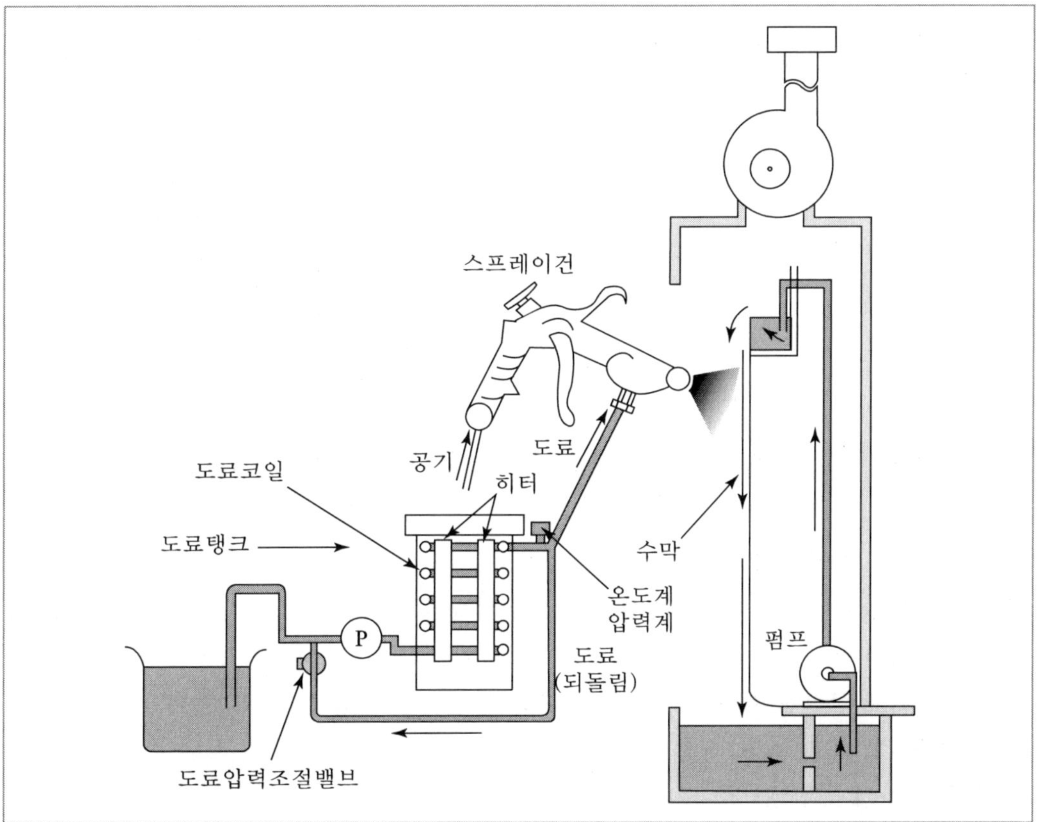

그림 2-22 수막설비

2. 가열·냉각설비 등의 온도측정장치

위험물을 가열하거나 냉각하는 설비 또는 위험물의 취급에 수반하여 온도변화가 생기는 설비에는 온도측정장치를 설치하여야 한다.

3. 가열건조설비

위험물을 가열 또는 건조하는 설비는 직접 불을 사용하지 아니하는 구조로 하여야 한다. 다만, 당해 설비가 방화상 안전한 장소에 설치되어 있거나 화재를 방지할 수 있는 부대설비를 한 때에는 그러하지 아니하다.

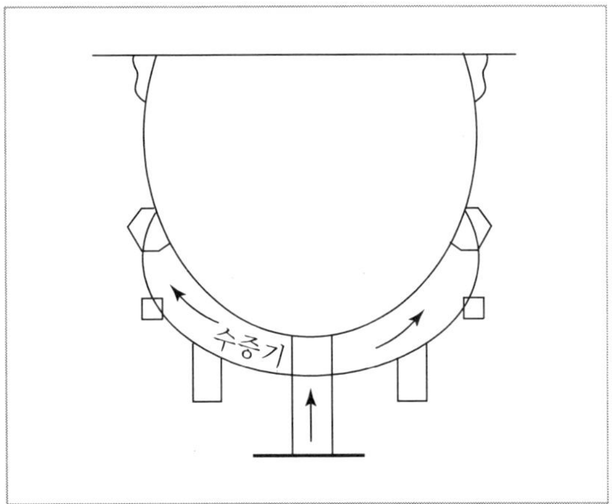

그림 2-23 수증기를 이용한 간접가열방식의 건조기

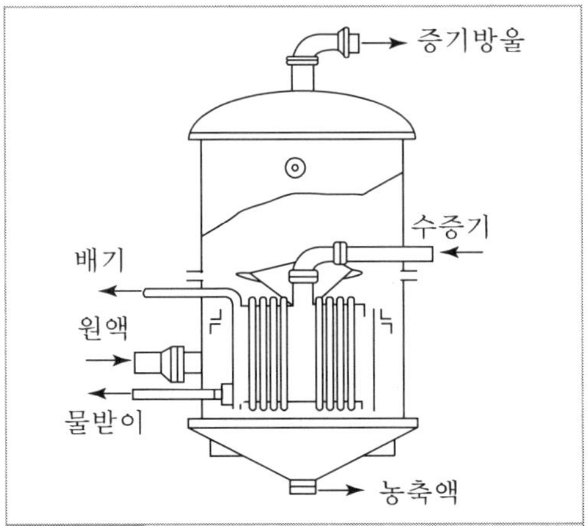

그림 2-24 간접가열방식 바스켓형 증발 건조기

4. **압력계 및 안전장치**

위험물을 가압하는 설비 또는 그 취급하는 위험물의 압력이 상승할 우려가 있는 설비에는 압력계 및 다음 각 목의 1에 해당하는 안전장치를 설치하여야 한다. 다만, 라목의 파괴판은 위험물의 성질에 따라 안전밸브의 작동이 곤란한 가압설비에 한한다.

가. 자동적으로 압력의 상승을 정지시키는 장치

나. 감압측에 안전밸브를 부착한 감압밸브

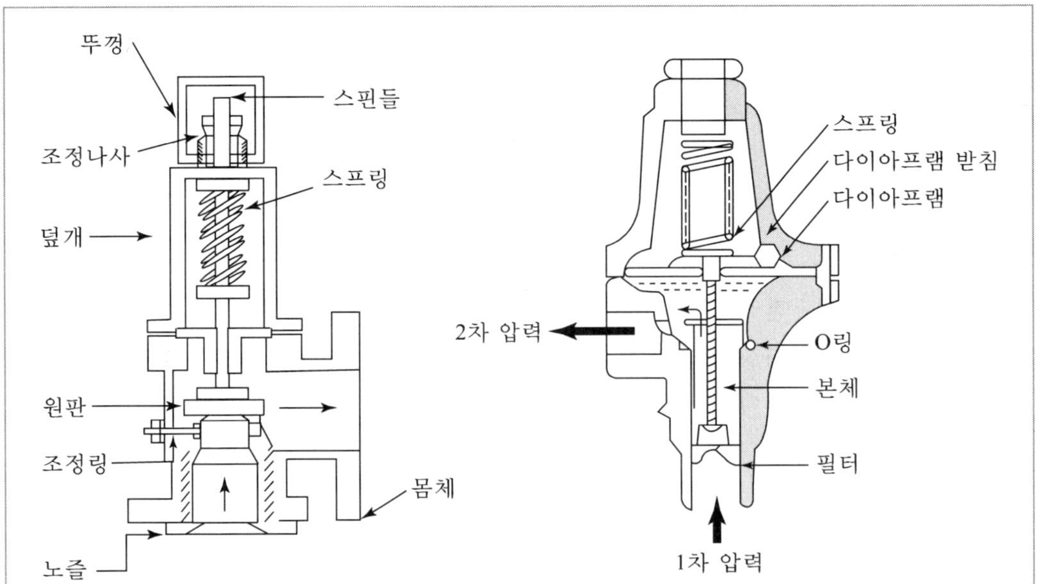

그림 2-25 안전밸브 및 감압밸브의 구조

다. 안전밸브를 병용하는 경보장치

라. 파괴판

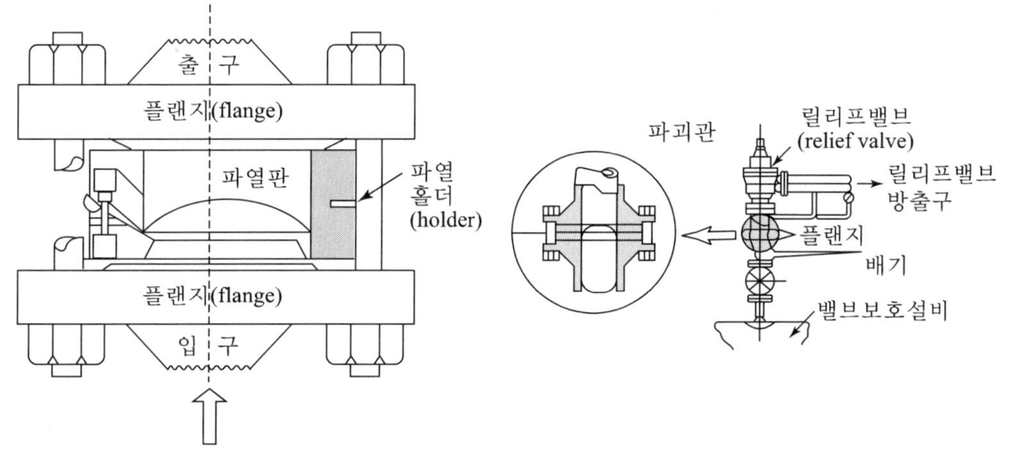

그림 2-26 파괴판의 구조

5. 전기설비

제조소에 설치하는 전기설비는 「전기사업법」에 의한 전기설비기술기준에 의하여야 한다.

6. 정전기 제거설비

위험물을 취급함에 있어서 정전기가 발생할 우려가 있는 설비에는 다음 각 목의 1에 해당하는 방법으로 정전기를 유효하게 제거할 수 있는 설비를 설치하여야 한다.

가. 접지에 의한 방법

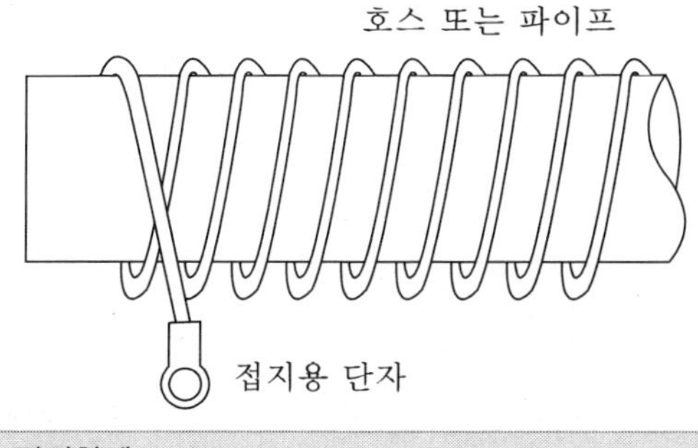

그림 2-27 금속선에 의한 정전차폐

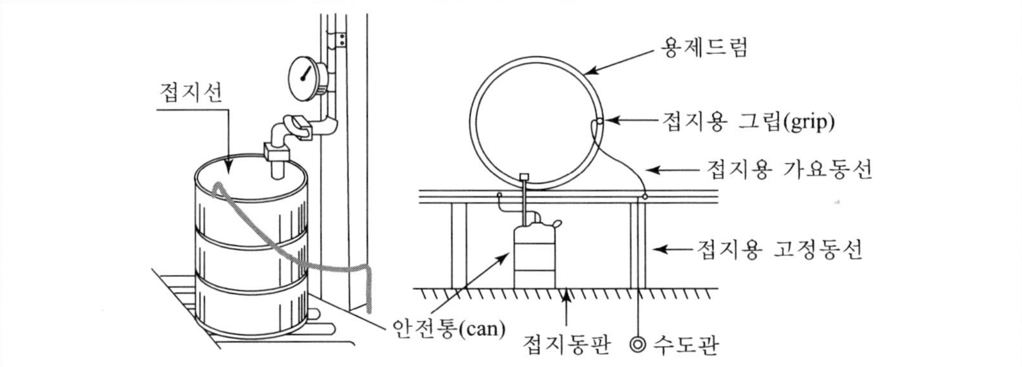

그림 2-28 접지에 의한 방법

나. 공기를 이온화하는 방법

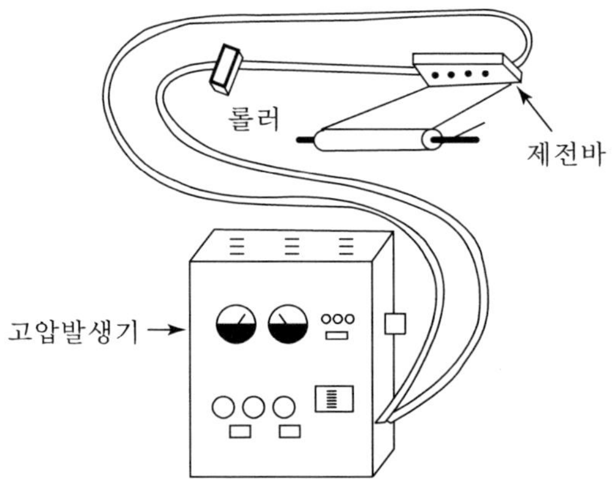

그림 2-29 공기이온화 방법

다. 공기 중의 상대습도를 70% 이상으로 하는 방법

7. 피뢰설비

지정수량의 10배 이상의 위험물을 취급하는 제조소(제6류 위험물을 취급하는 위험물제조소를 제외한다)에는 피뢰침[12](「산업표준화법」 제12조에 따른 한국산업표준 중 피뢰설비 표준에 적합한 것을 말한다.)을 설치하여야 한다. 다만, 제조소의 주위의 상황에 따라 안전상 지장이 없는 경우에는 피뢰침을 설치하지 아니할 수 있다.

12) 피뢰침 : 번개를 도중에 차단하여 그 전류를 지하로 전송시킴으로서 벼락의 피해로부터 구조물을 보호하여 주는 금속막대(주로 구리)

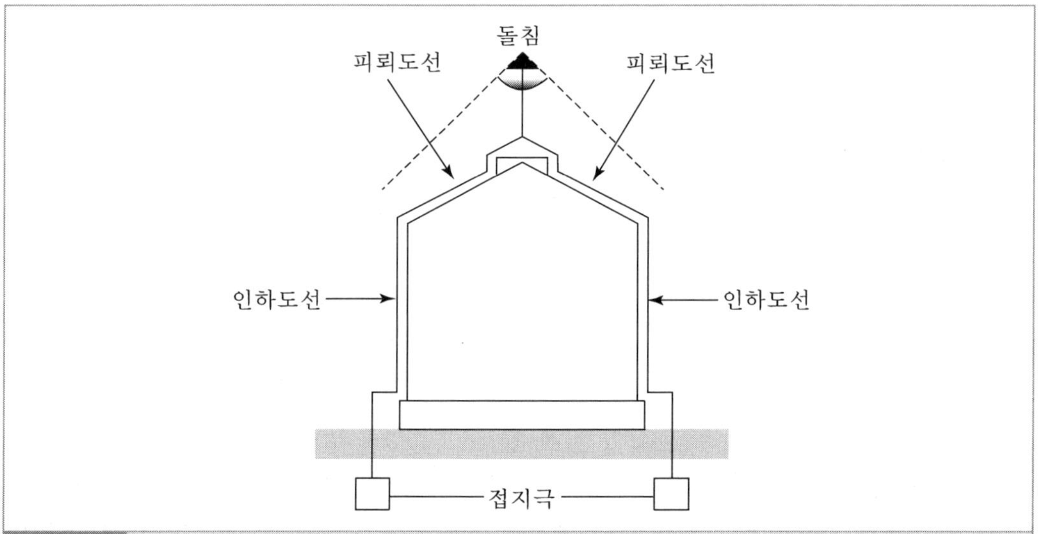

그림 2-30 피뢰설비

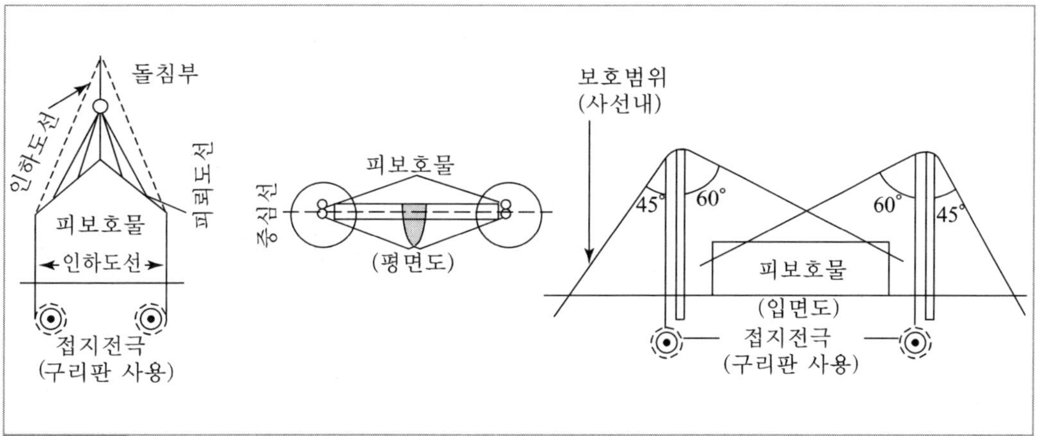

그림 2-31 피뢰침의 보호범위

8. 전동기 등

전동기 및 위험물을 취급하는 설비의 펌프 · 밸브 · 스위치 등은 화재예방상 지장이 없는 위치에 부착하여야 한다.

IX. 위험물취급탱크

1. 위험물제조소의 옥외에 있는 위험물취급탱크(용량이 지정수량의 5분의 1 미만인 것을 제외한다)는 다음 각 목의 기준에 의하여 설치하여야 한다.

가. 옥외에 있는 위험물취급탱크의 구조 및 설비는 옥외탱크저장소기준(별표 6) VI제1호(특정옥외저장탱크 및 준특정옥외저장탱크와 관련되는 부분을 제외한다)·제3호 내지 제9호·제11호 내지 제14호 및 XIV의 규정에 의한 옥외탱크저장소의 탱크의 구조 및 설비의 기준을 준용할 것

나. 옥외에 있는 위험물취급탱크로서 액체위험물(이황화탄소를 제외한다)을 취급하는 것의 주위에는 다음의 기준에 의하여 방유제를 설치할 것

1) 하나의 취급탱크 주위에 설치하는 방유제의[13] 용량은 당해 탱크용량의 50% 이상으로 하고, 2 이상의 취급탱크 주위에 하나의 방유제를 설치하는 경우 그 방유제의 용량은 당해 탱크 중 용량이 최대인 것의 50%에 나머지 탱크용량 합계의 10%를 가산한 양 이상이 되게 할 것. 이 경우 방유제의 용량은 당해 방유제의 내용적에서 용량이 최대인 탱크 외의 탱크의 방유제 높이 이하 부분의 용적, 당해 방유제 내에 있는 모든 탱크의 지반면 이상 부분의 기초의 체적, 간막이 둑의 체적 및 당해 방유제 내에 있는 배관 등의 체적을 뺀 것으로 한다.

2) 방유제의 구조 및 설비는 옥외탱크저장소기준(별표 6) IX 제1호나목·사목·차목·카목 및 파목의 규정에 의한 옥외저장탱크의 방유제의 기준에 적합하게 할 것

방유제의 용량으로서 산정되는 부분을 사선으로 나타낸다.
방유제의 필요용량은 60kℓ 이상이다. (100kℓ × 1/2 + (60kℓ + 40kℓ) × 1/10)

그림 2-32 방유제 용량의 산정

2. 위험물제조소의 옥내에 있는 위험물취급탱크(용량이 지정수량의 5분의 1 미만인 것을 제외한다)는 다음 각 목의 기준에 의하여 설치하여야 한다.

가. 탱크의 구조 및 설비는 옥내탱크저장소기준(별표 7) I 제1호 마목 내지 자목 및 카목 내지 파목의 규정에 의한 옥내탱크저장소의 위험물을 저장 또는 취급하는 탱크의 구조 및 설비의 기준을 준용할 것

---

13) 방유제 : 위험물 옥외탱크 주위에 위험물이 누출되거나 넘치는 것을 막기 위해 높이 0.5m 이상 3m 이하의 흙이나 콘크리트로 만든 둑

나. 위험물취급탱크의 주위에는 턱(이하 "방유턱"이라 한다)을 설치하는 등 위험물이 누설된 경우에 그 유출을 방지하기 위한 조치를 할 것. 이 경우 당해 조치는 탱크에 수납하는 위험물의 양(하나의 방유턱 안에 2 이상의 탱크가 있는 경우는 당해 탱크 중 실제로 수납하는 위험물의 양이 최대인 탱크의 양)을 전부 수용할 수 있도록 하여야 한다.

3. 위험물제조소의 지하에 있는 위험물취급탱크의 위치·구조 및 설비는 지하탱크저장소 기준(별표 8) I (제5호·제11호 및 제14호를 제외한다), II (I 제5호·제11호 및 제14호의 규정을 적용하도록 하는 부분을 제외한다) 또는 III (I 제5호·제11호 및 제14호의 규정을 적용하도록 하는 부분을 제외한다)의 규정에 의한 지하탱크저장소의 위험물을 저장 또는 취급하는 탱크의 위치·구조 및 설비의 기준에 준하여 설치하여야 한다.

■ **탱크의 용량계산 방법**

위험물을 저장 또는 취급하는 탱크의 용량은 당해 탱크의 내용적에서 공간용적을 뺀 용적으로 한다. 이동탱크저장소의 경우에는 내용적에서 공간용적을 뺀 용량이 자동차관리관계법령에 의한 최대적재중량 이하로 하여야 한다.

가. 내용적

탱크의 내용적은 탱크의 형태에 따라 다음의 방법에 의해 계산한다.

1) 타원형 탱크의 내용적

가) 양쪽이 볼록한 것

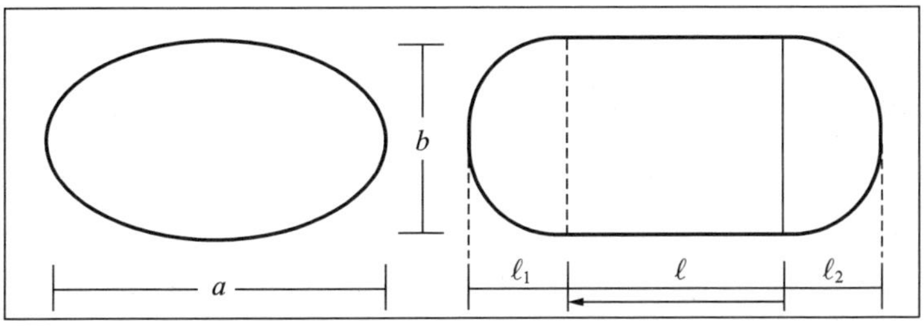

$$내용적 = \frac{\pi ab}{4}\left(\ell + \frac{\ell_1 + \ell_2}{3}\right)$$

나) 한쪽은 볼록하고 다른 한쪽은 오목한 것

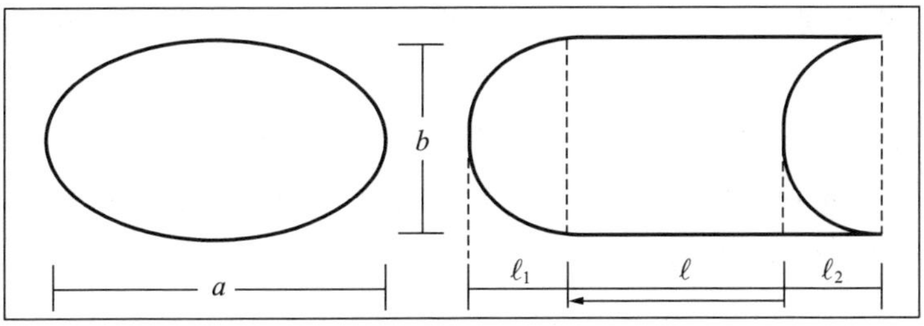

$$\text{내용적} = \frac{\pi ab}{4}\left(\ell + \frac{\ell_1 - \ell_2}{3}\right)$$

2) 원통형 탱크의 내용적

가) 횡으로 설치한 것

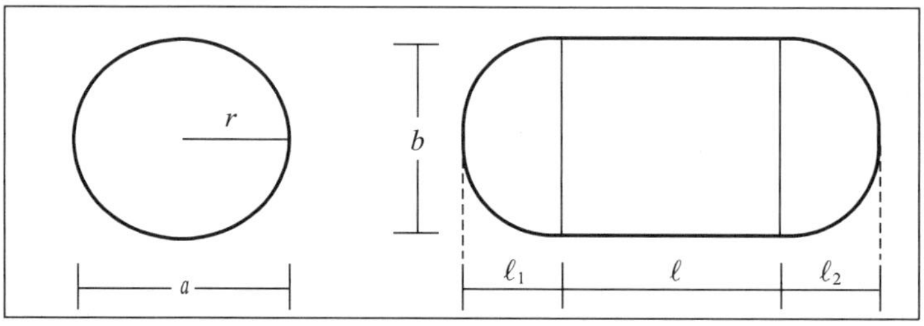

$$\text{내용적} = \pi r^2\left(\ell + \frac{\ell_1 + \ell_2}{3}\right)$$

나) 종으로 설치한 것

$$\text{내용적} = \pi r^2 \ell$$

3) 그 밖의 탱크

통상의 수학적 계산방법에 의한다. 다만, 쉽게 그 내용적을 계산하기 어려운 탱크에 있어서는 당해 탱크의 내용적의 근사계산에 의할 수 있다.

나. 공간용적

탱크의 공간용적은 탱크내부에 여유를 가질 수 있는 공간이다. 이는 위험물의 과주입 또는 온도의 상승으로 부피의 증가에 따른 체적팽창에 의한 위험물의 넘침을 막아주는 기능을 가지고 있다.

1) 일반적인 탱크의 공간용적

일반적인 탱크의 공간용적은 탱크 내용적의 5/100 이상 10/100 이하의 용적으로 한다.

2) 소화설비를 설치한 탱크로서 소화약제 방출구를 탱크 안의 윗부분에 설치한 탱크의 경우, 당해 탱크의 내용적 중 당해 소화약제 방출구의 아래 0.3m 내지 1m 사이의 면으로부터 윗부분의 용적으로 한다.

※ 공간용적을 어느 정도 하느냐는 위험물제조소등 설치자(허가신청인)가 선택한다.

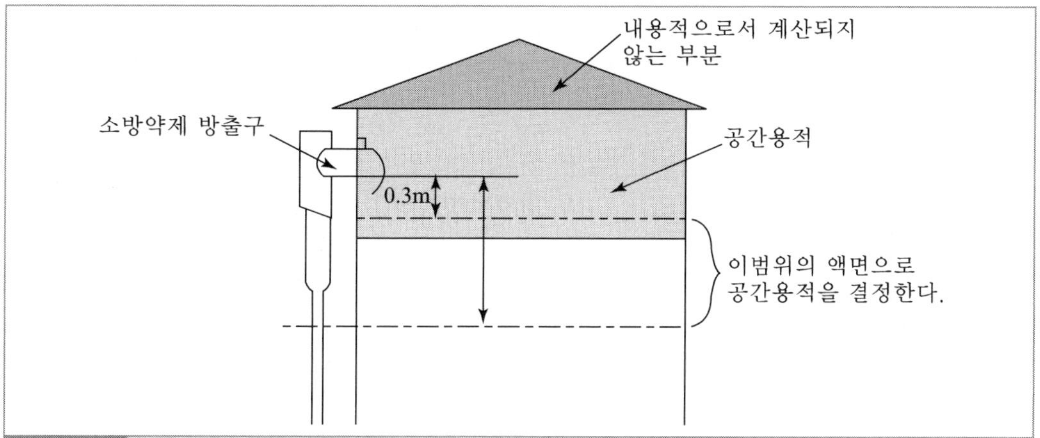

그림 2-33 소화설비를 설치한 탱크의 공간용적

3) 암반탱크의 공간용적

암반탱크에 있어서는 당해 탱크 내에 용출하는 7일간의 지하수의 양에 상당하는 용적과 당해 탱크의 내용적의 100분의 1의 용적 중에서 보다 큰 용적을 공간용적으로 한다.

X. 배관

위험물제조소 내의 위험물을 취급하는 배관은 다음 각 호의 기준에 의하여 설치하여야 한다.

1. 배관의 재질은 강관 그 밖에 이와 유사한 금속성으로 하여야 한다. 다음 각 목의 기준에 적합한 경우에는 그러하지 아니하다.
   가. 배관의 재질은 한국산업규격의 유리섬유강화플라스틱·고밀도폴리에틸렌 또는 폴리우레탄으로 할 것
   나. 배관의 구조는 내관 및 외관의 이중으로 하고, 내관과 외관의 사이에는 틈새공간을 두어 누설여부를 외부에서 쉽게 확인할 수 있도록 할 것. 다만, 배관의 재질이 취급하는 위험물에 의해 쉽게 열화될 우려가 없는 경우에는 그러하지 아니하다.
   다. 국내 또는 국외의 관련 공인시험기관으로부터 안전성에 대한 시험 또는 인증을 받을 것
   라. 배관은 지하에 매설할 것. 다만 화재 등 열에 의하여 쉽게 변형될 우려가 없는 재질이나 화재 등 열에 의하여 악영향을 받을 우려가 없는 장소에 설치되는 경우에는 그러하지 아니한다.

2. 배관에 걸리는 최대상용압력의 1.5배 이상의 압력으로 내압시험(불연성의 액체 또는 기체를 이용하여 실시하는 시험을 포함한다)을 실시하여 누설 그 밖의 이상이 없는 것으로 하여야 한다.

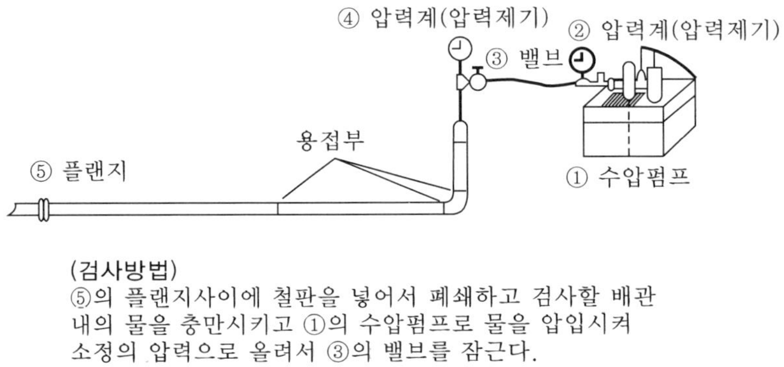

그림 2-34 배관의 수압시험

3. 배관을 지상에 설치하는 경우에는 지진·풍압·지반침하 및 온도변화에 안전한 구조의 지지물에 설치하되, 지면에 닿지 아니하도록 하고 배관의 외면에 부식방지를 위한 도장을 하여야 한다. 다만, 불변강관 또는 부식의 우려가 없는 재질의 배관의 경우에는 부식방지를 위한 도장을 아니 할 수 있다.
4. 배관을 지하에 매설하는 경우에는 다음 각 목의 기준에 적합하게 하여야 한다.
   가. 금속성 배관의 외면에는 부식방지를 위하여 도장·복장·코팅 또는 전기방식 등의 필요한 조치를 할 것

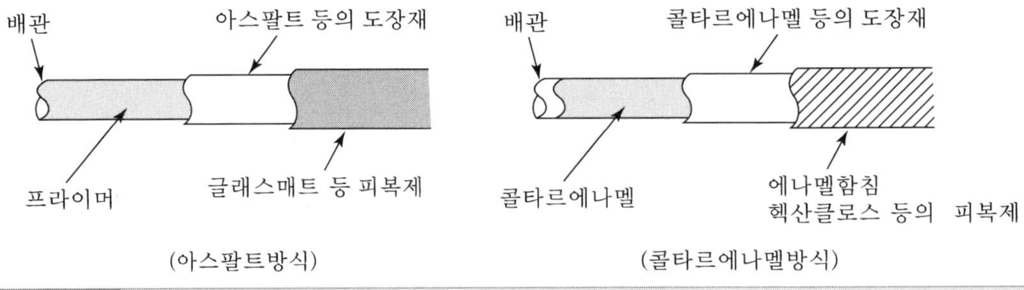

그림 2-35 배관의 부식방지방법

   나. 배관의 접합부분(용접에 의한 접합부 또는 위험물의 누설의 우려가 없다고 인정되는 방법에 의하여 접합된 부분을 제외한다)에는 위험물의 누설여부를 점검할 수 있는 점검구를 설치할 것

다. 지면에 미치는 중량이 당해 배관에 미치지 아니하도록 보호할 것

5. 배관에 가열 또는 보온을 위한 설비를 설치하는 경우에는 화재예방상 안전한 구조로 하여야 한다.

XI. 고인화점 위험물의 제조소의 특례

인화점이 100℃ 이상인 제4류 위험물(이하 "고인화점 위험물"이라 한다)만을 100℃ 미만의 온도에서 취급하는 제조소로서 그 위치 및 구조가 다음 각 호의 기준에 모두 적합한 제조소에 대하여는 I, II, IV제1호, IV제3호 내지 제5호, VIII제6호·제7호 및 IX제1호나목 2)에 의하여 준용되는 옥외탱크저장소기준(별표 6) IX제1호나목의 규정을 적용하지 아니한다.

1. 다음 각 목의 규정에 의한 건축물의 외벽 또는 이에 상당하는 공작물의 외측으로부터 당해 제조소의 외벽 또는 이에 상당하는 공작물의 외측까지의 사이에 다음 각 목의 규정에 의한 안전거리를 두어야 한다. 다만, 가목 내지 다목의 규정에 의한 건축물 등에 부표의 기준에 의하여 불연재료로 된 방화상 유효한 담 또는 벽을 설치하여 소방본부장 또는 소방서장이 안전하다고 인정하는 거리로 할 수 있다.
   가. 나목 내지 라목 외의 건축물 그 밖의 공작물로서 주거용으로 제공하는 것(제조소가 있는 부지와 동일한 부지 내에 있는 것을 제외한다)에 있어서는 10m 이상
   나. I제1호나목 1) 내지 4)의 규정에 의한 시설에 있어서는 30m 이상
   다. 「문화재보호법」의 규정에 의한 유형문화재와 기념물 중 지정문화재에 있어서는 50m 이상
   라. I제1호라목 1) 내지 5)의 규정에 의한 시설(불활성가스만을 저장 또는 취급하는 것을 제외한다)에 있어서는 20m 이상
2. 위험물을 취급하는 건축물 그 밖의 공작물(위험물을 이송하기 위한 배관 그 밖에 이에 준하는 공작물을 제외한다)의 주위에 3m 이상의 너비의 공지를 보유하여야 한다. 다만, II제2호 각 목의 규정에 의하여 방화상 유효한 격벽을 설치하는 경우에는 그러하지 아니하다.
3. 위험물을 취급하는 건축물은 그 지붕을 불연재료로 하여야 한다.
4. 위험물을 취급하는 건축물의 창 및 출입구에는 을종방화문·갑종방화문 또는 불연재료나 유리로 만든 문을 달고, 연소의 우려가 있는 외벽에 두는 출입구에는 수시로 열 수 있는 자동폐쇄식의 갑종방화문을 설치하여야 한다.
5. 위험물을 취급하는 건축물의 연소의 우려가 있는 외벽에 두는 출입구에 유리를 이용하는 경우에는 망입유리로 하여야 한다.

XII. 위험물의 성질에 따른 제조소의 특례

1. 다음 각 목의 1에 해당하는 위험물을 취급하는 제조소에 있어서는 I 내지 VIII의 규정에 의한 기준에 의하는 외에 당해 위험물의 성질에 따라 제2호 내지 제4호의 기준에 의하여야 한다.
   가. 제3류 위험물 중 알킬알루미늄·알킬리튬 또는 이중 어느 하나 이상을 함유하는 것(이하 "알킬알루미늄등"이라 한다)
   나. 제4류 위험물 중 특수인화물의 아세트알데히드·산화프로필렌 또는 이중 어느 하나 이상을 함유하는 것(이하 "아세트알데히드등"이라 한다)
   다. 제5류 위험물 중 히드록실아민·히드록실아민염류 또는 이중 어느 하나 이상을 함유하는 것(이하 "히드록실아민등"이라 한다)
2. 알킬알루미늄등을 취급하는 제조소의 특례는 다음 각 목과 같다.
   가. 알킬알루미늄등을 취급하는 설비의 주위에는 누설범위를 국한하기 위한 설비와 누설된 알킬알루미늄등을 안전한 장소에 설치된 저장실에 유입시킬 수 있는 설비를 갖출 것
   나. 알킬알루미늄등을 취급하는 설비에는 불활성 기체를 봉입하는 장치를 갖출 것
3. 아세트알데히드등을 취급하는 제조소의 특례는 다음 각 목과 같다.
   가. 아세트알데히드등을 취급하는 설비는 은·수은·동·마그네슘 또는 이들을 성분으로 하는 합금으로 만들지 아니할 것
   나. 아세트알데히드등을 취급하는 설비에는 연소성 혼합기체의 생성에 의한 폭발을 방지하기 위한 불활성기체 또는 수증기를 봉입하는 장치를 갖출 것

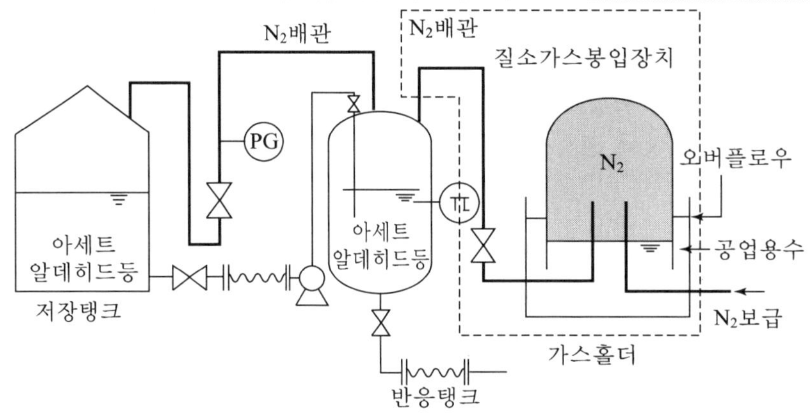

그림 2-36 불활성기체 봉입장치

다. 아세트알데히드등을 취급하는 탱크(옥외에 있는 탱크 또는 옥내에 있는 탱크로서 그 용량이 지정수량의 5분의 1 미만의 것을 제외한다)에는 냉각장치 또는 저온을 유지하기 위한 장치(이하 "보냉장치"라 한다) 및 연소성 혼합기체의 생성에 의한 폭발을 방지하기 위한 불활성기체를 봉입하는 장치를 갖출 것. 다만, 지하에 있는 탱크가 아세트알데히드등의 온도를 저온으로 유지할 수 있는 구조인 경우에는 냉각장치 및 보냉장치를 갖추지 아니할 수 있다.

라. 다목의 규정에 의한 냉각장치 또는 보냉장치는 2 이상 설치하여 하나의 냉각장치 또는 보냉장치가 고장난 때에도 일정 온도를 유지할 수 있도록 하고, 다음의 기준에 적합한 비상전원을 갖출 것

1) 상용전력원이 고장인 경우에 자동으로 비상전원으로 전환되어 가동되도록 할 것

2) 비상전원의 용량은 냉각장치 또는 보냉장치를 유효하게 작동할 수 있는 정도일 것

마. 아세트알데히드등을 취급하는 탱크를 지하에 매설하는 경우에는 IX제3호의 규정에 의하여 적용되는 지하탱크저장소기준(별표 8) I 제1호 단서의 규정에 불구하고 당해 탱크를 탱크전용실에 설치할 것

4. 히드록실아민등을 취급하는 제조소의 특례는 다음 각 목과 같다.

가. I 제1호 가목부터 라목까지의 규정에도 불구하고 지정수량 이상의 히드록실아민등을 취급하는 제조소의 위치는 I 제1호 가목부터 라목까지의 규정에 의한 건축물의 벽 또는 이에 상당하는 공작물의 외측으로부터 사이에 다음 식에 의하여 요구되는 거리 이상의 안전거리를 둘 것

$$D = 51.1\sqrt[3]{N}$$

여기서, D : 거리(m)

N : 당해 제조소에서 취급하는 히드록실아민등의 지정수량의 배수

나. 가목의 제조소의 주위에는 다음에 정하는 기준에 적합한 담 또는 토제(土堤)를 설치할 것

1) 담 또는 토제는 당해 제조소의 외벽 또는 이에 상당하는 공작물의 외측으로부터 2m 이상 떨어진 장소에 설치할 것

2) 담 또는 토제의 높이는 당해 제조소에 있어서 히드록실아민등을 취급하는 부분의 높이 이상으로 할 것

3) 담은 두께 15cm 이상의 철근콘크리트조·철골철근콘크리트조 또는 두께 20cm 이상의 보강콘크리트블록조로 할 것

4) 토제의 경사면의 경사도는 60도 미만으로 할 것

다. 히드록실아민등을 취급하는 설비에는 히드록실아민등의 온도 및 농도의 상승에 의한 위험한 반응을 방지하기 위한 조치를 강구할 것

라. 히드록실아민등을 취급하는 설비에는 철이온 등의 혼입에 의한 위험한 반응을 방지하기 위한 조치를 강구할 것

Chapter

03 위험물저장소

제1절 옥내저장소

제1관 옥내저장소 정의

옥내저장소란 위험물을 용기에 수납하여 저장창고에서 저장 또는 취급하는 시설을 말하며, 위험물을 대량으로 저장함에 따라 저장 창고의 층수·면적·처마 높이 등을 제한하여 위험성을 증대시키지 않도록 규제하고 있다.

또한, 위험물을 저장하는 건축물의 형태는 단층건물·다층건물·복합용도 건축물의 옥내저장소로 나누어 위험물 시설의 위치·구조·설비의 기술상 기준을 정해놓고 있다.

제2관 옥내저장소의 위치·구조 및 설비의 기준

I. 옥내저장소의 기준(다층건물의 옥내저장소, 복합용도건축물의 옥내저장소는 제외)

1. 옥내저장소는 위험물제조소기준(별표 4) I의 규정에 준하여 안전거리를 두어야 한다. 다만, 다음 각 목의 1에 해당하는 옥내저장소는 안전거리를 두지 아니할 수 있다.
   가. 제4석유류 또는 동식물유류의 위험물을 저장 또는 취급하는 옥내저장소로서 그 최대수량이 지정수량의 20배 미만인 것
   나. 제6류 위험물을 저장 또는 취급하는 옥내저장소
   다. 지정수량의 20배(하나의 저장창고의 바닥면적이 150m^2 이하인 경우에는 50배) 이하의 위험물을 저장 또는 취급하는 옥내저장소로서 다음의 기준에 적합한 것
      1) 저장창고의 벽·기둥·바닥·보 및 지붕이 내화구조일 것
      2) 저장창고의 출입구에 수시로 열 수 있는 자동폐쇄방식의 갑종방화문이 설치되어 있을 것
      3) 저장창고에 창이 설치하지 아니할 것
2. 옥내저장소의 주위에는 그 저장 또는 취급하는 위험물의 최대수량에 따라 다음 표에 의한 너비의 공지를 보유하여야 한다. 다만, 지정수량의 20배를 초과하는 옥내저장소와 동일한 부지 내에 있는 다른 옥내저장소와의 사이에는 동표에 정하는 공지의 너비의 3분의 1(당해 수치가 3m 미만인 경우에는 3m)의 공지를 보유할 수 있다.

저장 또는 취급하는 위험물의 최대수량	공지의 너비	
	벽·기둥 및 바닥이 내화구조로 된 건축물	그 밖의 건축물
지정수량의 5배 이하		0.5m 이상
지정수량의 5배 초과 10배 이하	1m 이상	1.5m 이상
지정수량의 10배 초과 20배 이하	2m 이상	3m 이상
지정수량의 20배 초과 50배 이하	3m 이상	5m 이상
지정수량의 50배 초과 200배 이하	5m 이상	10m 이상
지정수량의 200배 초과	10m 이상	15m 이상

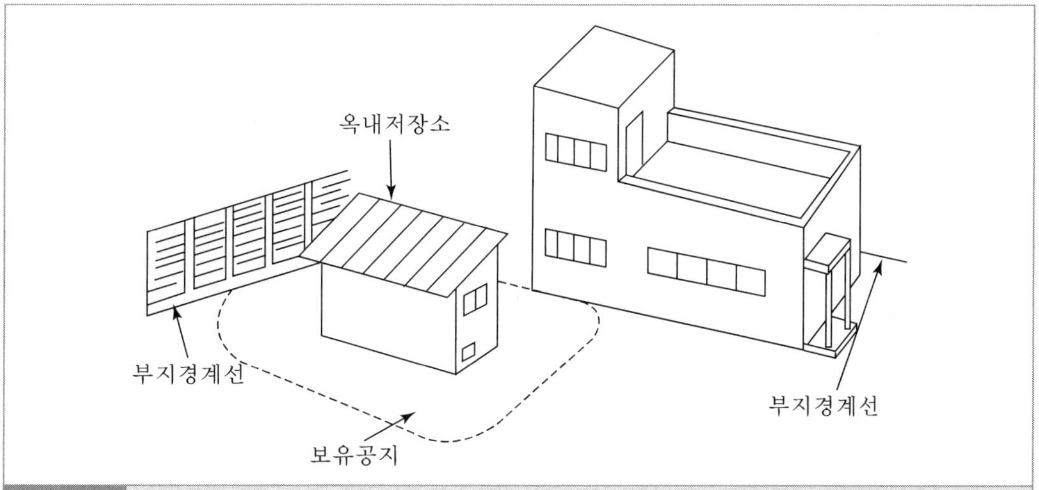

그림 3-1 보유공지

3. 옥내저장소에는 위험물제조소기준(별표 4) III 제1호의 기준에 따라 보기 쉬운 곳에 "위험물 옥내저장소"라는 표시를 한 표지와 동표 III 제2호의 기준에 따라 방화에 관하여 필요한 사항을 게시한 게시판을 설치하여야 한다.

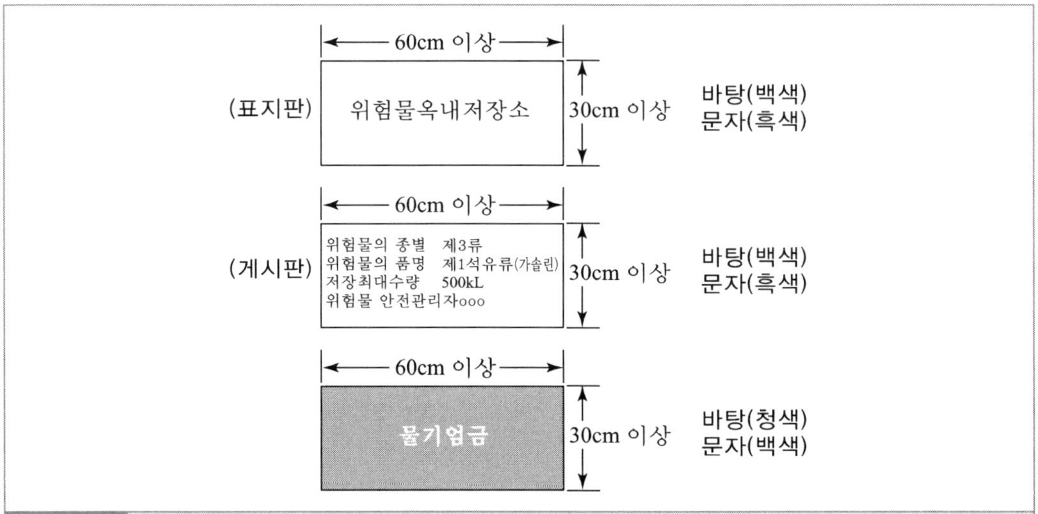

그림 3-2 표지판 및 게시판

4. 저장창고는 위험물의 저장을 전용으로 하는 독립된 건축물로 하여야 한다.

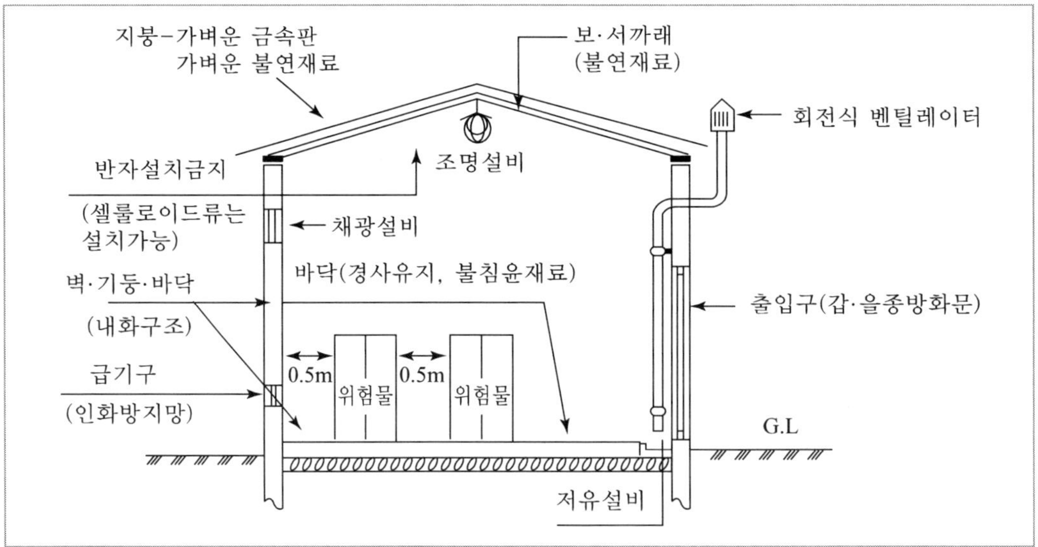

그림 3-3 옥내저장소 건축물의 구조(전용, 독립건축물)

5. 저장창고는 지면에서 처마까지의 높이(이하 "처마높이"라 한다)가 6m 미만인 단층건물로 하고 그 바닥을 지반면보다 높게 하여야 한다. 다만, 제2류 또는 제4류 위험물만을 저장하는 창고로서 다음 각 목의 기준에 적합한 창고의 경우에는 20m 이하로 할 수 있다.

가. 벽·기둥·보 및 바닥을 내화구조로 할 것

나. 출입구에 갑종방화문을 설치할 것

다. 피뢰침을 설치할 것. 다만, 주위상황에 의하여 안전상 지장이 없는 경우에는 그러하지 아니하다.

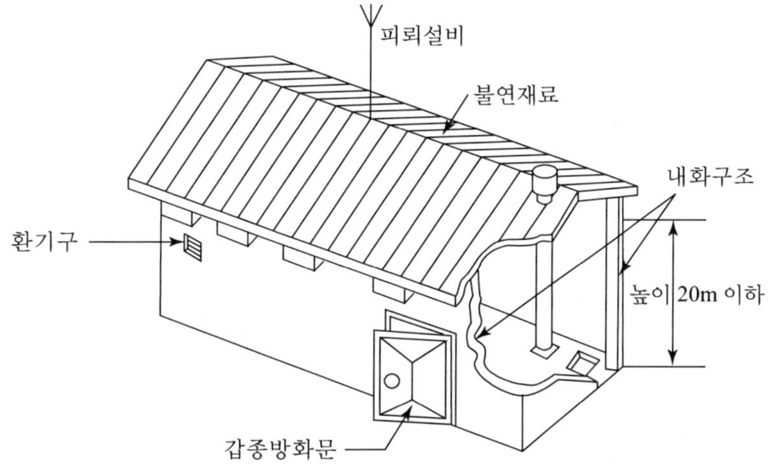

그림 3-4 옥내저장소 (제2류 · 제4류 위험물)

6. 하나의 저장창고의 바닥면적(2 이상의 구획된 실이 있는 경우에는 각 실의 바닥면적의 합계)은 다음 각 목의 구분에 의한 면적 이하로 하여야 한다. 이 경우 가목의 위험물과 나목의 위험물을 같은 저장창고에 저장하는 때에는 가목의 위험물을 저장하는 것으로 보아 그에 따른 바닥면적을 적용한다.

가. 다음의 위험물을 저장하는 창고 : 1,000m^2

1) 제1류 위험물 중 아염소산염류, 염소산염류, 과염소산염류, 무기과산화물 그 밖에 지정수량이 50kg인 위험물

2) 제3류 위험물 중 칼륨, 나트륨, 알킬알루미늄, 알킬리튬 그 밖에 지정수량이 10kg인 위험물 및 황린

3) 제4류 위험물 중 특수인화물, 제1석유류 및 알코올류

4) 제5류 위험물 중 유기과산화물, 질산에스테르류 그 밖에 지정수량이 10kg인 위험물

5) 제6류 위험물

나. 가목의 위험물 외의 위험물을 저장하는 창고 : 2,000m^2

다. 가목 위험물과 나목의 위험물을 내화구조의 격벽으로 완전히 구획된 실에 각각 저장하는 창고 : 1,500m^2(가목의 위험물을 저장하는 실의 면적은 500m^{2}를 초과할 수 없다)

7. 저장창고의 벽·기둥 및 바닥은 내화구조로 하고, 보와 서까래는 불연재료로 하여야 한다. 다만, 지정수량의 10배 이하의 위험물의 저장창고 또는 제2류 위험물(인화성 고체는 제외한다)과 제4류의 위험물(인화점이 70℃ 미만인 것은 제외한다)만의 저장창고에 있어서는 연소의 우려가 없는 벽·기둥 및 바닥은 불연재료로 할 수 있다.
8. 저장창고는 지붕을 폭발력이 위로 방출될 정도의 가벼운 불연재료로 하고, 천장을 만들지 아니하여야 한다. 다만, 제2류 위험물(분말상태의 것과 인화성고체를 제외한다)과 제6류 위험물만의 저장창고에 있어서는 지붕을 내화구조로 할 수 있고, 제5류 위험물만의 저장창고에 있어서는 당해 저장창고내의 온도를 저온으로 유지하기 위하여 난연재료 또는 불연재료로 된 천장을 설치할 수 있다.

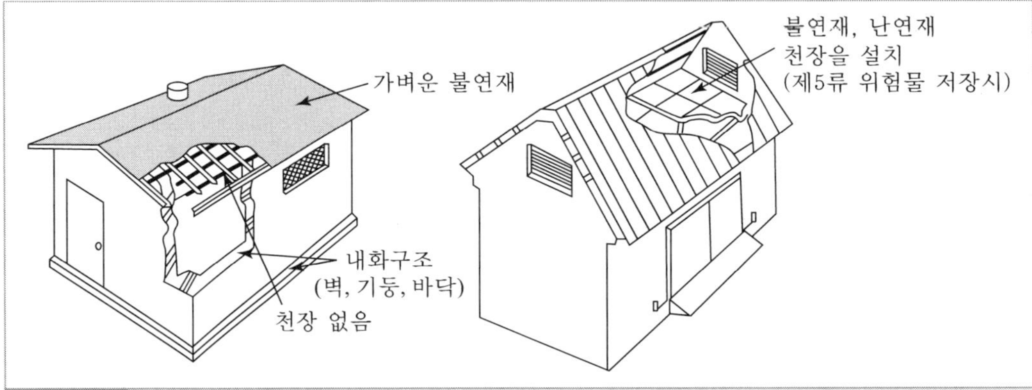

그림 3-5 옥내저장소(일반 형식·제5류 위험물)

9. 저장창고의 출입구에는 갑종방화문 또는 을종방화문을 설치하되, 연소의 우려가 있는 외벽에 있는 출입구에는 수시로 열 수 있는 자동폐쇄식의 갑종방화문을 설치하여야 한다.

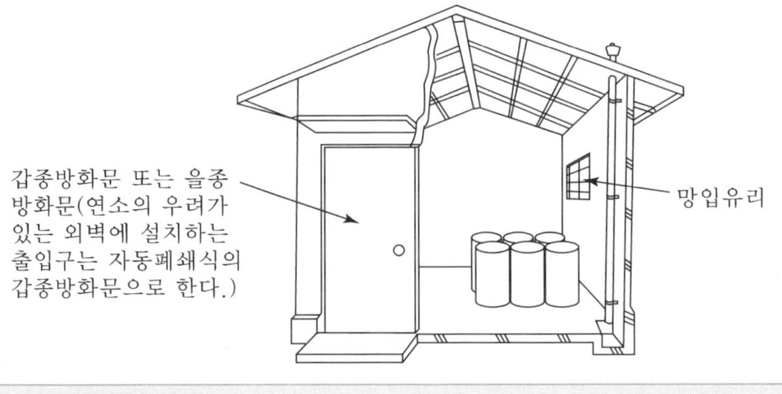

그림 3-6 창 및 출입구

10. 저장창고의 창 또는 출입구에 유리를 이용하는 경우에는 망입유리로 하여야 한다.
11. 제1류 위험물 중 알칼리금속의 과산화물 또는 이를 함유하는 것, 제2류 위험물 중 철분·금속분·마그네슘 또는 이중 어느 하나 이상을 함유하는 것, 제3류 위험물 중 금수성물품 또는 제4류 위험물의 저장창고의 바닥은 물이 스며 나오거나 스며들지 아니하는 구조로 하여야 한다.

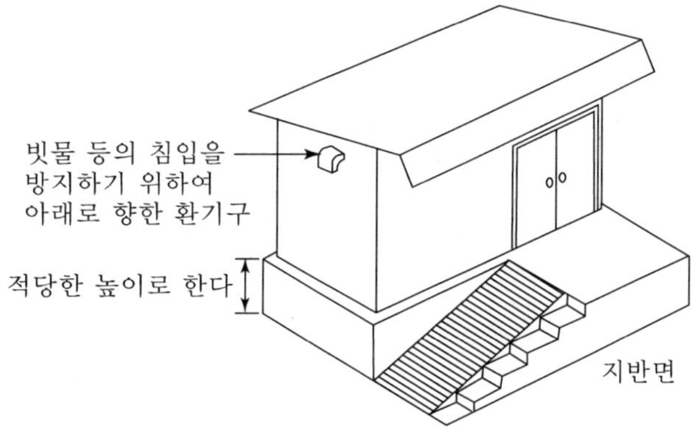

그림 3-7 물이 스며들지 아니하는 구조의 옥내저장소

12. 액상의 위험물의 저장창고의 바닥은 위험물이 스며들지 아니하는 구조로 하고, 적당하게 경사지게 하여 그 최저부에 집유설비를 하여야 한다.

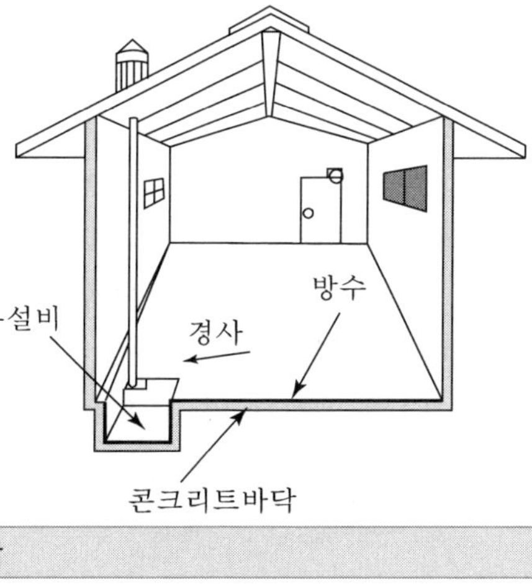

그림 3-8 옥내저장소의 바닥

13. 저장창고에 선반 등의 수납장을 설치하는 경우에는 다음 각 목의 기준에 적합하게 하여야 한다.

가. 수납장은 불연재료로 만들어 견고한 기초 위에 고정할 것

나. 수납장은 당해 수납장 및 그 부속설비의 자중, 저장하는 위험물의 중량 등의 하중에 의하여 생기는 응력(변형력)에 대하여 안전한 것으로 할 것

다. 수납장에는 위험물을 수납한 용기가 쉽게 떨어지지 아니하게 하는 조치를 할 것

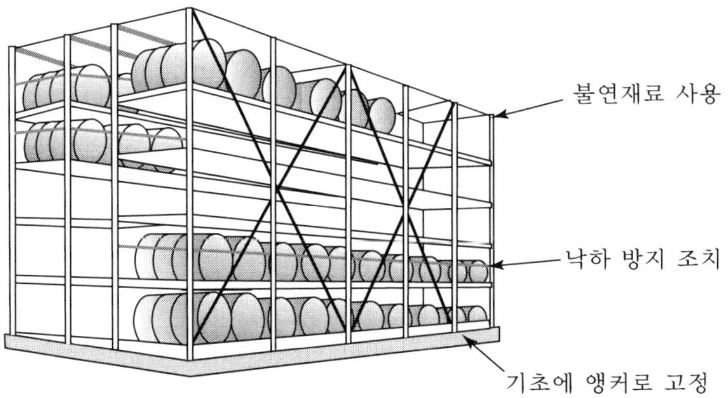

그림 3-9 옥내저장소의 선반 구조

14. 저장창고에는 위험물제조소기준(별표 4) V 및 VI의 규정에 준하여 채광·조명 및 환기의 설비를 갖추어야 하고, 인화점이 70℃ 미만인 위험물의 저장창고에 있어서는 내부에 체류한 가연성 증기를 지붕 위로 배출하는 설비를 갖추어야 한다.

15. 저장창고에 설치하는 전기설비는 「전기사업법」에 의한 전기설비기술기준에 의하여야 한다.

16. 지정수량의 10배 이상의 저장창고(제6류 위험물의 저장창고를 제외한다)에는 피뢰침을 설치하여야 한다. 다만, 저장창고의 주위의 상황에 따라 안전상 지장이 없는 경우에는 피뢰침을 설치하지 아니할 수 있다.

17. 제5류 위험물 중 셀룰로이드 그 밖에 온도의 상승에 의하여 분해·발화할 우려가 있는 것의 저장창고는 당해 위험물이 발화하는 온도에 달하지 아니하는 온도를 유지하는 구조로 하거나 다음 각 목의 기준에 적합한 비상전원을 갖춘 통풍장치 또는 냉방장치 등의 설비를 2 이상 설치하여야 한다.

가. 상용전력원이 고장인 경우에 자동으로 비상전원으로 전환되어 가동되도록 할 것

나. 비상전원의 용량은 통풍장치 또는 냉방장치 등의 설비를 유효하게 작동할 수 있는 정도일 것

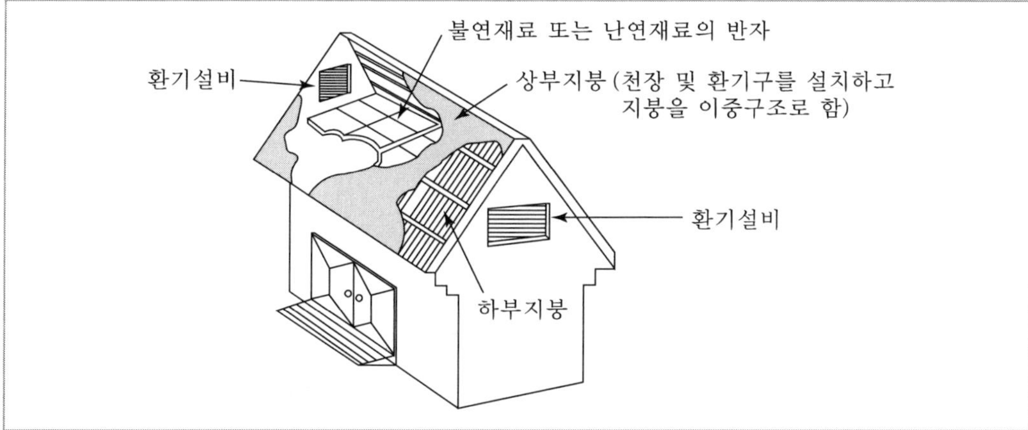

그림 3-10 지붕을 이중구조로 한 온도상승방지조치 옥내저장소

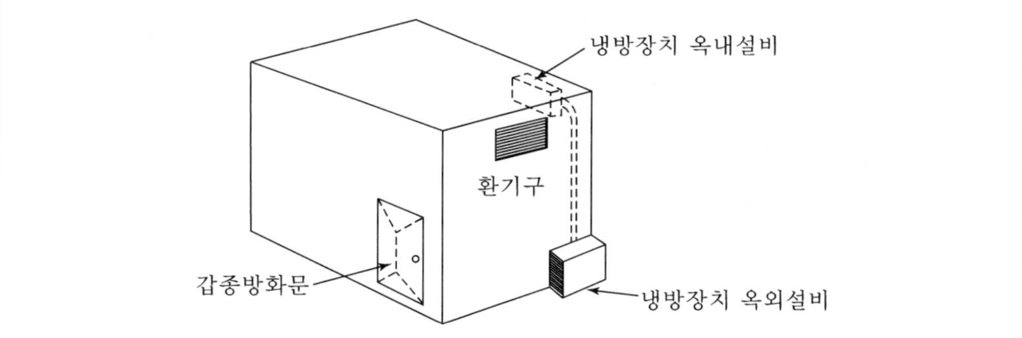

그림 3-11 냉방설비를 설치한 옥내저장소

Ⅱ. 다층건물의 옥내저장소의 기준

옥내저장소 중 제2류 위험물(인화성 고체는 제외한다) 또는 제4류 위험물(인화점이70℃ 미만인 것은 제외한다)만을 저장 또는 취급하는 저장창고가 다층건물인 옥내저장소의 위치·구조 및 설비의 기준은 I제1호 내지 제4호 및 제8호 내지 제16호의 규정에 의하는 외에 다음 각 호의 기준에 의하여야 한다.

1. 저장창고는 각층의 바닥을 지면보다 높게 하고, 바닥면으로부터 상층의 바닥(상층이 없는 경우에는 처마)까지의 높이(이하 "층고"라 한다)를 6m 미만으로 하여야 한다.
2. 하나의 저장창고의 바닥면적 합계는 1,000m^2 이하로 하여야 한다.
3. 저장창고의 벽·기둥·바닥 및 보를 내화구조로 하고, 계단을 불연재료로 하며, 연소의 우려가 있는 외벽은 출입구 외의 개구부를 갖지 아니하는 벽으로 하여야 한다.

4. 2층 이상의 층의 바닥에는 개구부를 두지 아니하여야 한다. 다만, 내화구조의 벽과 갑종방화문 또는 을종방화문으로 구획된 계단실에 있어서는 그러하지 아니하다.

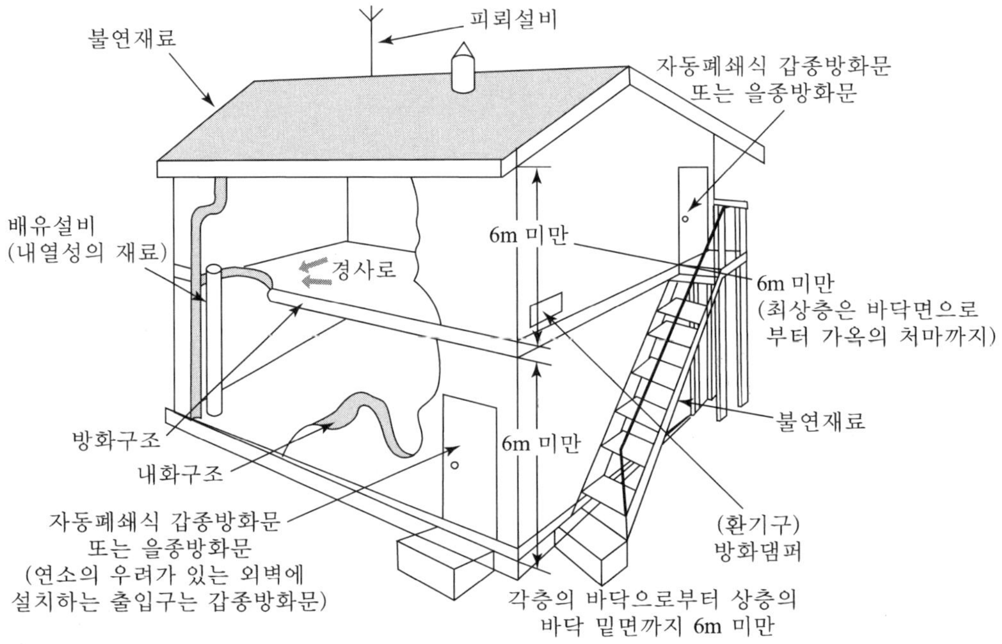

그림 3-12 다층건물의 옥내저장소

III. 복합용도 건축물의 옥내저장소의 기준

옥내저장소 중 지정수량의 20배 이하의 것(옥내저장소 외의 용도로 사용하는 부분이 있는 건축물에 설치하는 것에 한한다)의 위치·구조 및 설비의 기술기준은 I 제3호, 제11호 내지 제17호의 규정에 의하는 외에 다음 각 호의 기준에 의하여야 한다.

1. 옥내저장소는 벽·기둥·바닥 및 보가 내화구조인 건축물의 1층 또는 2층의 어느 하나의 층에 설치하여야 한다.
2. 옥내저장소의 용도에 사용되는 부분의 바닥은 지면보다 높게 설치하고 그 층고를 6m 미만으로 하여야 한다.
3. 옥내저장소의 용도에 사용되는 부분의 바닥면적은 $75m^2$ 이하로 하여야 한다.
4. 옥내저장소의 용도에 사용되는 부분은 벽·기둥·바닥·보 및 지붕(상층이 있는 경우에는 상층의 바닥)을 내화구조로 하고, 출입구 외의 개구부가 없는 두께 70mm 이상의 철근콘크리트조 또는 이와 동등 이상의 강도가 있는 구조의 바닥 또는 벽으로 당해 건축물의 다른 부분과 구획되도록 하여야 한다.

5. 옥내저장소의 용도에 사용되는 부분의 출입구에는 수시로 열 수 있는 자동폐쇄방식의 갑종방화문을 설치하여야 한다.
6. 옥내저장소의 용도에 사용되는 부분에는 창을 설치하지 아니하여야 한다.
7. 옥내저장소의 용도에 사용되는 부분의 환기설비 및 배출설비에는 방화상 유효한 댐퍼 등을 설치하여야 한다.

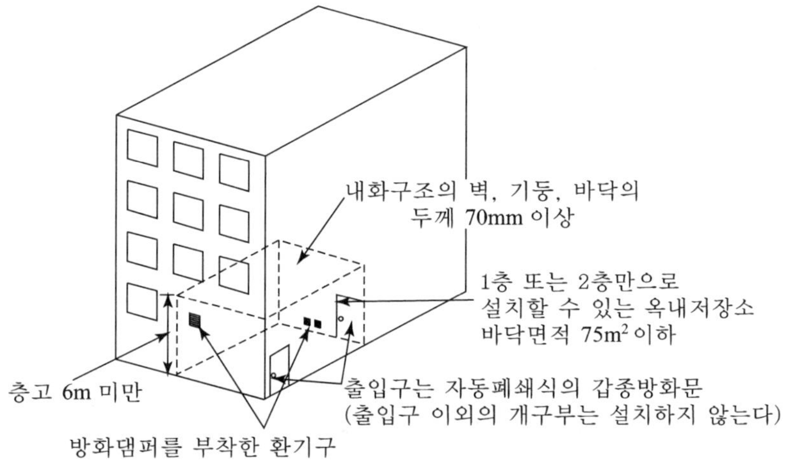

그림 3-13 복합용도 건축물의 옥내저장소

Ⅳ. 소규모 옥내저장소의 특례

1. 지정수량의 50배 이하인 소규모의 옥내저장소 중 저장창고의 처마높이가 6m 미만인 것으로서 저장창고가 다음 각 목에 정하는 기준에 적합한 것에 대하여는 I 제1호, 제2호 및 제6호 내지 제9호의 규정은 적용하지 아니한다.

가. 저장창고의 주위에는 다음 표에 정하는 너비의 공지를 보유할 것

저장 또는 취급하는 위험물의 최대수량	공지의 너비
지정수량의 5배 이하	
지정수량의 5배 초과 20배 이하	1m 이상
지정수량의 20배 초과 50배 이하	2m 이상

나. 하나의 저장창고 바닥면적은 150m² 이하로 할 것

다. 저장창고는 벽·기둥·바닥·보 및 지붕을 내화구조로 할 것

라. 저장창고의 출입구에는 수시로 개방할 수 있는 자동폐쇄방식의 갑종방화문을 설치할 것

마. 저장창고에는 창을 설치하지 아니할 것

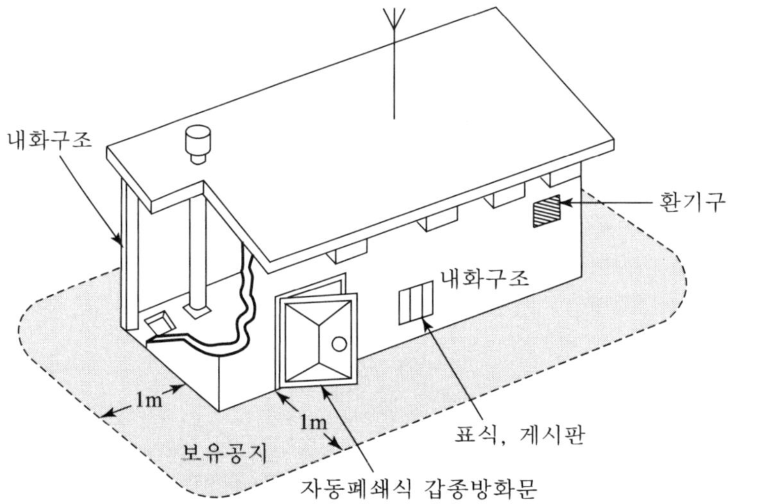

그림 3-14 처마높이 6m 미만인 소규모 옥내저장소

2. 지정수량의 50배 이하인 소규모의 옥내저장소 중 저장창고의 처마높이가 6m 이상인 것으로서 저장창고가 제1호나목 내지 마목의 규정에 의한 기준에 적합한 것에 대하여는 I 제1호 및 제6호 내지 제9호의 규정은 적용하지 아니한다.

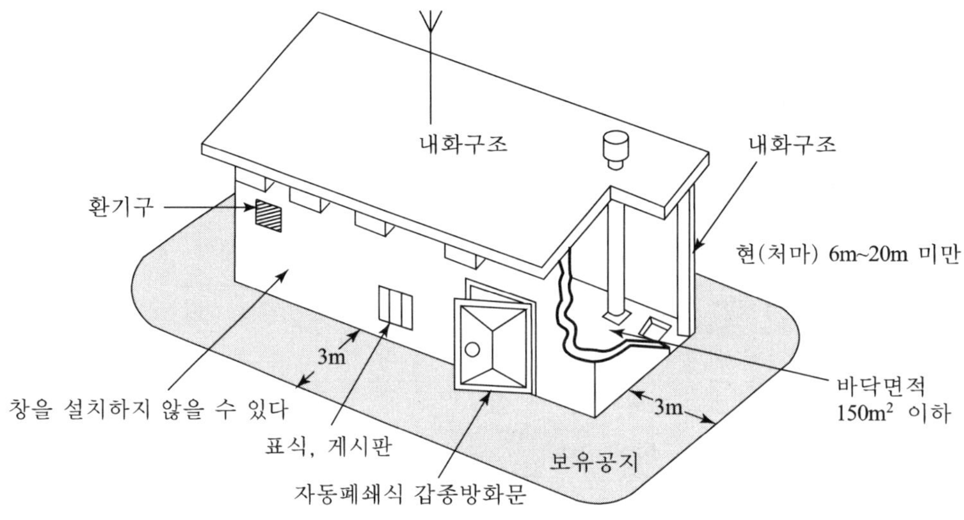

그림 3-15 처마높이 6m 이상인 소규모 옥내저장소

V. 고인화점 위험물의 단층건물 옥내저장소의 특례

1. 고인화점 위험물만을 저장 또는 취급하는 단층건물의 옥내저장소 중 저장창고의 처마높이가 6m 미만인 것으로서 위치 및 구조가 다음 각 목의 규정에 적합한 것은 I 제1호·제2호·제8호 내지 제10호 및 제16호의 규정은 적용하지 아니한다.
   가. 지정수량의 20배를 초과하는 옥내저장소에 있어서는 위험물제조소기준(별표 4) XI 제1호의 규정에 준하여 안전거리를 둘 것
   나. 저장창고의 주위에는 다음 표에 정하는 너비의 공지를 보유할 것

저장 또는 취급하는 위험물의 최대수량	공지의 너비	
	당해 건축물의 벽·기둥 및 바닥이 내화구조로 된 경우	왼쪽란에 정하는 경우 외의 경우
20배 이하		0.5m 이상
20배 초과 50배 이하	1m 이상	1.5m 이상
50배 초과 200배 이하	2m 이상	3m 이상
200배 초과	3m 이상	5m 이상

   다. 저장창고는 지붕을 불연재료로 할 것
   라. 저장창고의 창 및 출입구에는 방화문 또는 불연재료나 유리로 된 문을 달고, 연소의 우려가 있는 외벽에 두는 출입구에는 수시로 열 수 있는 자동폐쇄방식의 갑종방화문을 설치할 것
   마. 저장창고의 연소의 우려가 있는 외벽에 설치하는 출입구에 유리를 이용하는 경우에는 망입유리로 할 것
2. 고인화점 위험물만을 저장 또는 취급하는 단층건물의 옥내저장소 중 저장창고의 처마높이가 6m 이상인 것으로서 위치가 제1호가목의 규정에 의한 기준에 적합한 것은 I 제1호의 규정은 적용하지 아니한다.

VI. 고인화점 위험물의 다층건물 옥내저장소의 특례

1. 고인화점 위험물만을 저장 또는 취급하는 다층건물의 옥내저장소 중 그 위치 및 구조가 다음 각 목의 규정에 의한 기준에 적합한 것에 대하여는 I 제1호·제2호·제8호 내지 제10호 및 제16호와 II 제3호의 규정은 적용하지 아니한다.

가. V제1호 각 목의 기준에 적합할 것

나. 저장창고는 벽·기둥·바닥·보 및 계단을 불연재료로 만들고, 연소의 우려가 있는 외벽은 출입구 외의 개구부가 없는 내화구조의 벽으로 할 것

VII. 고인화점 위험물의 소규모 옥내저장소의 특례

1. 고인화점 위험물만을 지정수량의 50배 이하로 저장 또는 취급하는 옥내저장소 중 저장창고의 처마높이가 6m 미만인 것으로서 IV제1호 나목 내지 마목의 규정에 의한 기준에 적합한 것에 대하여는 I 제1호·제2호·제6호 내지 제9호 및 제16호의 규정은 적용하지 아니한다.
2. 고인화점 위험물만을 지정수량의 50배 이하로 저장 또는 취급하는 옥내저장소 중 처마높이가 6m 이상인 것으로서 저장창고가 IV제1호 각 목의 규정에 의한 기준에 적합한 것에 대하여는 I 제1호·제2호·제6호 내지 제9호의 규정은 적용하지 아니한다.

VIII. 위험물의 성질에 따른 옥내저장소의 특례

1. 다음 각 목의 1에 해당하는 위험물을 저장 또는 취급하는 옥내저장소에 있어서는 I 내지 IV의 규정에 의하되, 당해 위험물의 성질에 따라 강화되는 기준은 제2호 내지 제4호에 의하여야 한다.

   가. 제5류 위험물 중 유기과산화물 또는 이를 함유하는 것으로서 지정수량이 10kg인 것(이하 "지정과산화물"이라 한다)

   나. 알킬알루미늄등

   다. 히드록실아민등
2. 지정과산화물을 저장 또는 취급하는 옥내저장소에 대하여 강화되는 기준은 다음 각 목과 같다.

   가. 옥내저장소는 당해 옥내저장소의 외벽으로부터 위험물제조소기준(별표 4) I 제1호 가목 내지 다목의 규정에 의한 건축물의 외벽 또는 이에 상당하는 공작물의 외측까지의 사이에 다음에 정하는 안전거리를 두어야 한다.

[지정과산화물의 옥내저장소의 안전거리] (위험물안전관리법 시행규칙 제29조 별표 5 부표 1)

저장 또는 취급하는 위험물의 최대수량	안전거리(m)					
	별표 4 I 제1호가목에 정하는 것		별표 4 I 제1호나목에 정하는 것		별표 4 I 제1호다목에 정하는 것	
	저장창고의 주위에 비고 제1호에 정하는 담 또는 토제를 설치한 경우	왼쪽란에 정하는 경우 외의 경우	저장창고의 주위에 비고 제1호에 정하는 담 또는 토제를 설치한 경우	왼쪽란에 정하는 경우 외의 경우	저장창고의 주위에 비고 제1호에 정하는 담 또는 토제를 설치한 경우	왼쪽란에 정하는 경우 외의 경우
10배 이하	20m 이상	40m 이상	30m 이상	50m 이상	50m 이상	60m 이상
10배 초과 20배 이하	22m 이상	45m 이상	33m 이상	55m 이상	54m 이상	65m 이상
20배 초과 40배 이하	24m 이상	50m 이상	36m 이상	60m 이상	58m 이상	70m 이상
40배 초과 60배 이하	27m 이상	55m 이상	39m 이상	65m 이상	62m 이상	75m 이상
60배 초과 90배 이하	32m 이상	65m 이상	45m 이상	75m 이상	70m 이상	85m 이상
90배 초과 150배 이하	37m 이상	75m 이상	51m 이상	85m 이상	79m 이상	95m 이상
150배 초과 300배 이하	42m 이상	85m 이상	57m 이상	95m 이상	87m 이상	105m 이상
300배 초과	47m 이상	95m 이상	66m 이상	110m 이상	100m 이상	120m 이상

※ 표내의 「별표 4」는 위험물제조소의 위치·구조 및 설비의 기준을 말함

비고

1. 담 또는 토제는 다음 각목에 적합한 것으로 하여야 한다. 다만, 지정수량의 5배 이하인 지정과산화물의 옥내저장소에 대하여는 당해 옥내저장소의 저장창고의 외벽을 두께 30cm 이상의 철근콘크리트조 또는 철골철근콘크리트조로 만드는 것으로서 담 또는 토제에 대신할 수 있다.
   가. 담 또는 토제는 저장창고의 외벽으로부터 2m 이상 떨어진 장소에 설치할 것. 다만, 담 또는 토제와 당해 저장창고와의 간격은 당해 옥내저장소의 공지의 너비의 5분의 1을 초과할 수 없다.
   나. 담 또는 토제의 높이는 저장창고의 처마높이 이상으로 할 것
   다. 담은 두께 15cm 이상의 철근콘크리트조나 철골철근콘크리트조 또는 두께 20cm 이상의 보강콘크리트블록조로 할 것
   라. 토제의 경사면의 경사도는 60도 미만으로 할 것
2. 지정수량의 5배 이하인 지정과산화물의 옥내저장소에 당해 옥내저장소의 저장창고의 외벽을 제1호 단서의 규정에 의한 구조로 하고 주위에 제1호 각목의 규정에 의한 담 또는 토제를 설치하는 때에는 별표 4 I 제1호 가목에 정하는 건축물 등까지의 사이의 거리를 10m 이상으로 할 수 있다.

나. 옥내저장소의 저장창고 주위에는 다음에 정하는 너비의 공지를 보유하여야 한다. 다만, 2 이상의 옥내저장소를 동일한 부지 내에 인접하여 설치하는 때에는 당해 옥내저장소의 상호간 공지의 너비를 다음 표에 정하는 공지 너비의 3분의 2로 할 수 있다.

[지정과산화물의 옥내저장소의 보유공지] (위험물안전관리법 시행규칙 제29조 별표 5 부표 2)

저장 또는 취급하는 위험물의 최대수량	공지의 너비	
	저장창고의 주위에 비고 제1호에 담 또는 토제를 설치하는 경우	왼쪽란에 정하는 경우 외의 경우
5배 이하	3.0m 이상	10m 이상
5배 초과 10배 이하	5.0m 이상	15m 이상
10배 초과 20배 이하	6.5m 이상	20m 이상
20배 초과 40배 이하	8.0m 이상	25m 이상
40배 초과 60배 이하	10.0m 이상	30m 이상
60배 초과 90배 이하	11.5m 이상	35m 이상
90배 초과 150배 이하	13.0m 이상	40m 이상
150배 초과 300배 이하	15.0m 이상	45m 이상
300배 초과	16.5m 이상	50m 이상

비고

1. 담 또는 토제는 다음 각목에 적합한 것으로 하여야 한다. 다만, 지정수량의 5배 이하인 지정과산화물의 옥내저장소에 대하여는 당해 옥내저장소의 저장창고의 외벽을 두께 30cm 이상의 철근콘크리트조 또는 철골철근콘크리트조로 만드는 것으로서 담 또는 토제에 대신할 수 있다.
   가. 담 또는 토제는 저장창고의 외벽으로부터 2m 이상 떨어진 장소에 설치할 것. 다만, 담 또는 토제와 당해 저장창고와의 간격은 당해 옥내저장소의 공지의 너비의 5분의 1을 초과할 수 없다.
   나. 담 또는 토제의 높이는 저장창고의 처마높이 이상으로 할 것
   다. 담은 두께 15cm 이상의 철근콘크리트조나 철골철근콘크리트조 또는 두께 20cm 이상의 보강콘크리트블록조로 할 것
   라. 토제의 경사면의 경사도는 60도 미만으로 할 것
2. 지정수량의 5배 이하인 지정과산화물의 옥내저장소에 당해 옥내저장소의 저장창고의 외벽을 제1호 단서의 규정에 의한 구조로 하고 주위에 제1호 각목의 규정에 의한 담 또는 토제를 설치하는 때에는 그 공지의 너비를 2m 이상으로 할 수 있다.

다. 옥내저장소의 저장창고의 기준은 다음과 같다.

1) 저장창고는 150m^2 이내마다 격벽으로 완전하게 구획할 것. 이 경우 당해 격벽은 두께 30cm 이상의 철근콘크리트조 또는 철골철근콘크리트조로 하거나 두께 40cm 이상의 보강콘크리트블록조로 하고, 당해 저장창고의 양측의 외벽으로부터 1m 이상, 상부의 지붕으로부터 50cm 이상 돌출하게 하여야 한다.

2) 저장창고의 외벽은 두께 20cm 이상의 철근콘크리트조나 철골철근콘크리트조 또는 두께 30cm 이상의 보강콘크리트블록조로 할 것

3) 저장창고의 지붕은 다음 각 목의 1에 적합할 것

가) 중도리(서까래 중간을 받치는 수평의 도리) 또는 서까래[1]의 간격은 30cm 이하로 할 것

나) 지붕의 아래쪽 면에는 한 변의 길이가 45cm 이하의 환강(丸鋼)·경량형강(輕量型鋼) 등으로 된 강제(鋼製)의 격자를 설치할 것

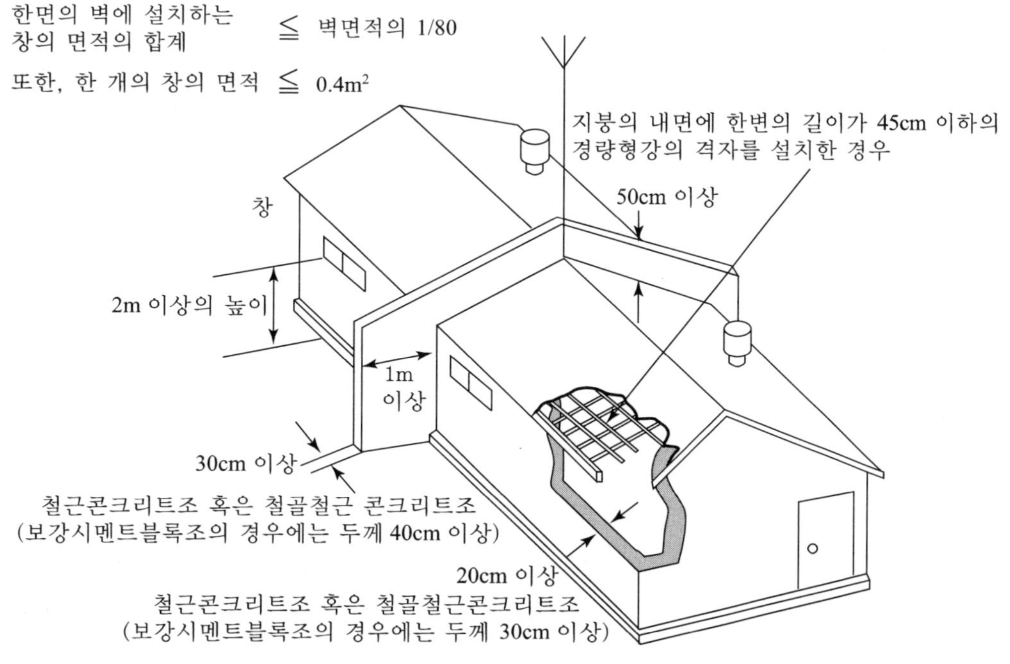

그림 3-16 지정유기과산화물의 옥내저장소

1) 서까래 : 목조건축에서 구조부재의 하나로 도리와 도리사이에 지붕물재의 방향으로 일정한 간격을 두고 걸쳐 지붕틀을 구성하는 기본부재이며 그 위에 산자(散子)로 깔고 기와를 덮거나 초가지붕을 만든다.

다) 지붕의 아래쪽 면에 철망을 쳐서 불연재료의 도리(서까래를 받치기 위해 기둥과 기둥사이에 설치한 부재)·보 또는 서까래에 단단히 결합할 것

라) 두께 5cm 이상, 너비 30cm 이상의 목재로 만든 받침대를 설치할 것

4) 저장창고의 출입구에는 갑종방화문을 설치할 것

5) 저장창고의 창은 바닥면으로부터 2m 이상의 높이에 두되, 하나의 벽면에 두는 창의 면적의 합계를 당해 벽면의 면적의 80분의 1 이내로 하고, 하나의 창의 면적을 0.4m^2 이내로 할 것

라. 다층건물·복합용도건축물 옥내저장소, 소규모 옥내저장소특례의 기준(II 내지 IV의 규정은 적용하지 아니한다.

3\. 알킬알루미늄등을 저장 또는 취급하는 옥내저장소에 대하여 강화되는 기준은 다음 각 목과 같다.

가. 옥내저장소에는 누설범위를 국한하기 위한 설비 및 누설한 알킬알루미늄등을 안전한 장소에 설치된 조(槽)로 끌어들일 수 있는 설비를 설치하여야 한다.

나. 다층건물·복합용도건축물 옥내저장소, 소규모 옥내저장소특례의 기준(II 내지 IV의 규정은 적용하지 아니한다.

4\. 히드록실아민등을 저장 또는 취급하는 옥내저장소에 대하여 강화되는 기준은 히드록실아민등의 온도의 상승에 의한 위험한 반응을 방지하기 위한 조치를 강구하는 것으로 한다.

IX. 수출입 하역장소의 옥내저장소의 특례

「관세법」 제154조에 따른 보세구역, 「항만법」 제2조제1호에 따른 항만 또는 같은 조 제7호에 따른 항만배후단지 내에서 수출입을 위한 위험물을 저장 또는 취급하는 옥내저장소 중 I(제2호는 제외한다)의 규정에 적합한 것은 다음 표에 정하는 너비의 공지(空地)를 보유할 수 있다.

저장 또는 취급하는 위험물의 최대수량	공지의 너비	
	벽·기둥 및 바닥이 내화구조로 된 건축물	그 밖의 건축물
지정수량의 5배 이하		0.5m 이상
지정수량의 5배 초과 10배 이하	1m 이상	1.5m 이상
지정수량의 10배 초과 20배 이하	2m 이상	3m 이상
지정수량의 20배 초과 50배 이하	3m 이상	3.3m 이상
지정수량의 50배 초과 200배 이하	3.3m 이상	3.5m 이상
지정수량의 200배 초과	3.5m 이상	5m 이상

제2절 옥외탱크저장소

제1관 옥외탱크저장소 정의

옥외탱크저장소란 옥외의 탱크에 위험물을 저장 또는 취급하기 위한 저장소를 말한다. 대부분의 옥외탱크저장소는 액체 위험물을 저장하며 일반적으로 많은 양의 위험물을 저장하는 시설이다.

제2관 옥외탱크의 종류

개방형 탱크, 원추형 탱크, 원통형 탱크, 부동지붕식 탱크, 구형 탱크, 각형 탱크가 있으며 그 외에 땅속에 있는 지중탱크와 바다위의 해상탱크 등으로 구분된다.

I. 개방형 탱크(open tank)

개방형 탱크는 지붕부분이 없는 탱크이다. 따라서 빗물, 화기 등의 유입이 예상되어 폭발이나 화재를 일으킬 가능성이 있는 위험물, 물과의 반응성이 있는 위험물, 유독가스를 발생할 수 있는 위험물 등은 저장할 수 없다.

II. 원추형 탱크(cone roof tank)

콘루프 탱크라고도 하며 평평한 저판, 원통형의 측판 및 원추형의 고정된 지붕으로 구성된 탱크이다. 보통 대기압에 가까운 미세한 증기압을 갖는 위험물 저장용으로 사용된다. 가장 일반적으로 사용되고 있으며 유지관리가 쉽고 비교적 시설비가 저렴하여 대용량으로 위험물을 저장·취급하는 제조소 등에서 흔히 볼 수 있는 탱크이다.

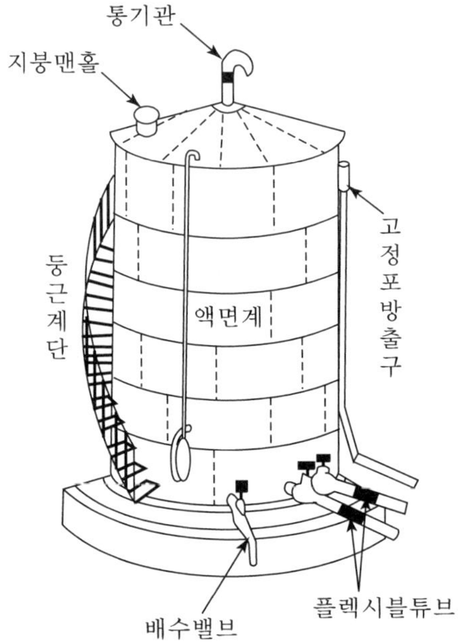

그림 3-17 원추형 탱크

III. 원통형 탱크(horizontal tank)

원형의 몸체에 양쪽 또는 지붕판에 볼록한 형태의 탱크이다. 횡형과 종형으로 일반적으로 약간의 압력을 가지는 위험물을 저장하는데 사용되고 소량에서부터 대용량의 위험물까지 저장하는 일반적으로 많이 사용하는 탱크이다.

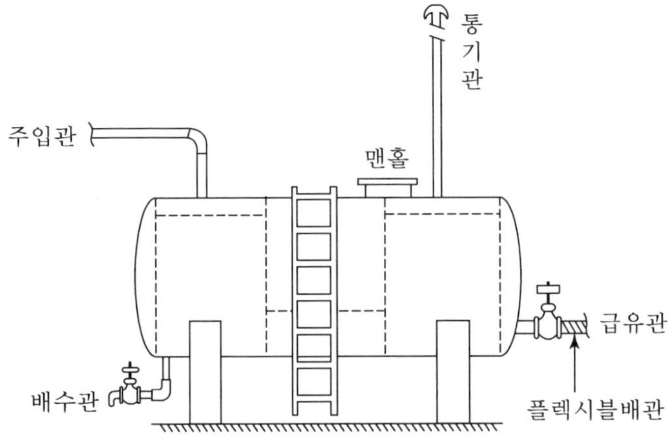

그림 3-18 횡설치 원통형 탱크

Ⅳ. 부동(浮動)지붕식 탱크(floating roof tank : F.R.T)

저장하는 위험물이 휘발성이 강한 대용량의 액체위험물을 저장하는데 많이 사용되고 증발로 인한 손실과 인화 등을 방지하고자 주로 설치한다. 탱크의 지붕이 위험물량의 증감에 따라 상하로 움직이도록 되어 있는 부동지붕식이다. 부동지붕식 탱크(F.R.T)에 고정지붕을 부착한 고정지붕부착 부동지붕식 탱크는 빗물 등이 침입하면 곤란한 고품질의 항공유, 휘발유 등을 저장하는데 많이 사용되고 있다.

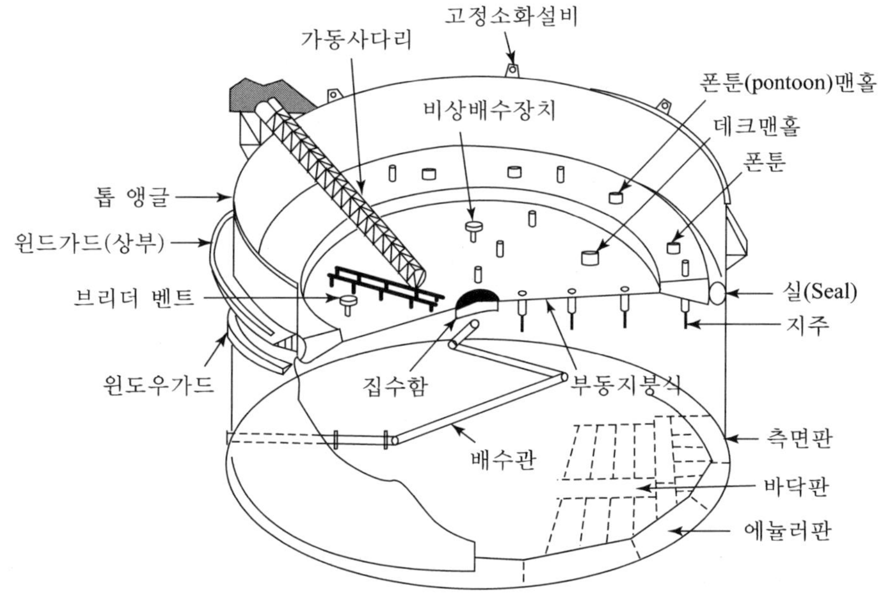

그림 3-19 부동지붕식 탱크

Ⅴ. 구형 탱크(ball tank)

구형 탱크는 공 모양의 탱크로 볼 탱크라고도 한다. 도시가스는 LPG 등 고압을 필요로 하는 가스 등을 저장하고자 할 때 많이 사용된다.

Ⅵ. 각형 탱크

각형 탱크는 주로 보조 탱크 등으로 사용되는데 지주(받침대) 등을 설치하여 높은 장소에 설치되는 수가 많다. 용량이 큰 것은 구조상 강도가 약한 점 등 불리한 점이 많아 별로 사용되지 않는다.

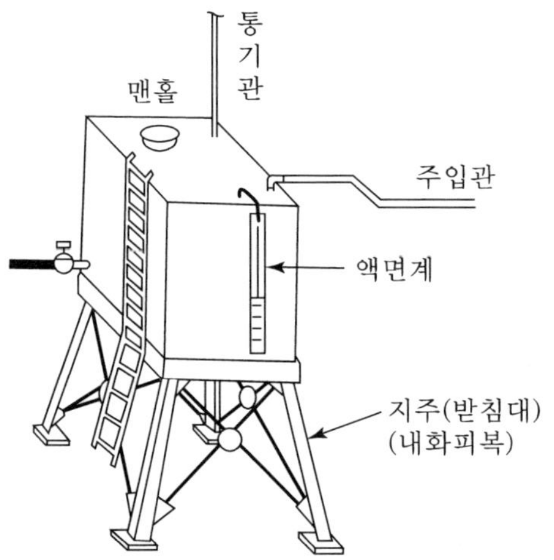

그림 3-20 각형 탱크

제3관 옥외탱크저장소의 위치·구조 및 설비기준

Ⅰ. 안전거리

옥외저장탱크의 안전거리는 위험물제조소기준(별표 4) Ⅰ을 준용한다.

Ⅱ. 보유공지

1. 옥외저장탱크(위험물을 이송하기 위한 배관 그 밖에 이에 준하는 공작물을 제외한다)의 주위에는 그 저장 또는 취급하는 위험물의 최대수량에 따라 옥외저장탱크의 측면으로부터 다음 표에 의한 너비의 공지를 보유하여야 한다.

저장 또는 취급하는 위험물의 최대수량	공지의 너비
지정수량의 500배 이하	3m 이상
지정수량의 500배 초과 1,000배 이하	5m 이상
지정수량의 1,000배 초과 2,000배 이하	9m 이상
지정수량의 2,000배 초과 3,000배 이하	12m 이상
지정수량의 3,000배 초과 4,000배 이하	15m 이상
지정수량의 4,000배 초과	당해 탱크의 수평단면의 최대직경(가로형인 경우에는 긴 변)과 높이 중 큰 것과 같은 거리 이상. 다만, 30m 초과의 경우에는 30m 이상으로 할 수 있고, 15m 미만의 경우에는 15m 이상으로 하여야 한다.

2. 제6류 위험물 외의 위험물을 저장 또는 취급하는 옥외저장탱크(지정수량의 4,000배를 초과하여 저장 또는 취급하는 옥외저장탱크를 제외한다)를 동일한 방유제안에 2개 이상 인접하여 설치하는 경우 그 인접하는 방향의 보유공지는 제1호의 규정에 의한 보유공지의 3분의 1 이상의 너비로 할 수 있다. 이 경우 보유공지의 너비는 3m 이상이 되어야 한다.
3. 제6류 위험물을 저장 또는 취급하는 옥외저장탱크는 제1호의 규정에 의한 보유공지의 3분의 1 이상의 너비로 할 수 있다. 이 경우 보유공지의 너비는 1.5m 이상이 되어야 한다.

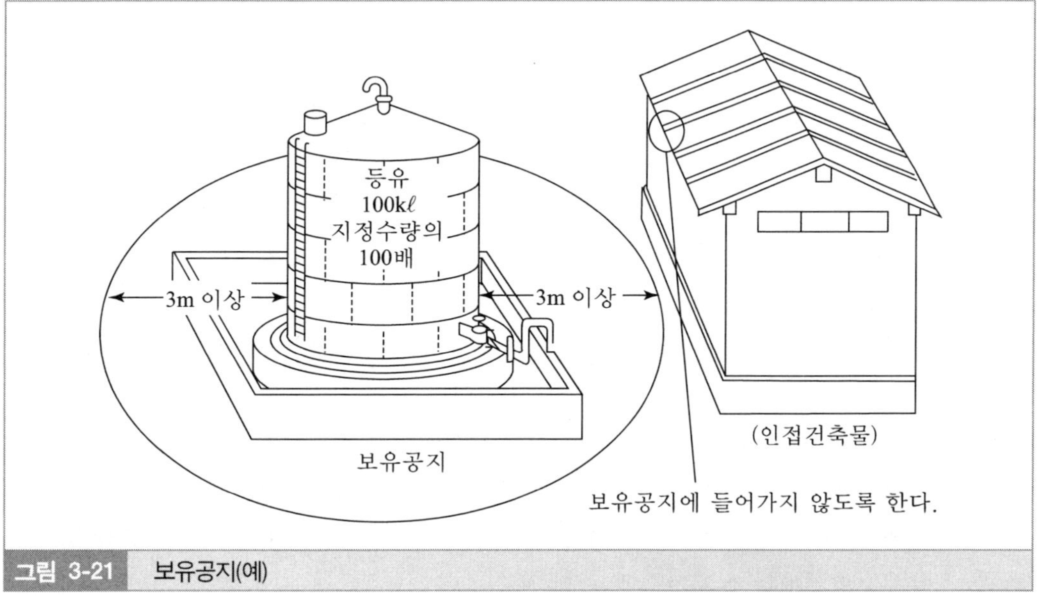

그림 3-21 보유공지(예)

4. 제6류 위험물을 저장 또는 취급하는 옥외저장탱크를 동일구내에 2개 이상 인접하여 설치하는 경우 그 인접하는 방향의 보유공지는 제3호의 규정에 의하여 산출된 너비의 3분의 1 이상의 너비로 할 수 있다. 이 경우 보유공지의 너비는 1.5m 이상이 되어야 한다.

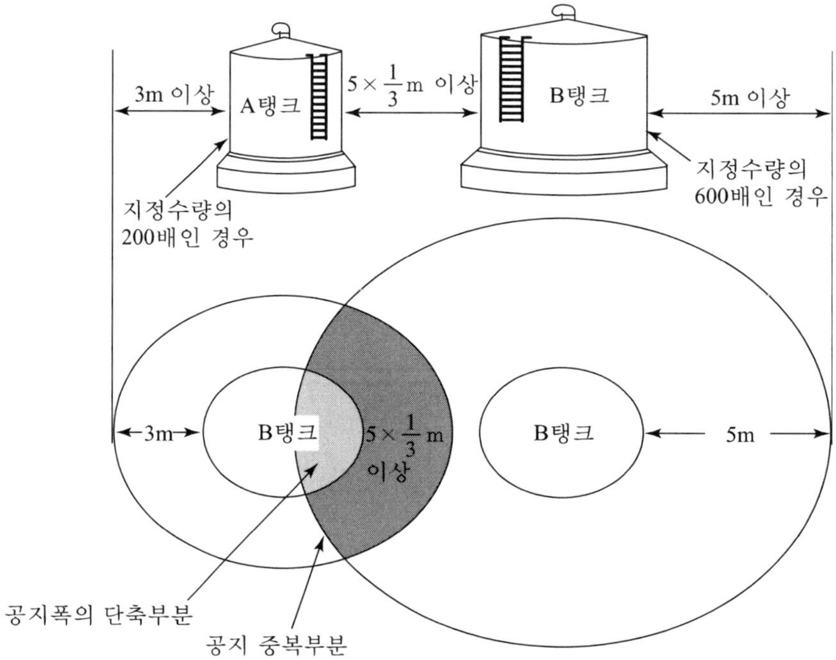

그림 3-22 공지가 단축되는 경우(예)

5. 제1호의 규정에 불구하고, 옥외저장탱크(이하 이 호에서 "공지단축 옥외저장탱크"라 한다)에 다음 각 목의 기준에 적합한 물분무설비로 방호조치를 하는 경우에는 그 보유공지를 제1호의 규정에 의한 보유공지의 2분의 1 이상의 너비(최소 3m 이상)로 할 수 있다. 이 경우 공지단축 옥외저장탱크의 화재시 $1m^2$당 20kW 이상의 복사열에 노출되는 표면을 갖는 인접한 옥외저장탱크가 있으면 당해 표면에도 다음 각 목의 기준에 적합한 물분무설비로 방호조치를 함께하여야 한다.
   가. 탱크의 표면에 방사하는 물의 양은 탱크의 원주길이 1m에 대하여 분당 37ℓ 이상으로 할 것
   나. 수원의 양은 가목의 규정에 의한 수량으로 20분 이상 방사할 수 있는 수량으로 할 것
   다. 탱크에 보강링이 설치된 경우에는 보강링의 아래에 분무헤드를 설치하되, 분무헤드는 탱크의 높이 및 구조를 고려하여 분무가 적정하게 이루어 질 수 있도록 배치할 것
   라. 물분무소화설비의 설치기준에 준할 것

III. 표지 및 게시판

1. 옥외탱크저장소에는 위험물제조소기준(별표 4) III 제1호의 기준에 따라 보기 쉬운 곳에 "위험물 옥외탱크저장소"라는 표시를 한 표지와 동표 III 제2호의 기준에 따라 방화에 관하여 필요한 사항을 게시한 게시판을 설치하여야 한다.
2. 탱크의 군(群)에 있어서는 제1호의 표지 및 게시판을 그 의미 전달에 지장이 없는 범위 안에서 보기 쉬운 곳에 일괄하여 설치할 수 있다. 이 경우 게시판과 각 탱크가 대응될 수 있도록 하는 조치를 강구하여야 한다.

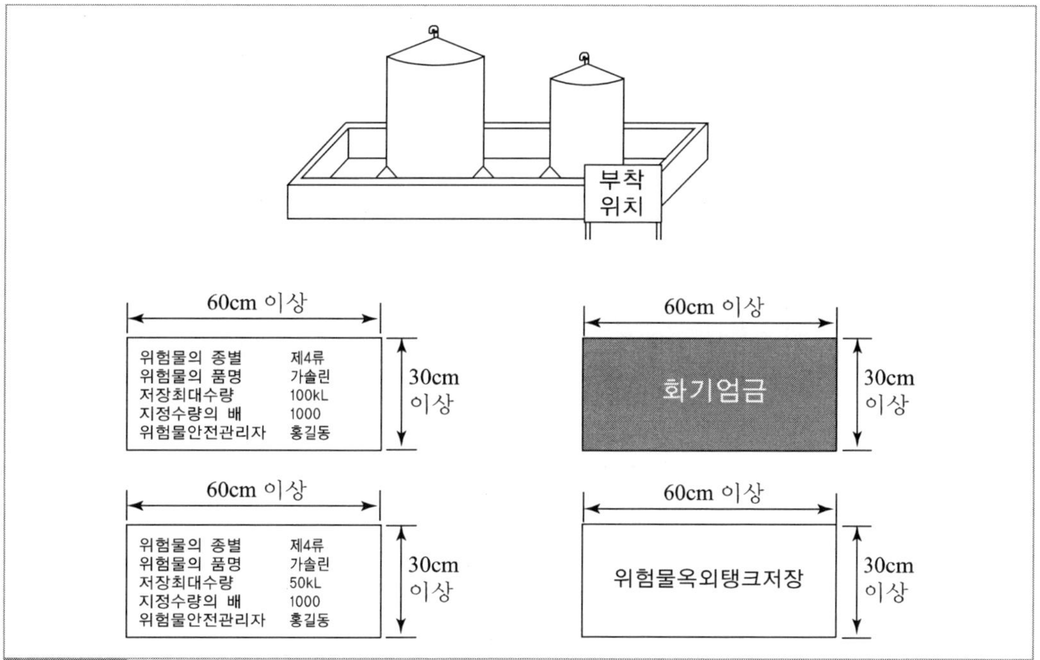

그림 3-23 표지 및 게시판의 부착위치

IV. 특정옥외저장탱크의 기초 및 지반

1. 옥외탱크저장소 중 그 저장 또는 취급하는 액체위험물의 최대수량이 100만ℓ 이상의 것(이하 "특정옥외탱크저장소"라 한다)의 옥외저장탱크(이하 "특정옥외저장탱크"라 한다)의 기초 및 지반은 당해 기초 및 지반상에 설치하는 특정옥외저장탱크 및 그 부속설비의 자중, 저장하는 위험물의 중량 등의 하중(이하 "탱크하중"이라 한다)에 의하여 발생하는 응력에 대하여 안전한 것으로 하여야 한다.
2. 기초 및 지반은 다음 각 목에 정하는 기준에 적합하여야 한다.

가. 지반은 암반의 단층, 절토(땅깎기) 및 성토(흙쌓기)에 걸쳐 있는 등 활동(滑動 : 미끄러져 움직임)을 일으킬 우려가 있는 경우가 아닐 것

나. 지반은 다음의 1에 적합할 것

1) 소방청장이 정하여 고시하는 범위 내에 있는 지반이 표준관입시험(標準貫入試驗)[2] 및 평판재하시험(平板載荷試驗)[3]에 의하여 각각 표준관입시험치가 20 이상 및 평판재하시험값[5mm 침하시에 있어서의 시험치(K30치)로 한다. 제4호에서 같다]가 1m^3당 100MN 이상의 값일 것

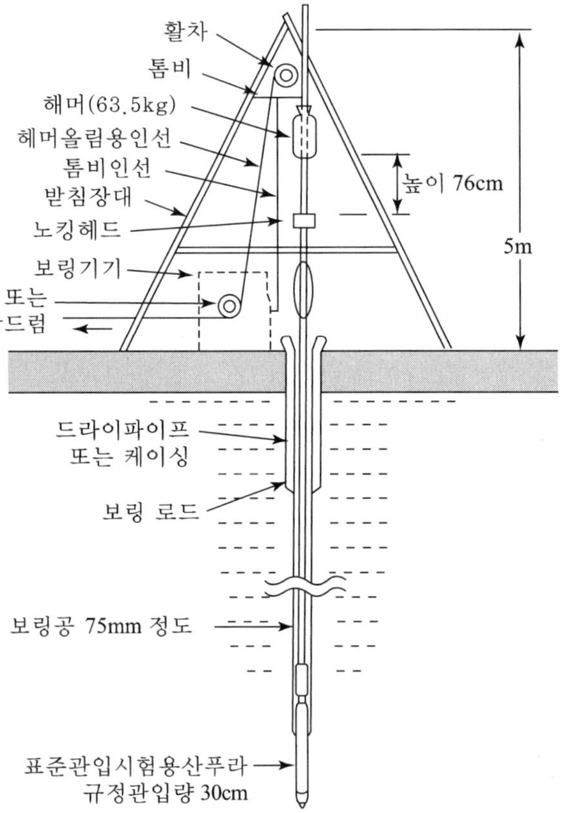

그림 3-24 표준관입(標準貫入)시험장치

2) 표준관입시험 : 지반의 원위치에서 지반의 단단한 정도와 다져짐 정도 또는 토층의 구성을 판정하기 위한 상대값을 알기 위하여 행하는 시험

3) 평판재하시험 : 지반의 원위치에서 평활한 재하판을 통하여 가한 하중의 크기와 재하면의 변위의 관계에서 지반계수나 지반강도를 구하는 시험

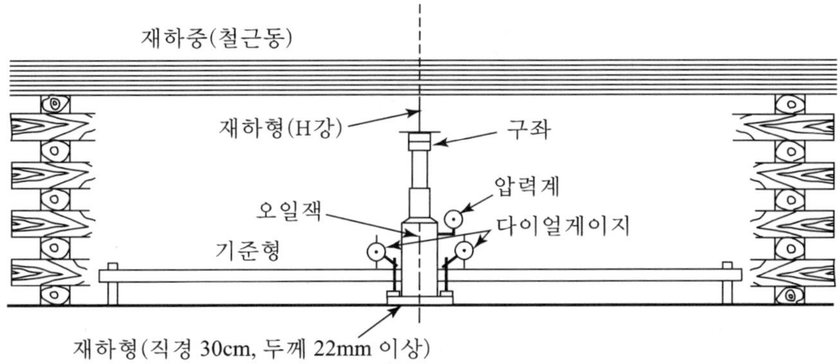

그림 3-25 평판재하시험장치

2) 소방청장이 정하여 고시하는 범위 내에 있는 지반이 다음의 기준에 적합할 것
   가) 탱크하중에 대한 지지력 계산에 있어서의 지지력안전율 및 침하량 계산에 있어서의 계산침하량이 소방청장이 정하여 고시하는 값일 것
   나) 기초(소방청장이 정하여 고시하는 것에 한한다. 이하 이 호에서 같다)의 표면으로부터 3m 이내의 기초직하의 지반부분이 기초와 동등 이상의 견고성이 있고, 지표면으로부터의 깊이가 15m까지의 지질(기초의 표면으로부터 3m 이내의 기초직하의 지반부분을 제외한다)이 소방청장이 정하여 고시하는 것 외의 것일 것
   다) 점성토(찰기가 있는 흙) 지반은 압밀도시험[4]에서, 사질토 지반은 표준관입시험에서 각각 압밀하중에 대하여 압밀도가 90%[미소한 침하가 장기간 계속되는 경우에는 10일간(이하 이 호에서 "미소침하측정기간"이라 한다) 계속하여 측정한 침하량의 합의 1일당 평균 침하량이 침하의 측정을 개시한 날부터 미소침하측정기간의 최종일까지의 총 침하량의 0.3% 이하인 때에는 당해 지반에서의 압밀도가 90%인 것으로 본다] 이상 또는 표준관입시험치가 평균 15 이상의 값일 것
3) 1) 또는 2)와 동등 이상의 견고함이 있을 것

다. 지반이 바다, 하천, 호수와 늪 등에 접하고 있는 경우에는 활동에 관하여 소방청장이 정하여 고시하는 안전율(1.2 이상)이 있을 것

4) 압밀도시험 : 옥외저장탱크 지반의 압밀 침하에 대한 안전성을 확인하기 위하여 행하는 것으로 시험방법은 흙에 하중의 크기를 단계적으로 증가해 나가면서 흙에 대한 압축성과 흙의 정적 하중으로 인한 간극수의 배출과 밀도가 증가하는 속도(압밀속도)에 관한 상수를 구하는 시험 방법

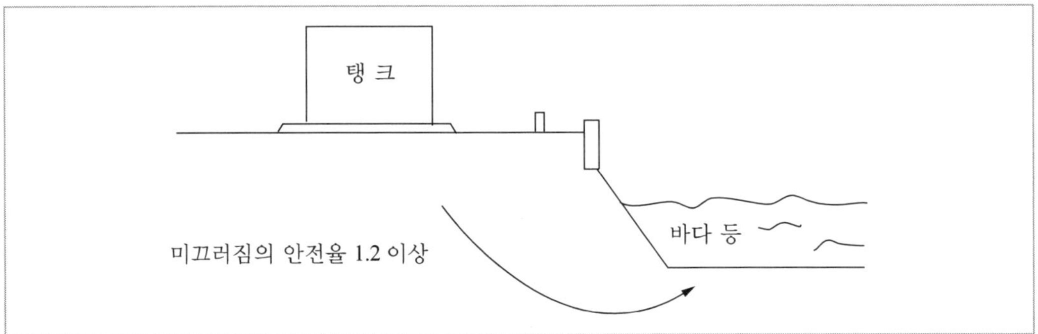

그림 3-26 지표면에 단차가 있는 지반

라. 기초는 사질토 또는 이와 동등 이상의 견고성이 있는 것을 이용하여 소방청장이 정하여 고시하는 바에 따라 만드는 것으로서 평판재하시험의 평판재하시험값이 $1m^3$당 100MN 이상의 값을 나타내는 것(이하 "성토"라 한다) 또는 이와 동등 이상의 견고함이 있는 것으로 할 것

마. 기초(성토인 것에 한한다. 이하 바목에서 같다)는 그 윗면이 특정옥외저장탱크를 설치하는 장소의 지하수위와 2m 이상의 간격을 확보할 것

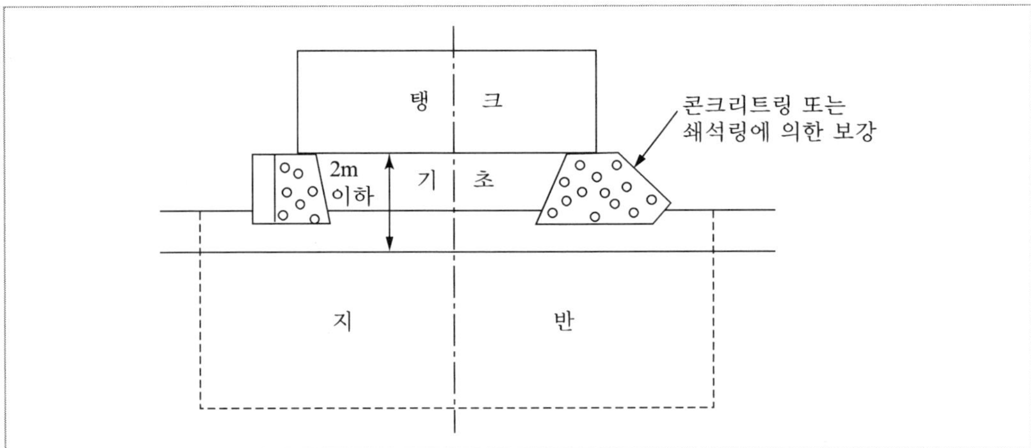

그림 3-27 기초의 형식

바. 기초 또는 기초의 주위에는 소방청장이 정하여 고시하는 바에 따라 당해 기초를 보강하기 위한 조치를 강구할 것

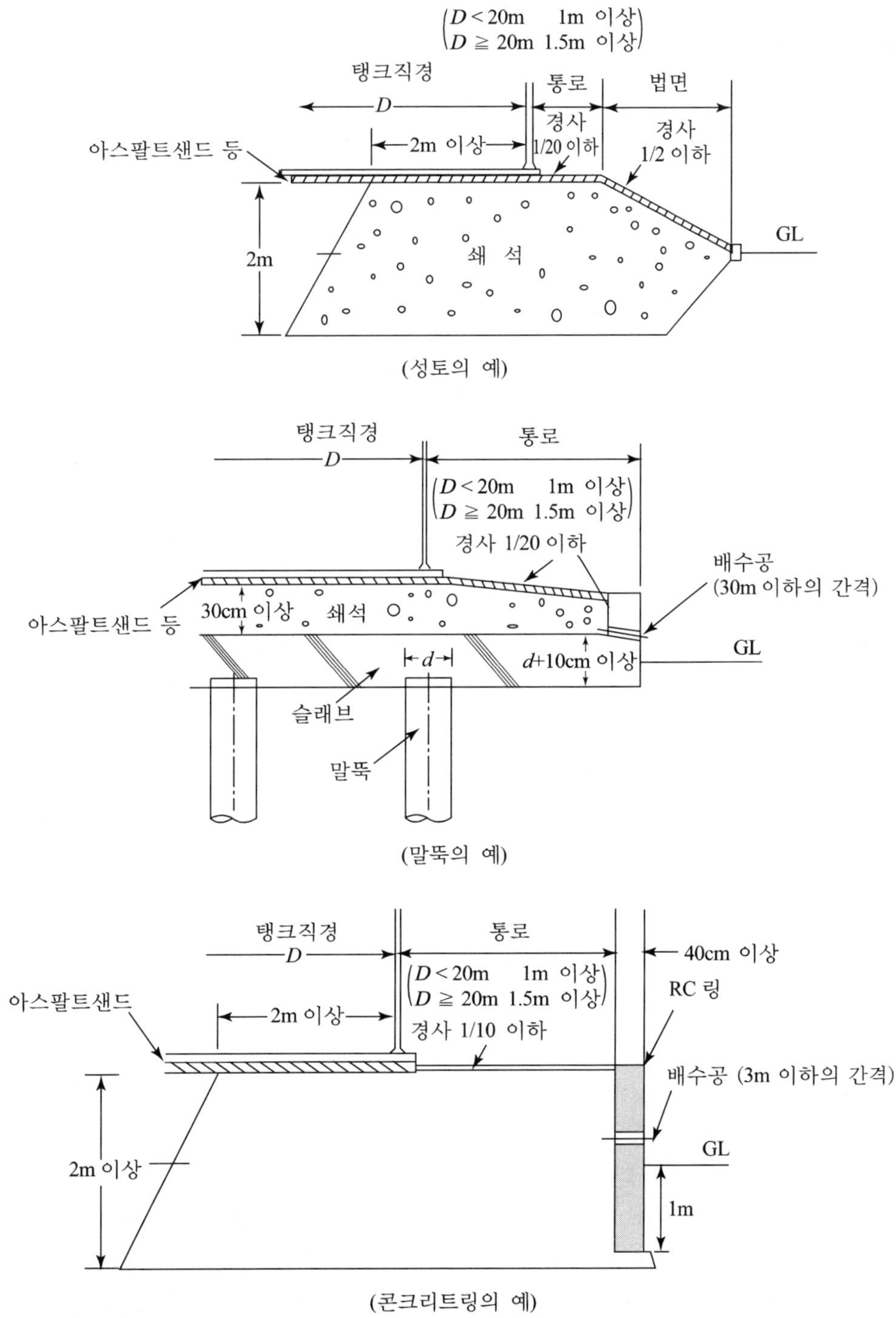

그림 3-28 기초보강방법

3. 제1호 및 제2호에 규정하는 것 외에 기초 및 지반에 관하여 필요한 사항은 소방청장이 정하여 고시한다.
4. 특정옥외저장탱크의 기초 및 지반은 제2호나목1)의 규정에 의한 표준관입시험 및 평판재하시험, 동목2)다)의 규정에 의한 압밀도시험 또는 표준관입시험, 동호 라목의 규정에 의한 평판재하시험 및 그 밖에 소방청장이 정하여 고시하는 시험을 실시하였을 때 당해 시험과 관련되는 규정에 의한 기준에 적합하여야 한다.

V. 준특정옥외저장탱크의 기초 및 지반

1. 옥외탱크저장소 중 그 저장 또는 취급하는 액체위험물의 최대수량이 50만ℓ 이상 100만ℓ 미만의 것(이하 "준특정옥외탱크저장소"라 한다)의 옥외저장탱크(이하 "준특정옥외저장탱크"라 한다)의 기초 및 지반은 제2호 및 제3호에서 정하는 바에 따라 견고하게 하여야 한다.
2. 기초 및 지반은 탱크하중에 의하여 발생하는 응력에 대하여 안전한 것으로 하여야 한다.
3. 기초 및 지반은 다음의 각 목에 정하는 기준에 적합하여야 한다.
   가. 지반은 암반의 단층, 절토 및 성토에 걸쳐 있는 등 활동을 일으킬 우려가 없을 것
   나. 지반은 다음의 1에 적합할 것
      1) 소방청장이 정하여 고시하는 범위 내에 있는 지반이 암반 그 밖의 견고할 것
      2) 소방청장이 정하여 고시하는 범위 내에 있는 지반이 다음의 기준에 적합할 것
         가) 당해 지반에 설치하는 준특정옥외저장탱크의 탱크하중에 대한 지지력 계산에 있어서의 지지력안전율 및 침하량 계산에 있어서의 계산침하량이 소방청장이 정하여 고시하는 값일 것
         나) 소방청장이 정하여 고시하는 지질 외의 것일 것(기초가 소방청장이 정하여 고시하는 구조인 경우를 제외한다)
      3) 2)와 동등 이상의 견고함이 있을 것
   다. 지반이 바다, 하천, 호수와 늪 등에 접하고 있는 경우에는 활동에 관하여 소방청장이 정하여 고시하는 안전율이 있을 것
   라. 기초는 사질토 또는 이와 동등 이상의 견고성이 있는 것을 이용하여 소방청장이 정하여 고시하는 바에 따라 만들거나 이와 동등 이상의 견고함이 있는 것으로 할 것
   마. 기초(사질토 또는 이와 동등 이상의 견고성이 있는 것을 이용하여 소방청장이 정하여 고시하는 바에 따라 만드는 것에 한한다)는 그 윗면이 준특정옥외저장탱크를 설치하는 장소의 지하수위와 2m 이상의 간격을 확보할 것

4. 제2호 및 제3호에 규정하는 것 외에 기초 및 지반에 관하여 필요한 사항은 소방청장이 정하여 고시한다.

Ⅵ. 옥외저장탱크의 외부구조 및 설비

1. 옥외저장탱크는 특정옥외저장탱크 및 준특정옥외저장탱크 외에는 두께 3.2mm 이상의 강철판 또는 소방청장이 정하여 고시하는 규격에 적합한 재료로, 특정옥외저장탱크 및 준특정옥외저장탱크는 특정옥외저장탱크의 구조기준(VII) 및 준특정옥외저장탱크의 구조기준(VIII)에 의하여 소방청장이 정하여 고시하는 규격에 적합한 강철판 또는 이와 동등 이상의 기계적 성질 및 용접성이 있는 재료로 틈이 없도록 제작하여야 하고, 압력탱크(최대상용압력이 대기압을 초과하는 탱크를 말한다) 외의 탱크는 충수시험, 압력탱크는 최대상용압력의 1.5배의 압력으로 10분간 실시하는 수압시험에서 각각 새거나 변형되지 아니하여야 한다.

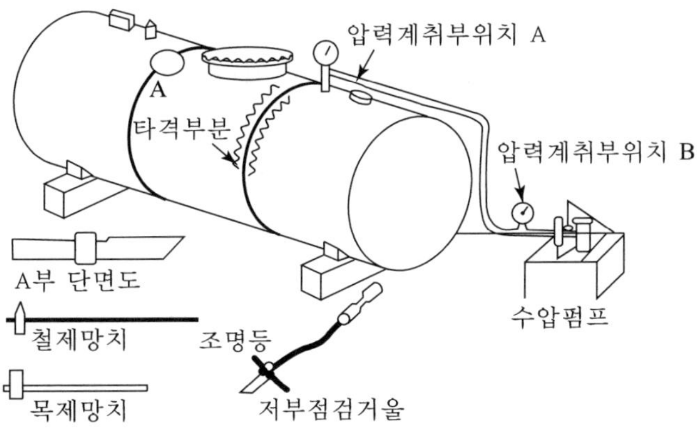

그림 3-29 탱크의 수압검사

2. 특정옥외저장탱크의 용접부는 소방청장이 정하여 고시하는 바에 따라 실시하는 방사선 투과시험, 진공시험 등의 비파괴시험에 있어서 소방청장이 정하여 고시하는 기준에 적합한 것이어야 한다.

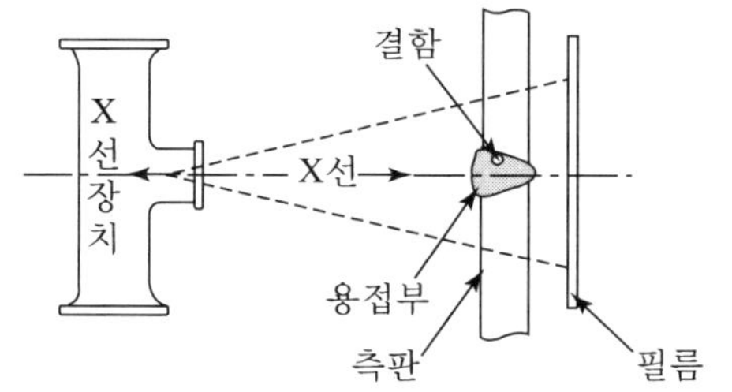

그림 3-30 방사선투과시험

3. 특정옥외저장탱크 및 준특정옥외저장탱크 외의 탱크는 다음 각 목에 정하는 바에 따라, 특정옥외저장탱크 및 준특정옥외저장탱크는 VII 및 VIII의 규정에 의한 바에 따라 지진 및 풍압에 견딜 수 있는 구조로 하고 그 기둥은 철근콘크리트조, 철골콘크리트조 그 밖에 이와 동등 이상의 내화성능이 있는 것이어야 한다.
   가. 지진동에 의한 관성력 또는 풍하중[5]에 의한 응력[6]이 옥외저장탱크의 옆판 또는 지주의 특정한 점에 집중하지 아니하도록 당해 탱크를 견고한 기초 및 지반 위에 고정할 것
   나. 가목의 지진동에 의한 관성력 및 풍하중의 계산방법은 소방청장이 정하여 고시하는 바에 의할 것
4. 옥외저장탱크는 위험물의 폭발 등에 의하여 탱크 내의 압력이 비정상적으로 상승하는 경우에 내부의 가스 또는 증기를 상부로 방출할 수 있는 구조로 하여야 한다.

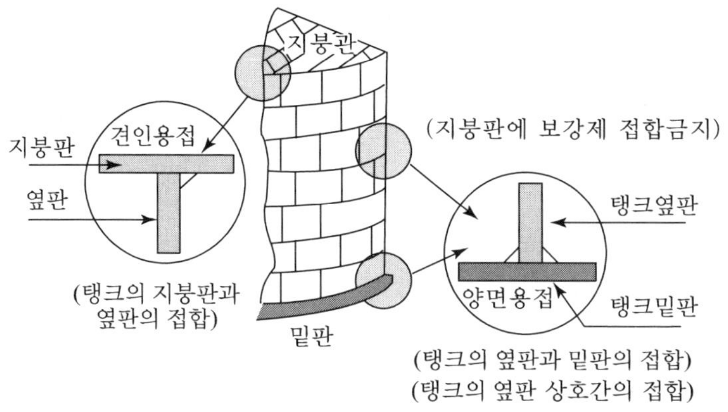

그림 3-31 탱크의 이상내압방출구조

5) 풍하중 : 바람으로 인하여 구조물의 외면에 작용하는 하중
6) 응력(應力) : 외부에서 가해진 힘으로 변형력이라고도 하며 불균일 가열 또는 영구변형의 결과로 발생하는 단위면적당의 힘

5. 옥외저장탱크의 외면에는 녹을 방지하기 위한 도장을 하여야 한다. 다만, 탱크의 재질이 부식의 우려가 없는 스테인리스 강판 등인 경우에는 그러하지 아니하다.
6. 옥외저장탱크의 밑판[에뉼러판(특정옥외저장탱크의 옆판의 최하단 두께가 15mm를 초과하는 경우, 내경이 30m를 초과하는 경우 또는 옆판을 고장력강[7])으로 사용하는 경우에 옆판의 직하에 설치하여야 하는 판을 말한다. 이하 같다)을 설치하는 특정옥외저장탱크에 있어서는 에뉼러판을 포함한다. 이하 이 호에서 같다]을 지반면에 접하게 설치하는 경우에는 다음 각 목의 1의 기준에 따라 밑판 외면의 부식을 방지하기 위한 조치를 강구하여야 한다.
   가. 탱크의 밑판 아래에 밑판의 부식을 유효하게 방지할 수 있도록 아스팔트샌드 등의 방식재료를 댈 것
   나. 탱크의 밑판에 전기방식의 조치를 강구할 것
   다. 가목 또는 나목의 규정에 의한 것과 동등 이상으로 밑판의 부식을 방지할 수 있는 조치를 강구할 것
7. 옥외저장탱크 중 압력탱크(최대상용압력이 부압 또는 정압 5kPa을 초과하는 탱크를 말한다) 외의 탱크(제4류 위험물의 옥외저장탱크에 한한다)에 있어서는 밸브 없는 통기관 또는 대기밸브부착 통기관을 다음 각 목에 정하는 바에 의하여 설치하여야 하고, 압력탱크에 있어서는 위험물제조소기준(별표 4) VIII제4호의 규정에 의한 안전장치를 설치하여야 한다.
   가. 밸브 없는 통기관
      1) 직경은 30mm 이상일 것
      2) 끝부분은 수평면보다 45도 이상 구부려 빗물 등의 침투를 막는 구조로 할 것

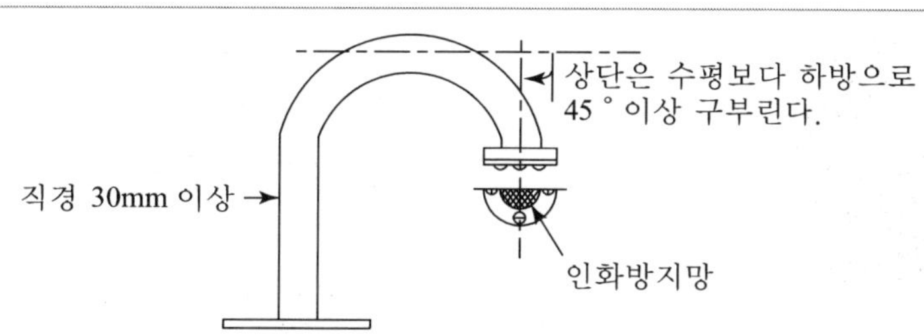

그림 3-32 밸브 없는 통기관

7) 고장력강 : 보통의 강철보다 물체가 잡아당기는 힘에 잘 견디고 용접이 잘되는 강철로 강철·규소·망간 따위를 더해서 담금질 따위의 열처리를 할 것으로 항장력이 80~100kg/mm^{2}에 이른다. 배·교량·구형 탱크를 만드는데 사용된다.

3) 인화점이 38℃ 미만인 위험물만을 저장 또는 취급하는 탱크에 설치하는 통기관에는 화염방지장치를 설치하고, 그 외의 탱크에 설치하는 통기관에는 40mesh 이상의 구리망 또는 동등 이상의 성능을 가진 인화방지장치를 설치할 것. 다만, 인화점이 70℃ 이상의 위험물만을 해당위험물의 인화점 미만의 온도로 저장 또는 취급하는 탱크에 설치하는 통기관에는 인화방지장치를 설치하지 않을 수 있다.

4) 가연성증기를 회수하기 위한 밸브를 통기관에 설치하는 경우에 있어서는 당해 통기관의 밸브는 저장탱크에 위험물을 주입하는 경우를 제외하고는 항상 개방되어 있는 구조로 하는 한편, 폐쇄하였을 경우에 있어서는 10kPa 이하의 압력에서 개방되는 구조로 할 것. 이 경우 개방된 부분의 유효단면적은 777.15mm^2 이상이어야 한다.

나. 대기밸브 부착 통기관

1) 5kPa 이하의 압력차이로 작동할 수 있을 것

2) 가목3)의 기준에 적합할 것

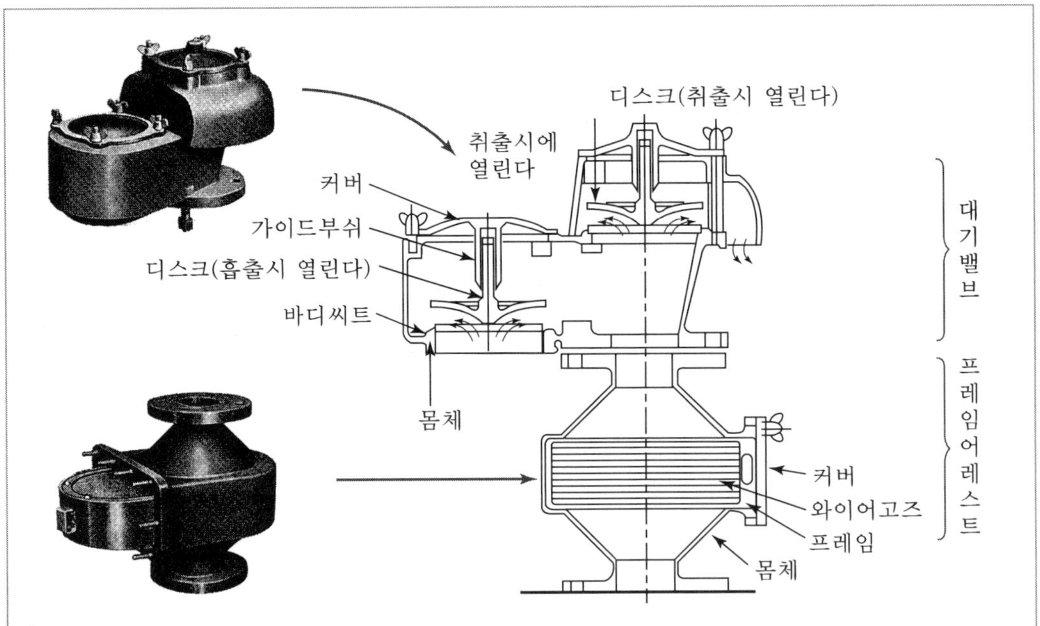

그림 3-33 대기밸브 부착 통기관

8. 액체위험물의 옥외저장탱크에는 위험물의 양을 자동적으로 표시할 수 있도록 기밀부유식(밀폐되어 부상하는 방식) 계량장치, 증기가 비산하지 아니하는 구조의 부유식 계량장치, 전기압력자동방식이나 방사성동위원소를 이용한 방식에 의한 자동계량장치 또는

유리측정기(수면이나 유면의 높이를 측정하는 유리로 된 기구를 말하며, 금속관으로 보호된 경질유리등으로 되어있고 게이지가 파손되었을 때 위험물의 유출을 자동적으로 정지할 수 있는 장치가 되어있는 것에 한한다)를 설치하여야 한다.

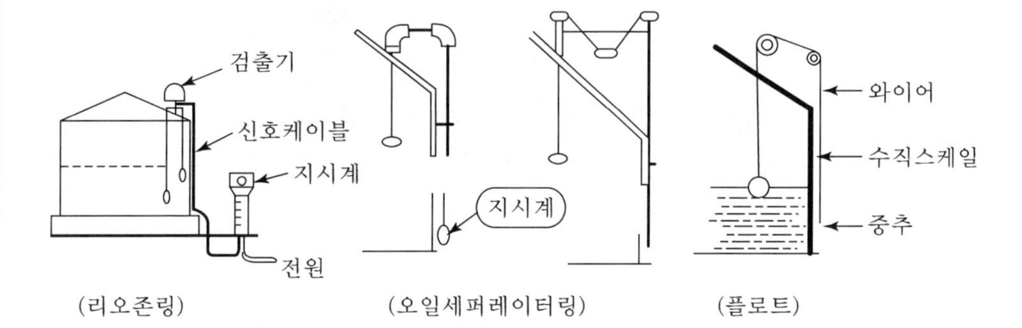

그림 3-34 탱크의 자동계량장치

9. 액체위험물의 옥외저장탱크의 주입구는 다음 각 목의 기준에 의하여야 한다.
   가. 화재예방상 지장이 없는 장소에 설치할 것
   나. 주입호스 또는 주입관과 결합할 수 있고, 결합하였을 때 위험물이 새지 아니할 것
   다. 주입구에는 밸브 또는 뚜껑을 설치할 것
   라. 휘발유, 벤젠 그 밖에 정전기에 의한 재해가 발생할 우려가 있는 액체위험물의 옥외저장탱크의 주입구 부근에는 정전기를 유효하게 제거하기 위한 접지전극을 설치할 것
   마. 인화점이 21℃ 미만인 위험물의 옥외저장탱크의 주입구에는 보기 쉬운 곳에 다음의 기준에 의한 게시판을 설치할 것. 다만, 소방본부장 또는 소방서장이 화재예방상 당해 게시판을 설치할 필요가 없다고 인정하는 경우에는 그러하지 아니하다.
      1) 게시판은 한 변이 0.3m 이상, 다른 한 변이 0.6m 이상인 직사각형으로 할 것

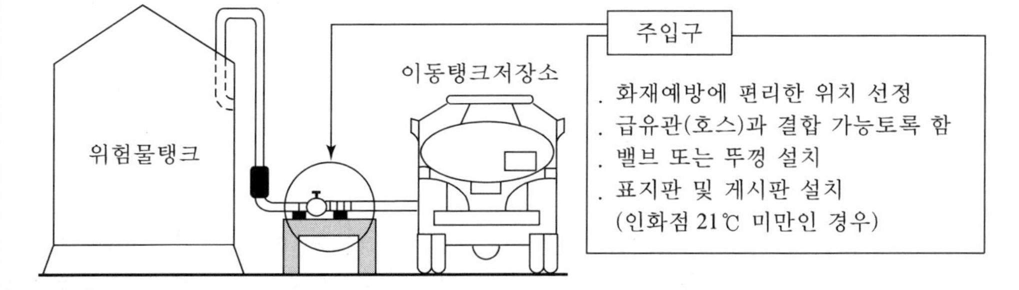

그림 3-35 탱크의 주입구

그림 3-36 옥외저장탱크의 주입구 위치

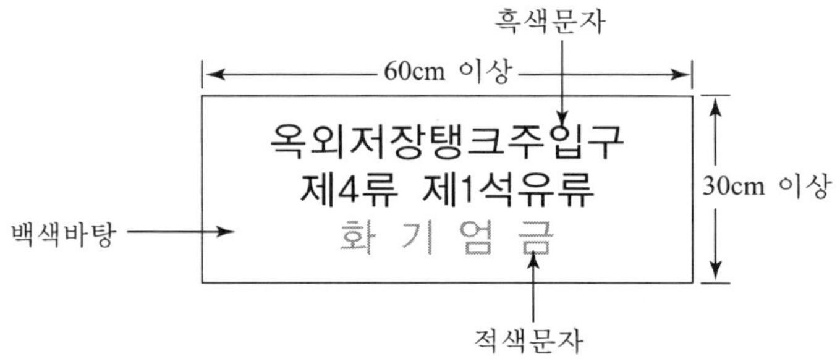

그림 3-37 주입구의 표지 및 게시판

2) 게시판에는 "옥외저장탱크 주입구"라고 표시하는 것 외에 취급하는 위험물의 유별, 품명 및 위험물제조소기준(별표 4) III제2호라목의 규정에 준하여 주의사항을 표시할 것

3) 게시판은 백색바탕에 흑색문자[위험물제조소기준(별표 4) III제2호라목의 주의사항은 적색문자]로 할 것

바. 주입구 주위에는 새어나온 기름 등 액체가 외부로 유출되지 아니하도록 방유턱을 설치하거나 집유설비 등의 장치를 설치할 것

10. 옥외저장탱크의 펌프설비(펌프 및 이에 부속하는 전동기를 말하며, 당해 펌프 및 전동기를 위한 건축물 그 밖의 공작물을 설치하는 경우에는 당해 공작물을 포함한다. 이하 같다)는 다음 각 목에 의하여야 한다.

가. 펌프설비의 주위에는 너비 3m 이상의 공지를 보유할 것. 다만, 방화상 유효한 격벽을 설치하는 경우와 제6류 위험물 또는 지정수량의 10배 이하 위험물의 옥외저장탱크의 펌프설비에 있어서는 그러하지 아니하다.

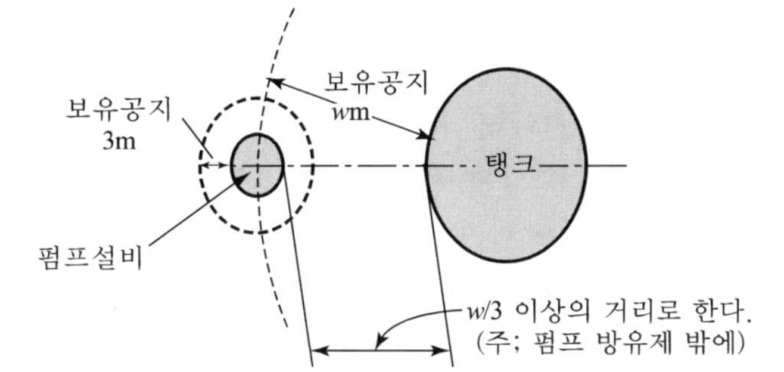

그림 3-38 펌프설비의 보유공지

나. 펌프설비로부터 옥외저장탱크까지의 사이에는 당해 옥외저장탱크의 보유공지 너비의 3분의 1 이상의 거리를 유지할 것

다. 펌프설비는 견고한 기초 위에 고정할 것

라. 펌프 및 이에 부속하는 전동기를 위한 건축물 그 밖의 공작물(이하 “펌프실”이라 한다)의 벽·기둥·바닥 및 보는 불연재료로 할 것

마. 펌프실의 지붕을 폭발력이 위로 방출될 정도의 가벼운 불연재료로 할 것

바. 펌프실의 창 및 출입구에는 갑종방화문 또는 을종방화문을 설치할 것

사. 펌프실의 창 및 출입구에 유리를 이용하는 경우에는 망입유리로 할 것

아. 펌프실의 바닥의 주위에는 높이 0.2m 이상의 턱을 만들고 바닥은 콘크리트 등 위험물이 스며들지 아니하는 재료로 적당히 경사지게 하여 그 최저부에는 집유설비를 설치할 것

자. 펌프실에는 위험물을 취급하는데 필요한 채광, 조명 및 환기설비를 설치할 것

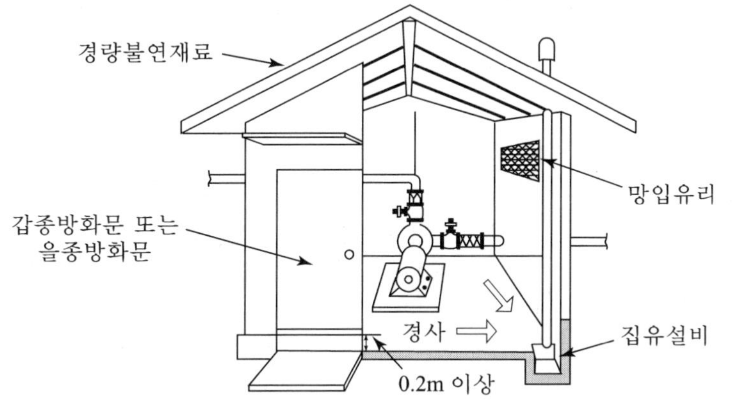

그림 3-39 옥외저장탱크의 펌프실의 구조

차. 가연성 증기가 체류할 우려가 있는 펌프실에는 그 증기를 옥외의 높은 곳으로 배출하는 설비를 설치할 것

카. 펌프실 외의 장소에 설치하는 펌프설비에는 그 직하의 지반면의 주위에 높이 0.15m 이상의 턱을 만들고 당해 지반면은 콘크리트 등 위험물이 스며들지 아니하는 재료로 적당히 경사지게 하여 그 최저부에는 집유설비를 할 것. 이 경우 제4류 위험물(온도 20℃의 물 100g에 용해되는 양이 1g 미만인 것에 한한다)을 취급하는 펌프설비에 있어서는 당해 위험물이 직접 배수구에 유입하지 아니하도록 집유설비에 유분리장치를 설치하여야 한다.

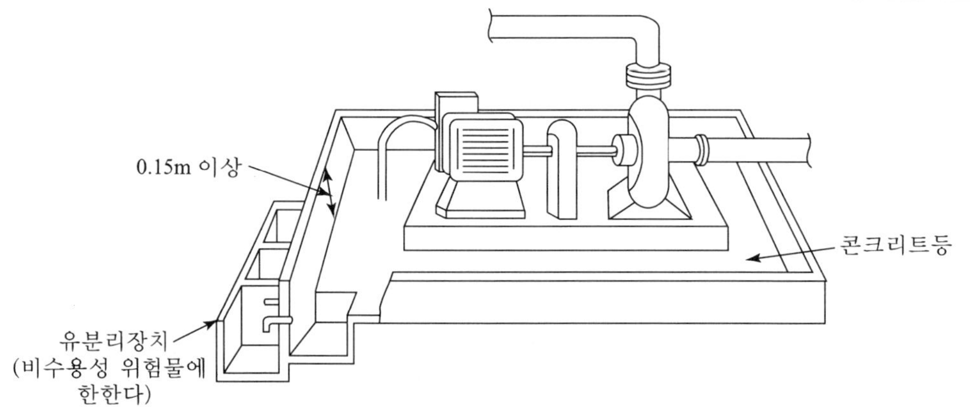

그림 3-40 펌프실 외에 설치된 펌프

타. 인화점이 21℃ 미만인 위험물을 취급하는 펌프설비에는 보기 쉬운 곳에 제9호마목의 규정에 준하여 "옥외저장탱크 펌프설비"라는 표시를 한 게시판과 방화에 관하여 필요한 사항을 게시한 게시판을 설치할 것. 다만, 소방본부장 또는 소방서장이 화재예방상 당해 게시판을 설치할 필요가 없다고 인정하는 경우에는 그러하지 아니하다.

그림 3-41 펌프설비의 게시판

11. 옥외저장탱크의 밸브는 주강 또는 이와 동등 이상의 기계적 성질이 있는 재료로 되어 있고, 위험물이 새지 아니하여야 한다.
12. 옥외저장탱크의 배수관은 탱크의 옆판에 설치하여야 한다. 다만, 탱크와 배수관과의 결합부분이 지진 등에 의하여 손상을 받을 우려가 없는 방법으로 배수관을 설치하는 경우에는 탱크의 밑판에 설치할 수 있다.

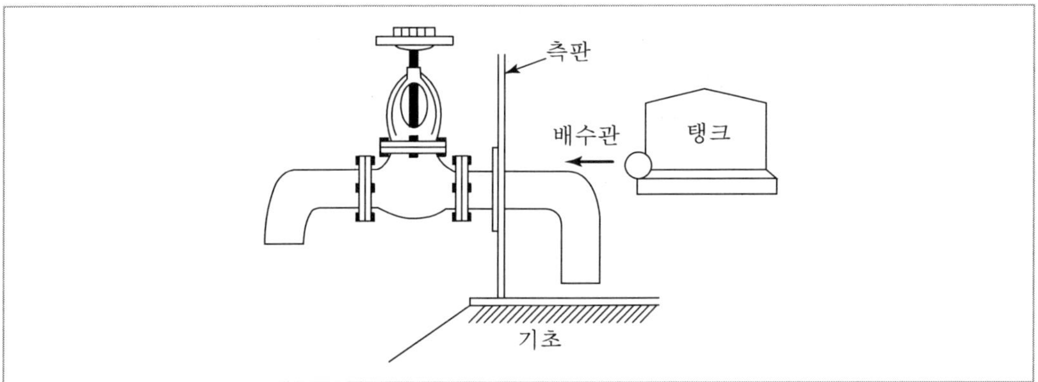

그림 3-42 배수관의 설치 (옆판)

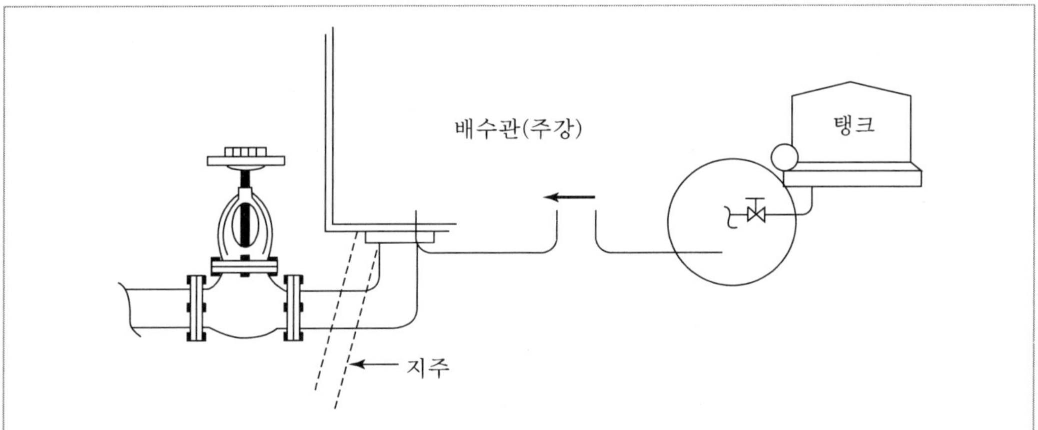

그림 3-43 배수관의 설치 (밑판)

13. 부상지붕이 있는 옥외저장탱크의 옆판 또는 부상지붕에 설치하는 설비는 지진 등에 의하여 부상지붕 또는 옆판에 손상을 주지 아니하게 설치하여야 한다. 다만, 당해 옥외저장탱크에 저장하는 위험물의 안전관리에 필요한 가동(可動)사다리, 회전방지기구, 검척관(檢尺管), 샘플링(sampling)설비 및 이에 부속하는 설비에 있어서는 그러하지 아니하다.

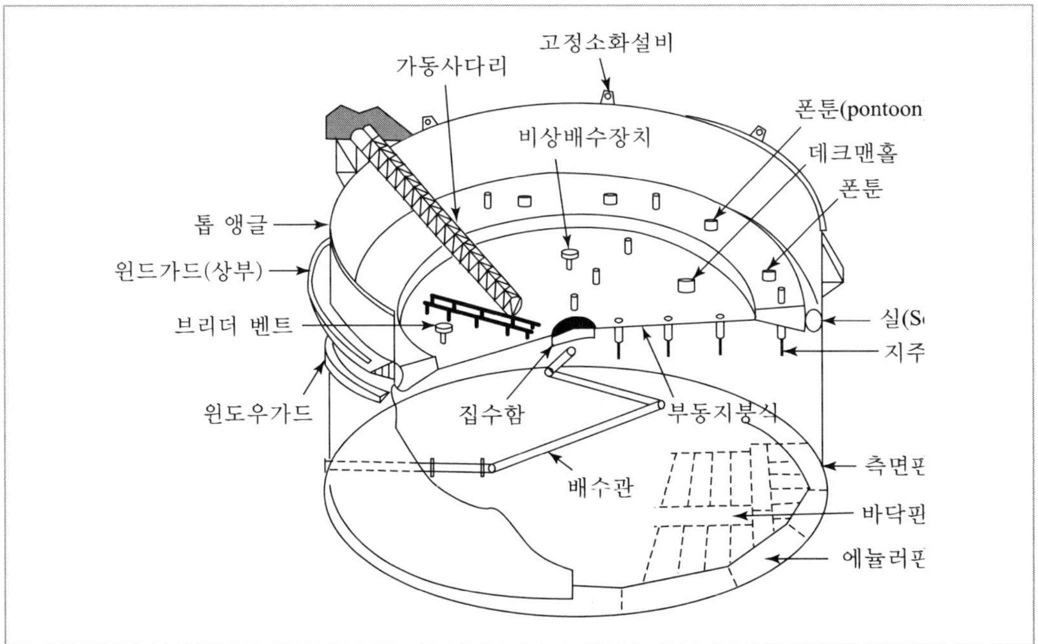

그림 3-44 부동지붕식 옥외저장탱크 구조

14. 옥외저장탱크의 배관의 위치·구조 및 설비는 제15호의 규정에 의한 것 외에 위험물 제조소기준(별표 4) X의 규정에 의한 제조소의 배관의 기준을 준용하여야 한다.
15. 액체위험물을 이송하기 위한 옥외저장탱크의 배관은 지진 등에 의하여 당해 배관과 탱크와의 결합부분에 손상을 주지 아니하게 설치하여야 한다.

가. 배관을 굴곡시킨 방법

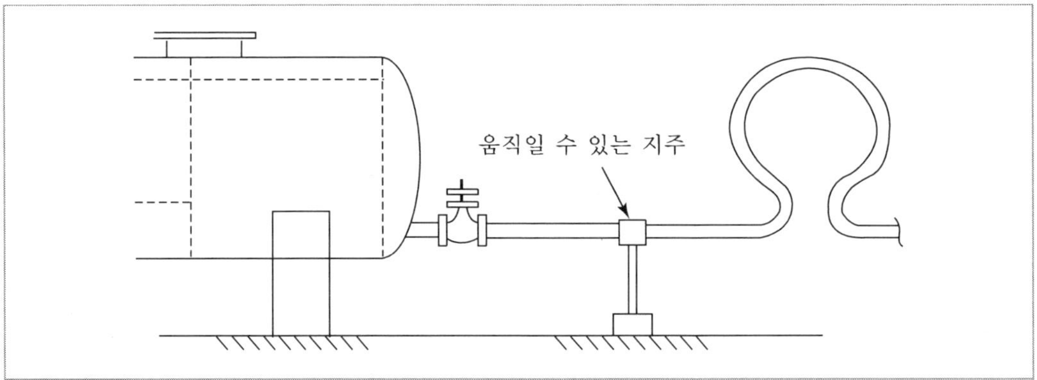

그림 3-45 배관을 굴곡시킨 경우

나. 플렉시블메탈호스 사용방법

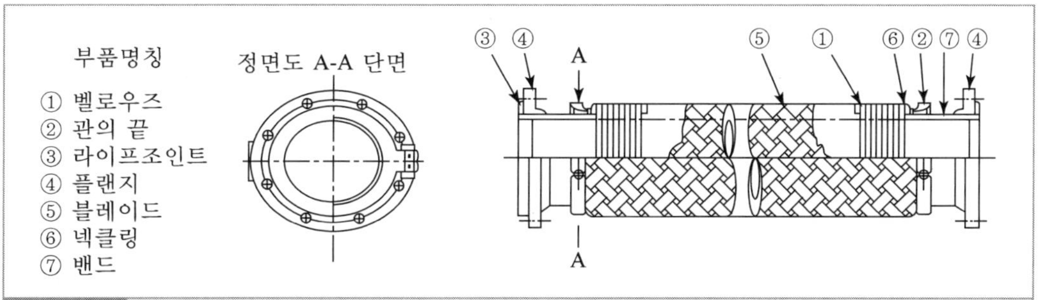

그림 3-46 플렉시블메탈호스 사용

다. 기타 완충장치 방법

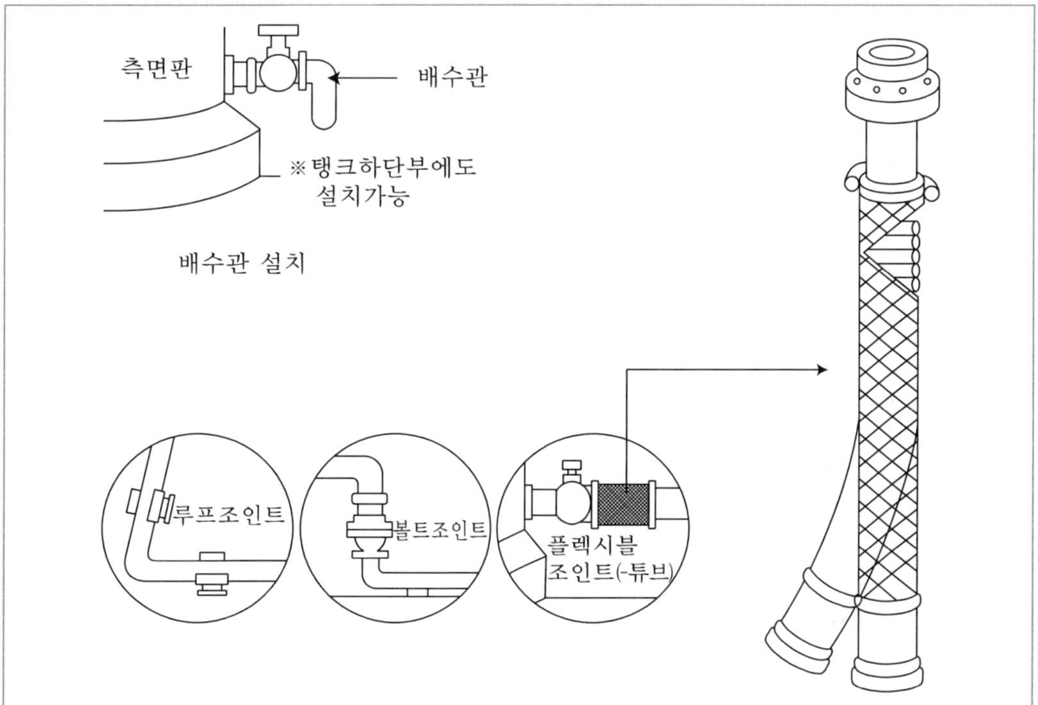

그림 3-47 배관의 완충조치

16. 옥외저장탱크에 설치하는 전기설비는 전기사업법에 의한 전기설비기술기준에 의하여야 한다.

17. 지정수량의 10배 이상인 옥외탱크저장소(제6류 위험물의 옥외탱크저장소를 제외한다)에는 위험물제조소기준(별표 4) VIII제7호의 규정에 준하여 피뢰침을 설치하여야 한다. 다만, 탱크에 저항이 5 Ω 이하인 접지시설을 설치하거나 인근 피뢰설비의 보호범위 내에 들어가는 등 주위의 상황에 따라 안전상 지장이 없는 경우에는 피뢰침을 설치하지 아니할 수 있다.

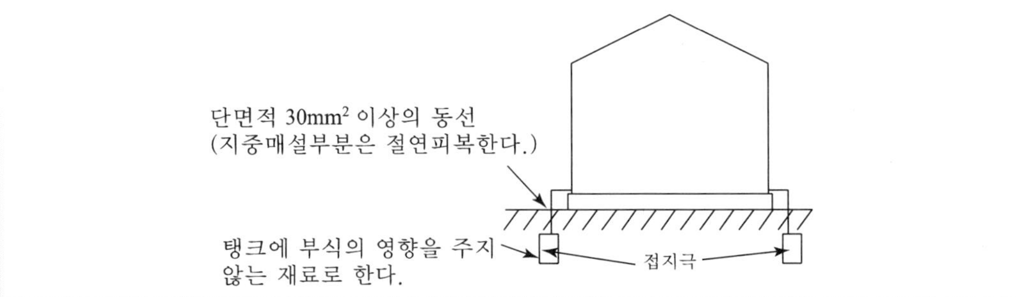

그림 3-48 접지시설에 의한 피뢰설비 생략 예

18. 액체위험물의 옥외저장탱크의 주위에는 IX의 기준에 따라 위험물이 새었을 경우에 그 유출을 방지하기 위한 방유제를 설치하여야 한다.

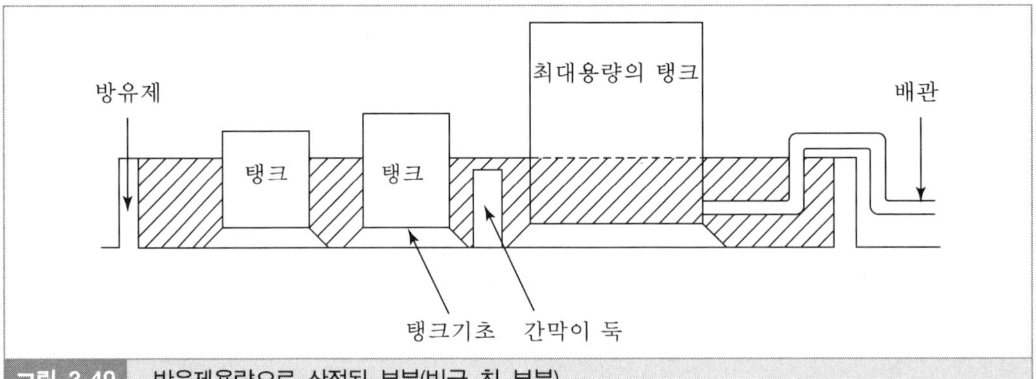

그림 3-49 방유제용량으로 산정된 부분(빗금 친 부분)

19. 제3류 위험물 중 금수성물질(고체에 한한다)의 옥외저장탱크에는 방수성의 불연재료로 만든 피복설비를 설치하여야 한다.
20. 이황화탄소의 옥외저장탱크는 벽 및 바닥의 두께가 0.2m 이상이고 누수가 되지 아니하는 철근콘크리트의 수조에 넣어 보관하여야 한다. 이 경우 보유공지·통기관 및 자동계량장치는 생략할 수 있다.

21. 옥외저장탱크에 부착되는 부속설비(교반기, 밸브, 폼챔버, 화염방지장치, 통기관대기밸브, 비상압력배출장치를 말한다)는 기술원 또는 소방청장이 정하여 고시하는 국내·외 공인시험기관에서 시험 또는 인증 받은 제품을 사용하여야 한다.

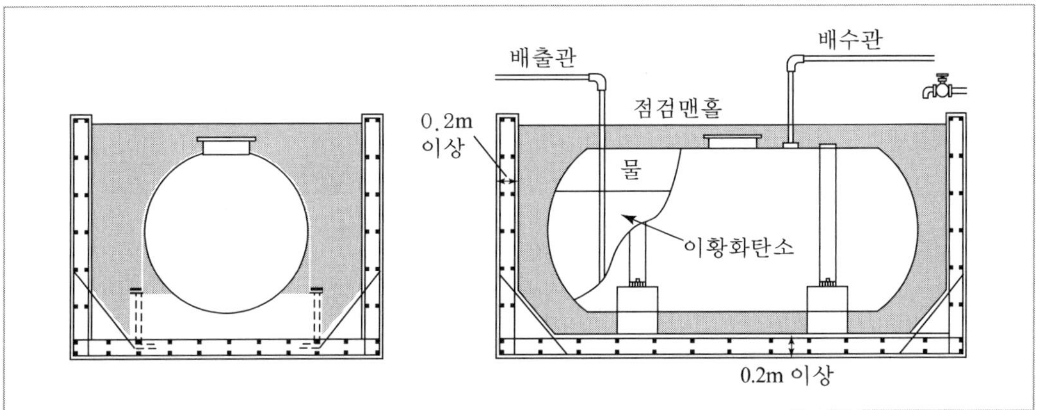

그림 3-50 이황화탄소의 저장탱크

VII. 특정옥외저장탱크의 구조

1. 특정옥외저장탱크는 주하중(탱크하중, 탱크와 관련되는 내압, 온도변화의 영향 등에 의한 것을 말한다. 이하 같다) 및 종하중(적설하중, 풍하중, 지진의 영향 등에 의한 것을 말한다. 이하 같다)에 의하여 발생하는 응력 및 변형에 대하여 안전한 것으로 하여야 한다.
2. 특정옥외저장탱크의 구조는 다음 각 목에 정하는 기준에 적합하여야 한다.
   가. 주하중과 주하중 및 종하중의 조합에 의하여 특정옥외저장탱크의 본체에 발생하는 응력은 소방청장이 정하여 고시하는 허용응력 이하일 것
   나. 특정옥외저장탱크의 보유수평내력(保有水平耐力)은 지진의 영향에 의한 필요보유수평내력(必要保有水平耐力) 이상일 것. 이 경우에 있어서의 보유수평내력 및 필요보유수평내력의 계산방법은 소방청장이 정하여 고시한다.
   다. 옆판, 밑판 및 지붕의 최소두께와 에뉼러판의 너비(옆판외면에서 바깥으로 연장하는 최소길이, 옆판내면에서 탱크중심부로 연장하는 최소길이를 말한다) 및 최소두께는 소방청장이 정하여 고시하는 기준에 적합할 것
3. 특정옥외저장탱크의 용접(겹침보수 및 육성보수와 관련되는 것을 제외한다)방법은 다음 각 목에 정하는 바에 의한다. 이러한 용접방법은 소방청장이 정하여 고시하는 용접시공방법확인시험의 방법 및 기준에 적합한 것이거나 이와 동등 이상의 것임이 미리

확인되어 있어야 한다.

가. 옆판의 용접은 다음에 의할 것

1) 세로이음 및 가로이음은 완전용입 맞대기용접으로 할 것

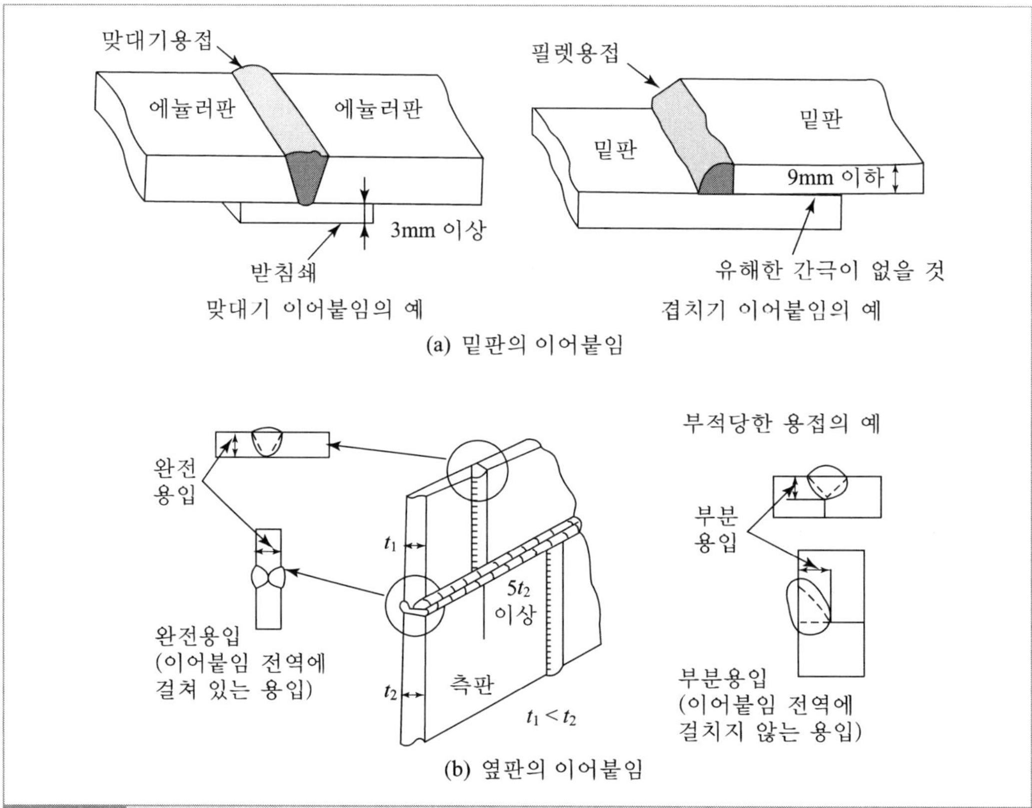

그림 3-51 밑판 및 옆판 이어붙임

2) 옆판의 세로이음은 단을 달리하는 옆판의 각각의 세로이음과 동일선상에 위치하지 아니하도록 할 것. 이 경우 당해 세로이음간의 간격은 서로 접하는 옆판 중 두꺼운 쪽 옆판의 두께의 5배 이상으로 하여야 한다.

나. 옆판과 에뉼러판(에뉼러판이 없는 경우에는 밑판)과의 용접은 부분용입그룹[8]용접 또는 이와 동등 이상의 용접강도가 있는 용접방법으로 용접할 것. 이 경우에 있어서 용접 비드(bead)는 매끄러운 형상을 가져야 한다.

8) 그룹(groove) : 접합하는 부재 사이에 만드는 홈(구; 溝)

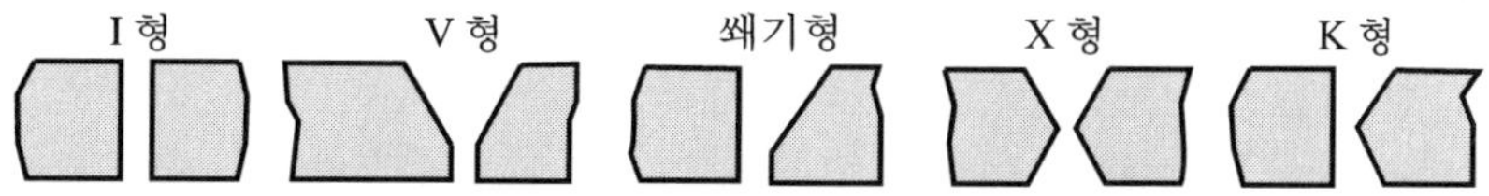

그림 3-52 그룹(groove)의 예

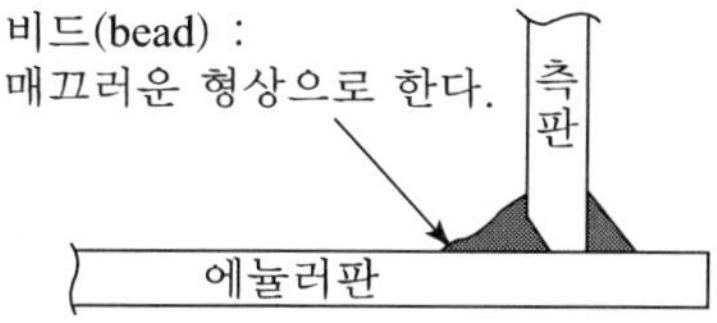

그림 3-53 측판과 에뉼러판과의 용접

다. 에뉼러판과 에뉼러판은 뒷면에 재료를 댄 맞대기용접으로 하고, 에뉼러판과 밑판 및 밑판과 밑판의 용접은 뒷면에 재료를 댄 맞대기용접 또는 겹치기용접으로 용접할 것. 이 경우에 에뉼러판과 밑판의 용접부의 강도 및 밑판과 밑판의 용접부의 강도에 유해한 영향을 주는 흠이 있어서는 아니 된다.

1) 에뉼러판

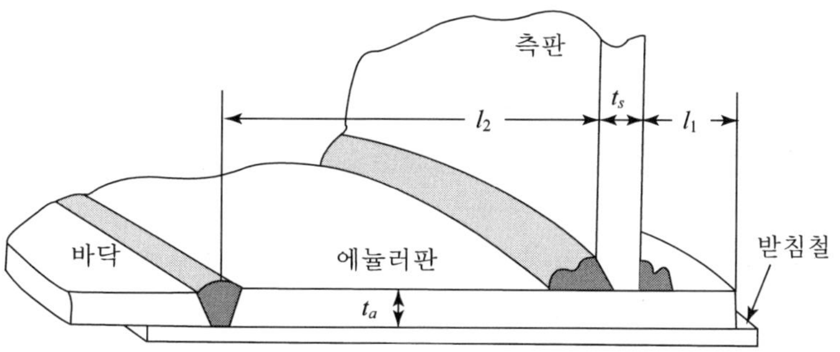

측판최하단의 두께 t_s	최소 외장출길이 l_1	최소 내장출길이 l_2	최소두께 t_a
$15 < t_s \leqq 20$	75	1,000	12
$20 < t_s \leqq 25$	100	1,500	15
$25 < t_s \leqq 30$	100	1,500	18
$30 < t_s$	100	1,500	21

그림 3-54 에뉼러판의 치수 및 재질

2) 밑판

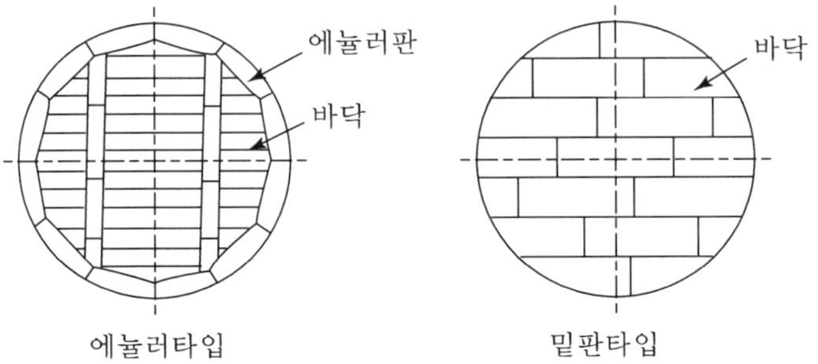

(밑판의 두께)

탱크용량(kℓ)	최소두께(mm)
1,000～10,000 미만	8
10,000 이상	9

(필요한 최소두께 비교)

구분	밑판		측판				지붕판
특정옥외저장탱크	용량 V(kℓ)		내경 D(m)				4.5
	$1,000 \leqq V < 10,000$	$10,000 \leqq V$	$D \leqq 16$	$16 < D \leqq 35$	$35 < D \leqq 60$	$60 < D$	
	8	9	4.5	6	8	10	
준특정 및 일반탱크	3.2		3.2				3.2

그림 3-55 밑판 배열 및 두께

라. 필렛용접(모서리 용접)의 사이즈(부등사이즈가 되는 경우에는 작은 쪽의 사이즈를 말한다)는 다음 식에 의하여 구한 값으로 할 것

$$t_1 \geqq S \geqq \sqrt{2t_2} \quad (단,\ S \geqq 4.5)$$

여기서, t_1 : 얇은 쪽의 강판의 두께(mm)

t_2 : 두꺼운 쪽의 강판의 두께(mm)

S : 사이즈(mm)

4. 제1호 내지 제3호에 규정하는 것 외의 특정옥외저장탱크의 구조에 관하여 필요한 사항은 소방청장이 정하여 고시한다.

Ⅷ. 준특정옥외저장탱크의 구조

1. 준특정옥외저장탱크는 주하중 및 종하중에 의하여 발생하는 응력 및 변형에 대하여 안전한 것으로 하여야 한다.
2. 준특정옥외저장탱크의 구조는 다음 각 목에 정하는 기준에 적합하여야 한다.
   가. 두께가 3.2mm 이상일 것
   나. 준특정옥외저장탱크의 옆판에 발생하는 상시의 원주방향인장응력은 소방청장이 정하여 고시하는 허용응력 이하일 것
   다. 준특정옥외저장탱크의 옆판에 발생하는 지진시의 축방향압축응력은 소방청장이 정하여 고시하는 허용응력 이하일 것
3. 준특정옥외저장탱크의 보유수평내력은 지진의 영향에 의한 필요보유수평내력 이상이어야 한다. 이 경우에 있어서의 보유수평내력 및 필요보유수평내력의 계산방법은 소방청장이 정하여 고시한다.
4. 제2호 및 제3호에 규정하는 것 외의 준특정옥외저장탱크의 구조에 관하여 필요한 사항은 소방청장이 정하여 고시한다.

Ⅸ. 방유제

1. 인화성액체위험물(이황화탄소를 제외한다)[9]의 옥외탱크저장소의 탱크 주위에는 다음 각 목의 기준에 의하여 방유제를 설치하여야 한다.
   가. 방유제의 용량은 방유제안에 설치된 탱크가 하나인 때에는 그 탱크 용량의 110% 이상, 2기 이상인 때에는 그 탱크 중 용량이 최대인 것의 용량의 110% 이상으로 할 것. 할 것. 이 경우 방유제의 용량은 당해 방유제의 내용적에서 용량이 최대인 탱크 외의 탱크의 방유제 높이 이하 부분의 용적, 당해 방유제 내에 있는 모든 탱크의 지반면 이상 부분의 기초의 제적, 간막이 둑의 체적 및 당해 방유제 내에 있는 배관 등의 체적을 뺀 것으로 한다.
   나. 방유제는 높이 0.5m 이상 3m 이하, 두께 0.2m 이상, 지하매설깊이 1m 이상으로 할 것. 다만, 방유제와 옥외저장탱크 사이의 지반면 아래에 불침윤성(不浸潤性) 구조물을 설치하는 경우에는 지하매설깊이를 해당 불침윤성 구조물까지로 할 수 있다.
   다. 방유제 내의 면적은 8만m^2 이하로 할 것
   라. 방유제 내에 설치하는 옥외저장탱크의 수는 10(방유제 내에 설치하는 모든 옥외저장탱크의 용량이 20만 ℓ 이하이고, 당해 옥외저장탱크에 저장 또는 취급하는 위험

9) 이황화탄소를 저장·취급하는 탱크저장소에는 방유제를 대신하는 설비(수조)의 설치가 의무화되어 있으므로 방유제를 설치하지 않음.

물의 인화점이 70℃ 이상 200℃ 미만인 경우에는 20) 이하로 할 것. 다만, 인화점이 200℃ 이상인 위험물을 저장 또는 취급하는 옥외저장탱크에 있어서는 그러하지 아니하다.

마. 방유제 외면의 2분의 1 이상은 자동차 등이 통행할 수 있는 3m 이상의 노면폭을 확보한 구내도로(옥외저장탱크가 있는 부지내의 도로를 말한다. 이하 같다)에 직접 접하도록 할 것. 다만, 방유제 내에 설치하는 옥외저장탱크의 용량합계가 20만 ℓ 이하인 경우에는 소화활동에 지장이 없다고 인정되는 3m 이상의 노면폭을 확보한 도로 또는 공지에 접하는 것으로 할 수 있다.

바. 방유제는 옥외저장탱크의 직경에 따라 그 탱크의 옆판으로부터 다음에 정하는 거리를 유지할 것. 다만, 인화점이 200℃ 이상인 위험물을 저장 또는 취급하는 것에 있어서는 그러하지 아니하다.

1) 직경이 15m 미만인 경우에는 탱크 높이의 3분의 1 이상

2) 직경이 15m 이상인 경우에는 탱크 높이의 2분의 1 이상

사. 방유제는 철근콘크리트로 하고, 방유제와 옥외저장탱크 사이의 지표면은 불연성과 불침윤성이 있는 구조(철근콘크리트 등)로 할 것. 다만, 누출된 위험물을 수용할 수 있는 전용유조(專用油槽) 및 펌프 등의 설비를 갖춘 경우에는 방유제와 옥외저장탱크 사이의 지표면을 흙으로 할 수 있다.

아. 용량이 1,000만 ℓ 이상인 옥외저장탱크의 주위에 설치하는 방유제에는 다음의 규정에 따라 당해 탱크마다 간막이 둑을 설치할 것

1) 간막이 둑의 높이는 0.3m(방유제 내에 설치되는 옥외저장탱크의 용량의 합계가 2억 ℓ를 넘는 방유제에 있어서는 1m) 이상으로 하되, 방유제의 높이보다 0.2m 이상 낮게 할 것

2) 간막이 둑은 흙 또는 철근콘크리트로 할 것

3) 간막이 둑의 용량은 간막이 둑안에 설치된 탱크의 용량의 10% 이상일 것

자. 방유제 내에는 당해 방유제 내에 설치하는 옥외저장탱크를 위한 배관(당해 옥외저장탱크의 소화설비를 위한 배관을 포함한다), 조명설비 및 계기시스템과 이들에 부속하는 설비 그 밖의 안전확보에 지장이 없는 부속설비 외에는 다른 설비를 설치하지 아니할 것

차. 방유제 또는 간막이 둑에는 해당 방유제를 관통하는 배관을 설치하지 아니할 것. 다만, 위험물을 이송하는 배관의 경우에는 배관이 관통하는 지점의 좌우방향으로 각 1m 이상까지의 방유제 또는 간막이 둑의 외면에 두께 0.1m 이상, 지하매설깊이 0.1m 이상의 구조물을 설치하여 방유제 또는 간막이 둑을 이중구조로 하고, 그 사이에 토사를 채운 후, 관통하는 부분을 완충재 등으로 마감하는 방식으로 설치할 수 있다.

카. 방유제에는 그 내부에 고인 물을 외부로 배출하기 위한 배수구를 설치하고 이를 개폐하는 밸브 등을 방유제의 외부에 설치할 것

타. 용량이 100만ℓ 이상인 위험물을 저장하는 옥외저장탱크에 있어서는 카목의 밸브 등에 그 개폐상황을 쉽게 확인할 수 있는 장치를 설치할 것

파. 높이가 1m를 넘는 방유제 및 간막이 둑의 안팎에는 방유제 내에 출입하기 위한 계단 또는 경사로를 약 50m마다 설치할 것

하. 용량이 50만ℓ 이상인 옥외탱크저장소가 해안 또는 강변에 설치되어 방유제 외부로 누출된 위험물이 바다 또는 강으로 유입될 우려가 있는 경우에는 해당 옥외탱크저장소가 설치된 부지 내에 전용유조(專用油槽) 등 누출위험물 수용설비를 설치할 것

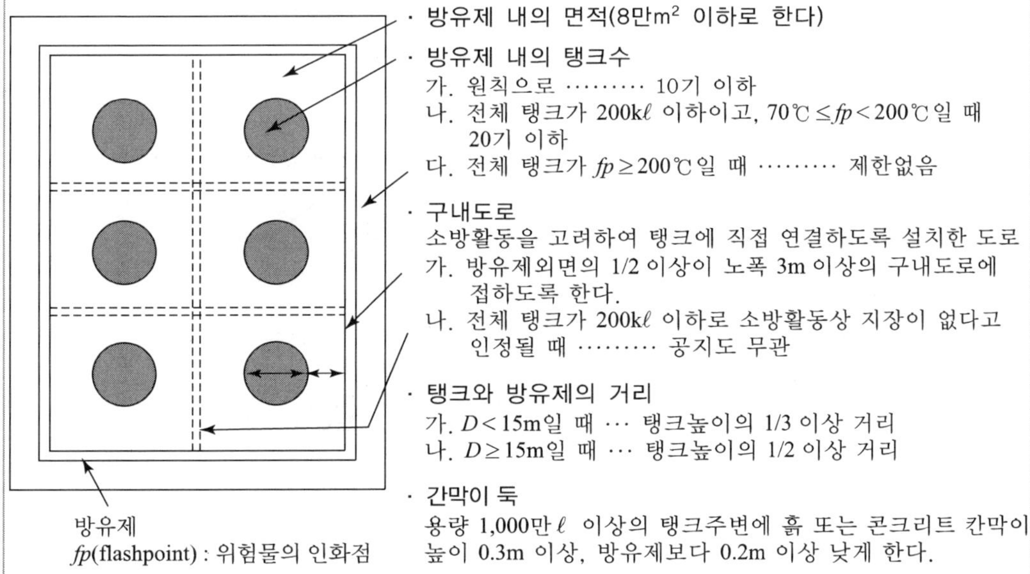

그림 3-56 방유제 내의 면적등

2. 제1호 가목·나목·사목 내지 타목의 규정은 인화성이 없는 액체위험물의 옥외저장탱크의 주위에 설치하는 방유제의 기술기준에 대하여 준용한다. 이 경우에 있어서 제1호가목 중 "110%"는 "100%"로 본다.
3. 그 밖에 방유제의 기술기준에 관하여 필요한 사항은 소방청장이 정하여 고시한다.

X. 고인화점 위험물의 옥외탱크저장소의 특례

고인화점 위험물만을 100℃ 미만의 온도로 저장 또는 취급하는 옥외탱크저장소 중 그

위치·구조 및 설비가 다음 각 목에 정하는 기준에 적합한 경우에는 I·II·VI제3호(지주와 관련되는 부분에 한한다)·제10호·제17호 및 제18호의 규정은 적용하지 아니한다.

가. 옥외탱크저장소는 위험물제조소기준(별표 4) XI제1호의 규정에 준하여 안전거리를 둘 것

나. 옥외저장탱크(위험물을 이송하기 위한 배관 그 밖에 이에 준하는 공작물을 제외한다)의 주위에 다음의 표에 정하는 너비의 공지를 보유할 것

저장 또는 취급하는 위험물의 최대수량	공지의 너비
지정수량의 2,000배 이하	3m 이상
지정수량의 2,000배 초과 4,000배 이하	5m 이상
지정수량의 4,000배 초과	당해 탱크의 수평단면의 최대직경(가로형인 경우에는 긴 변)과 높이 중 큰 것의 3분의 1과 같은 거리 이상. 다만, 5m 미만으로 하여서는 아니 된다.

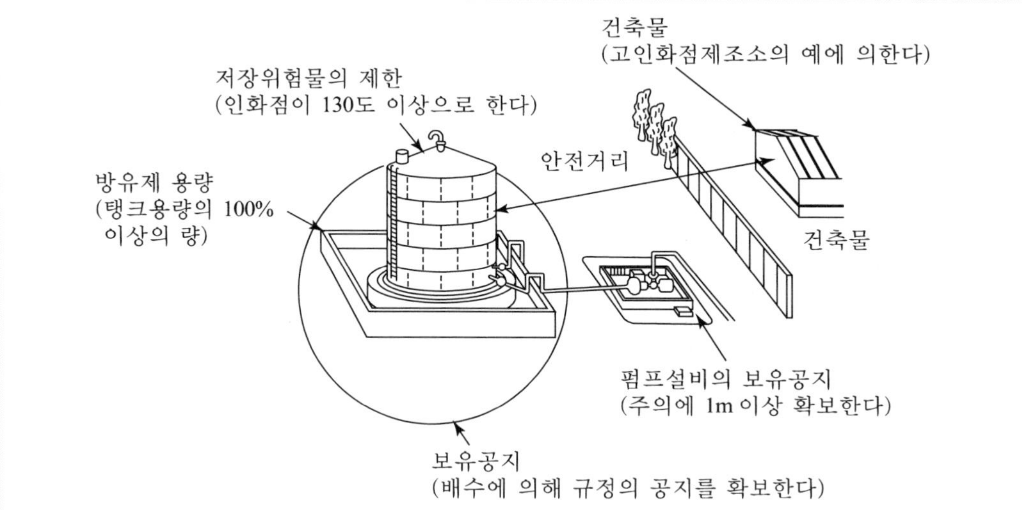

그림 3-57 고인화점 위험물의 옥외저장탱크 개요도

다. 옥외저장탱크의 지주는 철근콘크리트조, 철골콘크리트구조 그 밖에 이들과 동등 이상의 내화성능이 있을 것. 다만, 하나의 방유제 안에 설치하는 모든 옥외저장탱크가 고인화점 위험물만을 100℃ 미만의 온도로 저장 또는 취급하는 경우에는 지주를 불연재료로 할 수 있다.

라. 옥외저장탱크의 펌프설비는 VI제10호(가목·바목 및 사목을 제외한다)의 규정에 준하는 것 외에 다음의 기준에 의할 것

1) 펌프설비의 주위에 1m 이상의 너비의 공지를 보유할 것. 다만, 내화구조로 된

방화상 유효한 격벽을 설치하는 경우와 지정수량의 10배 이하의 위험물의 옥외저장탱크의 펌프설비에 있어서는 그러하지 아니하다.

2) 펌프실의 창 및 출입구에는 갑종방화문 또는 을종방화문을 설치할 것. 다만, 연소의 우려가 없는 외벽에 설치하는 창 및 출입구에는 불연재료 또는 유리로 만든 문을 달 수 있다.

3) 펌프실의 연소의 우려가 있는 외벽에 설치하는 창 및 출입구에 유리를 이용하는 경우는 망입유리를 이용할 것

마. 옥외저장탱크의 주위에는 위험물이 새었을 경우에 그 유출을 방지하기 위한 방유제를 설치할 것

바. IX제1호 가목 내지 다목 및 사목 내지 파목의 규정은 마목의 방유제의 기준에 대하여 준용한다. 이 경우에 있어서 동호가목 중 "110%"는 "100%"로 본다.

XI. 위험물의 성질에 따른 옥외탱크저장소의 특례

알킬알루미늄등, 아세트알데히드등 및 히드록실아민등을 저장 또는 취급하는 옥외탱크저장소는 I 내지 IX에 의하는 외에 당해 위험물의 성질에 따라 다음 각 호에 정하는 기준에 의하여야 한다.

1. 알킬알루미늄등의 옥외탱크저장소

가. 옥외저장탱크의 주위에는 누설범위를 국한하기 위한 설비 및 누설된 알킬알루미늄등을 안전한 장소에 설치된 조에 이끌어 들일 수 있는 설비를 설치할 것

나. 옥외저장탱크에는 불활성 기체를 봉입하는 장치를 설치할 것

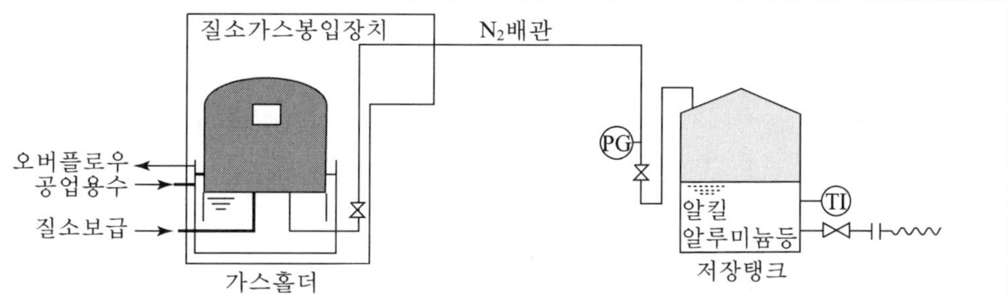

그림 3-58 불활성기체 봉입장치

2. 아세트알데히드등의 옥외탱크저장소

가. 옥외저장탱크의 설비는 동·마그네슘·은·수은 또는 이들을 성분으로 하는 합금으로 만들지 아니할 것

나. 옥외저장탱크에는 냉각장치 또는 보냉장치, 그리고 연소성 혼합기체의 생성에 의한 폭발을 방지하기 위한 불활성의 기체를 봉입하는 장치를 설치할 것

1) 냉동기 이용한 냉각장치

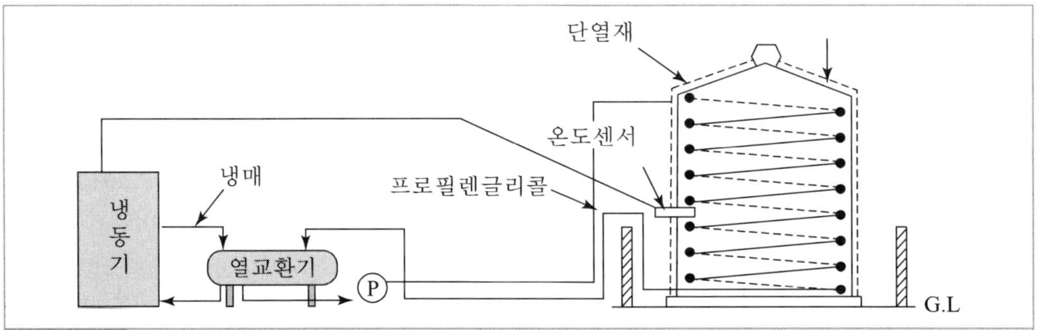

그림 3-59 냉동기를 사용하여 냉각하는 경우

2) 단열에 의한 보냉방법

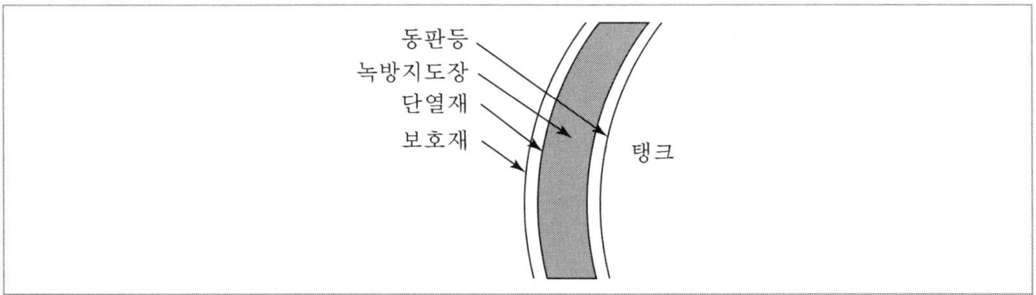

그림 3-60 단열조치

3) 살수장치를 이용한 냉각장치

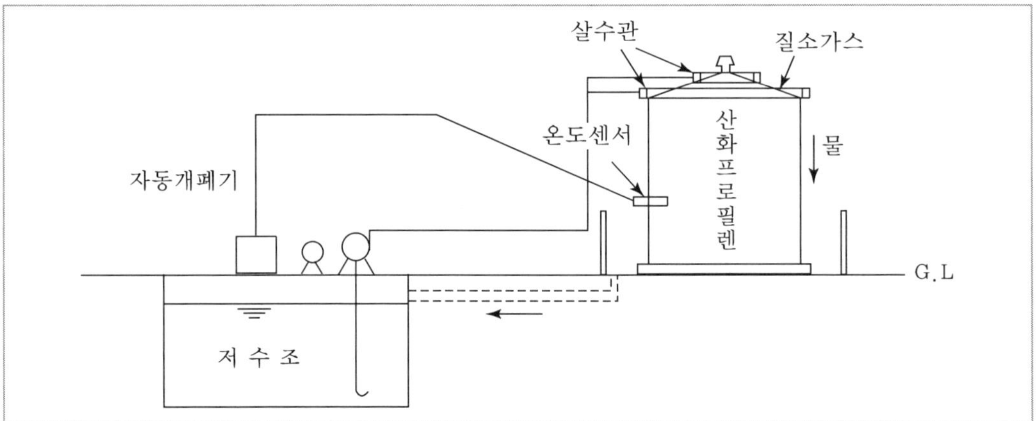

그림 3-61 살수장치를 사용하여 냉각

3. 히드록실아민등의 옥외탱크저장소

가. 옥외탱크저장소에는 히드록실아민등의 온도의 상승에 의한 위험한 반응을 방지하기 위한 조치를 강구할 것

나. 옥외탱크저장소에는 철이온등의 혼입에 의한 위험한 반응을 방지하기 위한 조치를 강구할 것

XII. 지중탱크[10]에 관계된 옥외탱크저장소의 특례

1. 제4류 위험물을 지중탱크에 저장 또는 취급하는 옥외탱크저장소는 I 내지 IX의 기준 중 I · II · IV · V · VI제1호(충수시험 또는 수압시험에 관한 부분을 제외한다) · 제2호 · 제3호 · 제5호 · 제6호 · 제10호 · 제12호 · 제16호 및 제18호의 규정은 적용하지 아니한다.
2. 제1호에 정하는 것 외에 다음 각 목에 정하는 기준에 적합하여야 한다.

가. 지중탱크의 옥외탱크저장소는 다음에 정하는 장소와 그 밖에 소방청장이 정하여 고시하는 장소에 설치하지 아니할 것

1) 급경사지 등으로서 지반붕괴, 산사태 등의 위험이 있는 장소

2) 융기, 침강 등의 지반변동이 생기고 있거나 지중탱크의 구조에 지장을 미치는 지반변동이 발생할 우려가 있는 장소

나. 지중탱크의 옥외탱크저장소의 위치는 I의 규정에 의하는 것 외에 당해 옥외탱크저장소가 보유하는 부지의 경계선에서 지중탱크의 지반면의 옆판까지의 사이에, 당해 지중탱크 수평단면의 내경의 수치에 0.5를 곱하여 얻은 수치(당해 수치가 지중탱크의 밑판표면에서 지반면까지 높이의 수치보다 작은 경우에는 당해 높이의 수치) 또는 50m(당해 지중탱크에 저장 또는 취급하는 위험물의 인화점이 21℃ 이상 70℃ 미만의 경우에 있어서는 40m, 70℃ 이상의 경우에 있어서는 30m) 중 큰 것과 동일한 거리 이상의 거리를 유지할 것

다. 지중탱크(위험물을 이송하기 위한 배관 그 밖의 이에 준하는 공작물을 제외한다)의 주위에는 당해 지중탱크 수평단면의 내경의 수치에 0.5를 곱하여 얻은 수치 또는 지중탱크의 밑판표면에서 지반면까지 높이의 수치 중 큰 것과 동일한 거리 이상의 너비의 공지를 보유할 것

라. 지중탱크의 지반은 다음에 의할 것

1) 지반은 당해 지반에 설치하는 지중탱크 및 그 부속설비의 자중, 저장하는 위험물의 중량 등의 하중(이하 "지중탱크하중"이라 한다)에 의하여 발생하는 응력에

---

10) 지중탱크 : 옥외저장탱크의 밑부분은 지반면 아래에 있고 탱크의 상부가 지반면 위에 있으며 탱크 내 위험물의 최고액면이 지반면 아래에 있는 원통종형의 위험물저장탱크

대하여 안전할 것

2) 지반은 다음에 정하는 기준에 적합할 것

가) 지반은 IV제2호 가목의 기준에 적합할 것

나) 소방청장이 정하여 고시하는 범위 내의 지반은 지중탱크하중에 대한 지지력계산에서의 지지력안전율 및 침하량계산에서의 계산침하량이 소방청장이 정하여 고시하는 수치에 적합하고, IV제2호나목2)다)의 기준에 적합할 것

다) 지중탱크 하부의 지반[마목3)에 정하는 양수설비를 설치하는 경우에는 당해 양수설비의 배수층하의 지반]의 표면의 평판재하시험에 있어서 평판재하시험값(극한 지지력의 값으로 한다)이 지중탱크하중에 나)의 안전율을 곱하여 얻은 값 이상의 값일 것

라) 소방청장이 정하여 고시하는 범위내의 지반의 지질이 소방청장이 정하여 고시하는 것 외의 것일 것

마) 지반이 바다·하천·호소(湖沼)·늪 등에 접하고 있는 경우 또는 인공지반을 조성하는 경우에는 활동과 관련하여 소방청장이 정하여 고시하는 기준에 적합할 것.

바) 인공지반에 있어서는 가) 내지 마)에 정하는 것 외에 소방청장이 정하여 고시하는 기준에 적합할 것

마. 지중탱크의 구조는 다음에 의할 것

1) 지중탱크는 옆판 및 밑판을 철근콘크리트 또는 프리스트레스트 콘크리트(콘크리트에 미리 압축응력을 주어 인장강도를 높인 것)로 만들고 지붕을 강철판으로 만들며, 옆판 및 밑판의 안쪽에는 누액방지판을 설치하여 틈이 없도록 할 것

2) 지중탱크의 재료는 소방청장이 정하여 고시하는 규격에 적합한 것 또는 이와 동등 이상의 강도 등이 있을 것

3) 지중탱크는 당해 지중탱크 및 그 부속설비의 자중, 저장하는 위험물의 중량, 토압, 지하수압, 양압력(揚壓力), 콘크리트의 건조수축 및 크립(creep)의 영향, 온도변화의 영향, 지진의 영향 등의 하중에 의하여 발생하는 응력 및 변형에 대해서 안전하게 하고, 유해한 침하 및 부상(浮上)을 일으키지 아니하도록 할 것. 다만, 소방청장이 정하여 고시하는 기준에 적합한 양수설비를 설치하는 경우는 양압력을 고려하지 아니할 수 있다.

4) 지중탱크의 구조는 1) 내지 3)에 의하는 외에 다음에 정하는 기준에 적합할 것

가) 하중에 의하여 지중탱크본체(지붕 및 누액방지판을 포함한다)에 발생하는 응력은 소방청장이 정하여 고시하는 허용응력 이하일 것

나) 옆판 및 밑판의 최소두께는 소방청장이 정하여 고시하는 기준에 적합한 것으로 할 것

다) 지붕은 2매판 구조의 부상지붕으로 하고, 그 외면에는 녹 방지를 위한 도장을 하는 동시에 소방청장이 정하여 고시하는 기준에 적합하게 할 것

라) 누액방지판은 소방청장이 정하여 고시하는 바에 따라 강철판으로 만들고, 그 용접부는 소방청장이 정하여 고시하는 바에 따라 실시한 자분탐상시험 등의 시험에 있어서 소방청장이 정하여 고시하는 기준에 적합하도록 할 것

바. 지중탱크의 펌프설비는 다음의 기준에 적합한 것으로 할 것

1) 위험물 중에 설치하는 펌프설비는 그 전동기의 내부에 냉각수를 순환시키는 동시에 금속제의 보호관내에 설치할 것

2) 1)에 해당하지 아니하는 펌프설비는 VI제10호(갱도에 설치하는 것에 있어서는 가목·나목·마목 및 카목을 제외한다)의 규정에 의한 옥외저장탱크의 펌프설비의 기준을 준용할 것

사. 지중탱크에는 당해 지중탱크내의 물을 적절히 배수할 수 있는 설비를 설치할 것

아. 지중탱크의 옥외탱크저장소에 갱도를 설치하는 경우에 있어서는 다음에 의할 것

1) 갱도의 출입구는 지중탱크내의 위험물의 최고액면보다 높은 위치에 설치할 것. 다만, 최고액면을 넘는 위치를 경유하는 경우에 있어서는 그러하지 아니하다.

2) 가연성 증기가 체류할 우려가 있는 갱도에는 가연성 증기를 외부에 배출할 수 있는 설비를 설치할 것

자. 지중탱크는 그 주위가 소방청장이 정하여 고시하는 구내도로에 직접 면하도록 설치할 것. 다만, 2기 이상의 지중탱크를 인접하여 설치하는 경우에는 당해 지중탱크 전체가 포위될 수 있도록 하되, 각 탱크의 2 방향 이상이 구내도로에 직접 면하도록 하는 것으로 할 수 있다.

차. 지중탱크의 옥외탱크저장소에는 소방청장이 정하여 고시하는 바에 따라 위험물 또는 가연성 증기의 누설을 자동적으로 검지하는 설비 및 지하수 위의 변동을 감시하는 설비를 설치할 것

카. 지중탱크의 옥외탱크저장소에는 소방청장이 정하여 고시하는 바에 따라 지중벽을 설치할 것. 다만, 주위의 지반상황 등에 의하여 누설된 위험물이 확산할 우려가 없는 경우에는 그러하지 아니하다.

3. 제1호 및 제2호에 규정하는 것 외에 지중탱크의 옥외탱크저장소에 관한 세부기준은 소방청장이 정하여 고시한다.

XIII. 해상탱크[11])에 관계된 옥외탱크저장소의 특례

1. 원유·등유·경유 또는 중유를 해상탱크에 저장 또는 취급하는 옥외탱크저장소 중 해상탱크를 용량 10만 ℓ 이하마다 물로 채운 이중의 격벽으로 완전하게 구분하고, 해상탱크의 옆 부분 및 밑 부분을 물로 채운 이중벽의 구조로 한 것은 I 내지 IX의 규정에 불구하고 제2호 및 제3호의 규정에 의할 수 있다.
2. 제1호의 옥외탱크저장소에 대하여는 II·IV·V·VI제1호 내지 제7호 및 제10호 내지 제18호의 규정은 적용하지 아니한다.
3. 제2호에 정하는 것 외에 해상탱크에 관계된 옥외탱크저장소의 특례는 다음 각 목과 같다.
   가. 해상탱크의 위치는 다음에 의할 것
      1) 해상탱크는 자연적 또는 인공적으로 거의 폐쇄된 평온한 해역에 설치할 것
      2) 해상탱크의 위치는 육지, 해저 또는 당해 해상탱크에 관계된 옥외탱크저장소와 관련되는 공작물 외의 해양 공작물로부터 당해 해상탱크의 외면까지의 사이에 안전을 확보하는데 필요하다고 인정되는 거리를 유지할 것
   나. 해상탱크의 구조는 선박안전법에 정하는 바에 의할 것
   다. 해상탱크의 정치(定置)설비는 다음에 의할 것
      1) 정치설비는 해상탱크를 안전하게 보존·유지할 수 있도록 배치할 것
      2) 정치설비는 당해 정치설비에 작용하는 하중에 의하여 발생하는 응력 및 변형에 대하여 안전한 구조로 할 것
   라. 정치설비의 직하의 해저면으로부터 정치설비의 자중 및 정치설비에 작용하는 하중에 의한 응력에 대하여 정치설비를 안전하게 지지하는데 필요한 깊이까지의 지반은 표준관입시험에서의 표준관입시험치가 평균적으로 15 이상의 값을 나타내는 동시에 정치설비의 자중 및 정치설비에 작용하는 하중에 의한 응력에 대하여 안전할 것
   마. 해상탱크의 펌프설비는 VI제10호의 규정에 의한 옥외저장탱크의 펌프설비의 기준을 준용하되, 현장상황에 따라 동 규정의 기준에 의하는 것이 곤란한 경우에는 안전조치를 강구하여 동 규정의 기준 중 일부를 적용하지 아니할 수 있다.
   바. 위험물을 취급하는 배관은 다음의 기준에 의할 것
      1) 해상탱크의 배관의 위치·구조 및 설비는 VI제14호의 규정에 의한 옥외저장탱크의 배관의 기준을 준용할 것. 다만, 현장상황에 따라 동 규정의 기준에 의하는 것이 곤란한 경우에는 안전조치를 강구하여 동 규정의 기준 중 일부를 적용하

11) 해상탱크 : 바다 한가운데 동일한 장소에 정치(定置)되어 육상에 설치된 설비와 배관 등에 의하여 접속된 위험물탱크

지 아니할 수 있다.

2) 해상탱크에 설치하는 배관과 그 밖의 배관과의 결합부분은 파도 등에 의하여 당해 부분에 손상을 주지 아니하도록 조치할 것

사. 전기설비는 「전기사업법」에 의한 전기설비기술기준의 규정에 의하는 외에, 열 및 부식에 대하여 내구성이 있는 동시에 기후의 변화에 내성이 있을 것

아. 마목 내지 사목의 규정에 불구하고 해상탱크에 설치하는 펌프설비, 배관 및 전기설비(차목에 정하는 설비와 관련되는 전기설비 및 소화설비와 관련되는 전기설비를 제외한다)에 있어서는 선박안전법에 정하는 바에 의할 것

자. 해상탱크의 주위에는 위험물이 새었을 경우에 그 유출을 방지하기 위한 방유제(부유식의 것을 포함한다)를 설치할 것

차. 해상탱크에 관계된 옥외탱크저장소에는 위험물 또는 가연성 증기의 누설 또는 위험물의 폭발 등의 재해의 발생 또는 확대를 방지하는 설비를 설치할 것

XIV. 옥외탱크저장소의 충수시험의 특례

옥외탱크저장소의 구조 또는 설비에 관한 변경공사(탱크의 옆판 또는 밑판의 교체공사를 제외한다) 중 탱크본체에 관한 공사를 포함하는 변경공사로서 당해 탱크본체에 관한 공사가 다음 각 호(특정옥외탱크저장소 외의 옥외탱크저장소에 있어서는 제1호·제2호·제3호·제5호·제6호 및 제8호)에 정하는 변경공사에 해당하는 경우에는 당해 변경공사에 관계된 옥외탱크저장소에 대하여 VI제1호의 규정(충수시험에 관한 기준과 관련되는 부분에 한한다)은 적용하지 아니한다.

1. 노즐·맨홀 등의 설치공사
2. 노즐·맨홀 등과 관련되는 용접부의 보수공사
3. 지붕에 관련되는 공사(고정지붕식으로 된 옥외탱크저장소에 내부부상지붕(탱크내부 저장물질 위에 떠 있는 지붕)을 설치하는 공사를 포함한다)
4. 옆판과 관련되는 겹침보수공사
5. 옆판과 관련되는 육성보수공사(용접부에 대한 열영향이 경미한 것에 한한다)
6. 최대저장높이 이상의 옆판에 관련되는 용접부의 보수공사
7. 에뉼러판 또는 밑판의 겹침보수공사 중 옆판으로부터 600mm 범위 외의 부분에 관련된 것으로서 당해 겹침보수부분이 저부면적(에뉼러판 및 밑판의 면적을 말한다)의 2분의 1 미만인 것
8. 에뉼러판 또는 밑판에 관한 육성보수공사(용접부에 대한 열영향이 경미한 것에 한한다)
9. 밑판 또는 에뉼러판이 옆판과 접하는 용접이음부의 겹침보수공사 또는 육성보수공사

(용접부에 대한 열영향이 경미한 것에 한한다)

제3절 옥내탱크저장소

제1관 옥내탱크의 정의

옥내탱크저장소란 옥내에 있는 탱크에서 위험물을 저장, 취급하는 저장소를 말한다. 옥내에 있는 탱크라는 의미에서 이중의 안전장치를 가지고 있는 시설이며, 저장용량을 제한하고 있어 비교적 안전한 저장소라고 볼 수 있다. 따라서 안전거리 및 보유공지의 규제를 받지 아니하는 저장소이다.

제2관 옥내탱크저장소의 위치·구조 및 설비의 기준

Ⅰ. 옥내탱크저장소의 기준(Ⅱ 및 Ⅲ의 규정에 의한 것을 제외한다)

1. 옥내탱크저장소(제2호에 정하는 것을 제외한다)의 위치·구조 및 설비의 기술기준은 다음 각 목과 같다.
   가. 위험물을 저장 또는 취급하는 옥내탱크(이하 "옥내저장탱크"라 한다)는 단층건축물에 설치된 탱크전용실에 설치할 것

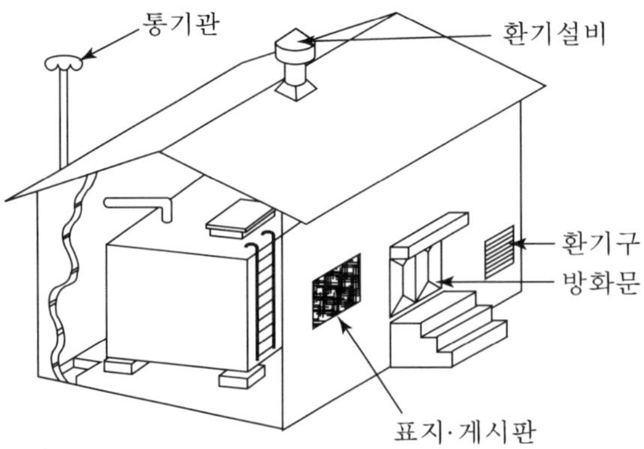

그림 3-62 단층건축물의 탱크전용실

   나. 옥내저장탱크와 탱크전용실의 벽과의 사이 및 옥내저장탱크의 상호간에는 0.5m 이

상의 간격을 유지할 것. 다만, 탱크의 점검 및 보수에 지장이 없는 경우에는 그러하지 아니하다.

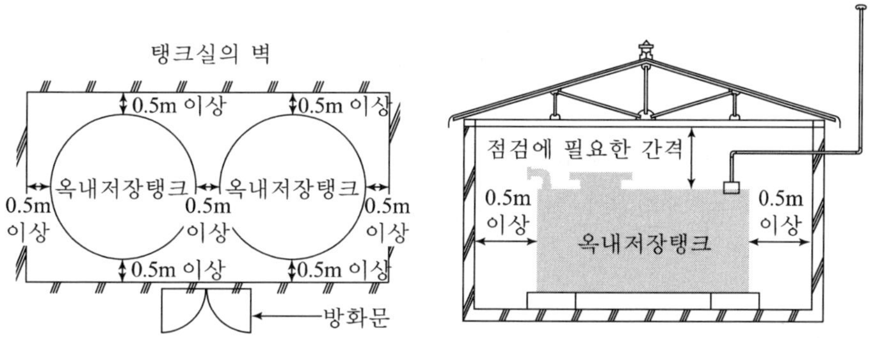

그림 3-63 탱크와 벽 및 탱크상호간 간격

다. 옥내탱크저장소에는 위험물제조소기준(별표 4) III제1호의 기준에 따라 보기 쉬운 곳에 "위험물 옥내탱크저장소"라는 표시를 한 표지와 동표 III제2호의 기준에 따라 방화에 관하여 필요한 사항을 게시한 게시판을 설치하여야 한다.

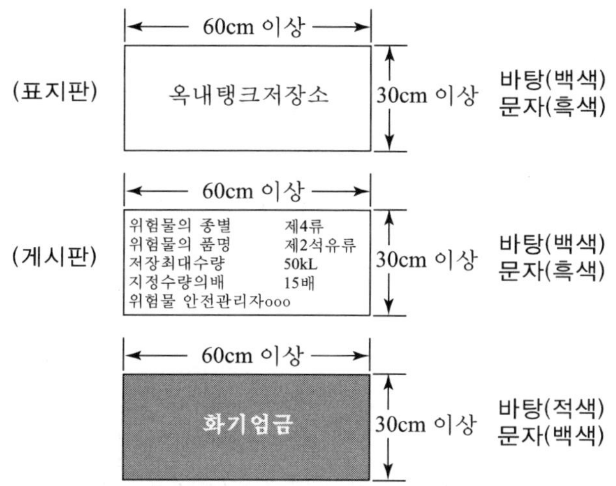

그림 3-64 표지 및 게시판

라. 옥내저장탱크의 용량(동일한 탱크전용실에 옥내저장탱크를 2 이상 설치하는 경우에는 각 탱크의 용량의 합계를 말한다)은 지정수량의 40배(제4석유류 및 동식물유류 외의 제4류 위험물에 있어서 당해 수량이 20,000 ℓ를 초과할 때에는 20,000 ℓ)

이하일 것

마. 옥내저장탱크의 구조는 옥외탱크저장소기준(별표 6) VI제1호 및 XIV의 규정에 의한 옥외저장탱크의 구조의 기준을 준용할 것

바. 옥내저장탱크의 외면에는 녹을 방지하기 위한 도장을 할 것. 다만 탱크의 재질이 부식우려가 없는 스테인리스 강판등인 경우에는 그러하지 아니하다.

사. 옥내저장탱크 중 압력탱크(최대상용압력이 부압 또는 정압 5kPa을 초과하는 탱크를 말한다) 외의 탱크(제4류 위험물의 옥내저장탱크에 한한다)에 있어서는 밸브 없는 통기관 또는 대기밸브 부착 통기관을 다음의 기준에 의하여 설치하고, 압력탱크에 있어서는 위험물제조소기준(별표 4) VIII제4호의 규정에 의한 안전장치를 설치할 것

1) 밸브 없는 통기관

가) 통기관의 끝부분은 건축물의 창·출입구 등의 개구부로부터 1m 이상 떨어진 옥외의 장소에 지면으로부터 4m 이상의 높이로 설치하되, 인화점이 40℃ 미만인 위험물의 탱크에 설치하는 통기관에 있어서는 부지경계선으로부터 1.5m 이상 거리를 둘 것. 다만, 고인화점 위험물만을 100℃ 미만의 온도로 저장 또는 취급하는 탱크에 설치하는 통기관은 그 끝부분을 탱크전용실 내에 설치할 수 있다.

나) 통기관은 가스 등이 체류할 우려가 있는 굴곡이 없도록 할 것

다) 옥외탱크저장소기준(별표 6) VI제7호가목의 기준에 적합할 것

2) 대기밸브 부착 통기관

가) 1) 가) 및 나)의 기준에 적합할 것

나) 옥외탱크저장소기준(별표 6) VI제7호나목의 기준에 적합할 것

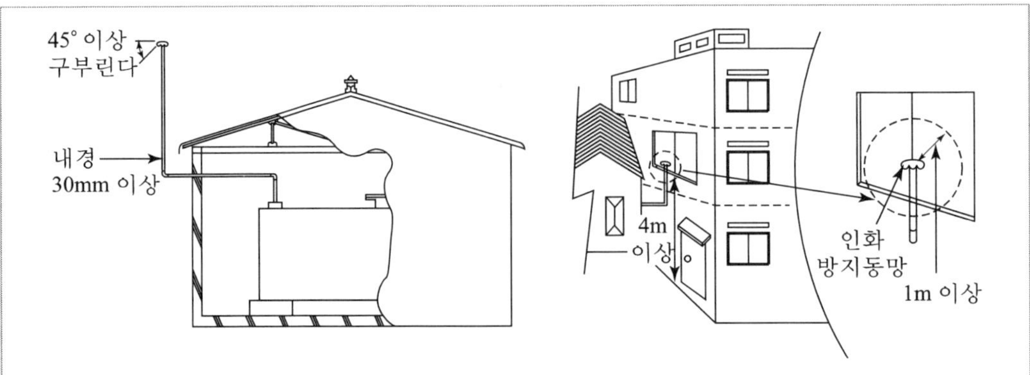

그림 3-65 통기관의 설치

아. 액체위험물의 옥내저장탱크에는 위험물의 양을 자동적으로 표시하는 장치를 설치할 것

자. 액체위험물의 옥내저장탱크의 주입구는 옥외탱크저장소기준(별표 6) VI제9호의 규정에 의한 옥외저장탱크의 주입구의 기준을 준용할 것

차. 옥내저장탱크의 펌프설비 중 탱크전용실이 있는 건축물 외의 장소에 설치하는 펌프설비에 있어서는 옥외탱크저장소기준(별표 6) VI제10호(가목 및 나목을 제외한다)의 규정에 의한 옥외저장탱크의 펌프설비의 기준을 준용하고, 탱크전용실이 있는 건축물에 설치하는 펌프설비에 있어서는 다음의 1에 정하는 바에 의할 것

1) 탱크전용실외의 장소에 설치하는 경우에는 옥외탱크저장소기준(별표 6) VI제10호 다목 내지 차목 및 타목의 규정에 의할 것. 다만, 펌프실의 지붕은 내화구조 또는 불연재료로 할 수 있다.

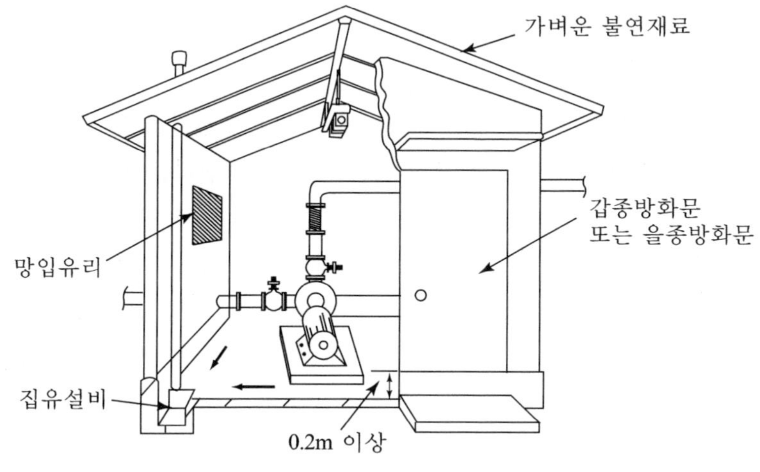

그림 3-66 펌프를 단독으로 설치하는 경우

2) 탱크전용실에 설치하는 경우에는 펌프설비를 견고한 기초 위에 고정시킨 다음 그 주위에 불연재료로 된 턱을 탱크전용실의 문턱높이 이상으로 설치할 것. 다만, 펌프설비의 기초를 탱크전용실의 문턱높이 이상으로 하는 경우를 제외한다.

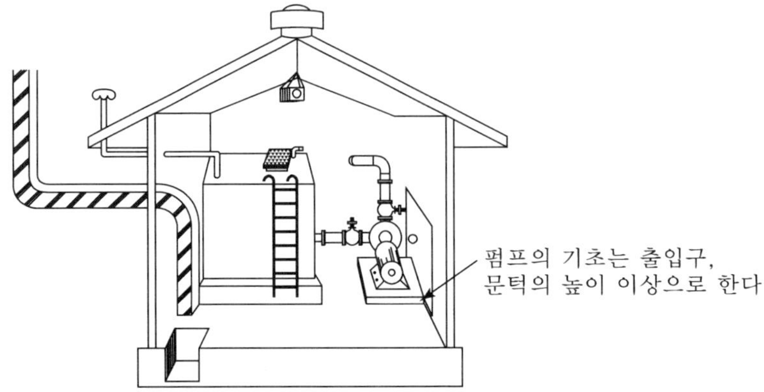

그림 3-67 펌프가 탱크전용실 내에 설치된 경우

카. 옥내저장탱크의 밸브는 옥외탱크저장소기준(별표 6) VI제11호의 규정에 의한 옥외저장탱크의 밸브의 기준을 준용할 것

타. 옥내저장탱크의 배수관은 옥외탱크저장소기준(별표 6) VI제12호의 규정에 의한 옥외저장탱크의 배수관의 기준을 준용할 것

파. 옥내저장탱크의 배관의 위치·구조 및 설비는 하목의 규정에 의한 것 외에는 위험물제조소기준(별표 4) X의 규정에 의한 제조소의 위험물을 취급하는 배관의 기준을 준용할 것

하. 액체위험물을 이송하기 위한 옥내저장탱크의 배관은 옥외탱크저장소기준(별표 6) VI제15호의 규정에 의한 옥외저장탱크의 배관의 기준을 준용할 것

거. 탱크전용실은 벽·기둥 및 바닥을 내화구조로 하고, 보를 불연재료로 하며, 연소의 우려가 있는 외벽은 출입구 외에는 개구부가 없도록 할 것. 다만, 인화점이 70℃ 이상인 제4류 위험물만의 옥내저장탱크를 설치하는 탱크전용실에 있어서는 연소의 우려가 없는 외벽·기둥 및 바닥을 불연재료로 할 수 있다.

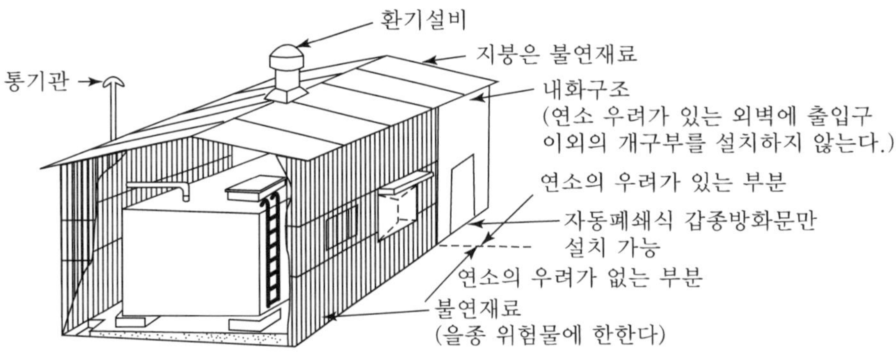

그림 3-68 외벽을 내화구조 및 불연재료로 하는 경우

너. 탱크전용실은 지붕을 불연재료로 하고, 천장을 설치하지 아니할 것

더. 탱크전용실의 창 및 출입구에는 갑종방화문 또는 을종방화문을 설치하는 동시에, 연소의 우려가 있는 외벽에 두는 출입구에는 수시로 열 수 있는 자동폐쇄식의 갑종방화문을 설치할 것

러. 탱크전용실의 창 또는 출입구에 유리를 이용하는 경우에는 망입유리로 할 것

머. 액상의 위험물의 옥내저장탱크를 설치하는 탱크전용실의 바닥은 위험물이 침투하지 아니하는 구조로 하고, 적당한 경사를 두는 한편, 집유설비를 설치할 것

버. 탱크전용실의 출입구의 턱의 높이를 당해 탱크전용실내의 옥내저장탱크(옥내저장탱크가 2 이상인 경우에는 최대용량의 탱크)의 용량을 수용할 수 있는 높이 이상으로 하거나 옥내저장탱크로부터 누설된 위험물이 탱크전용실 외의 부분으로 유출하지 아니하는 구조로 할 것

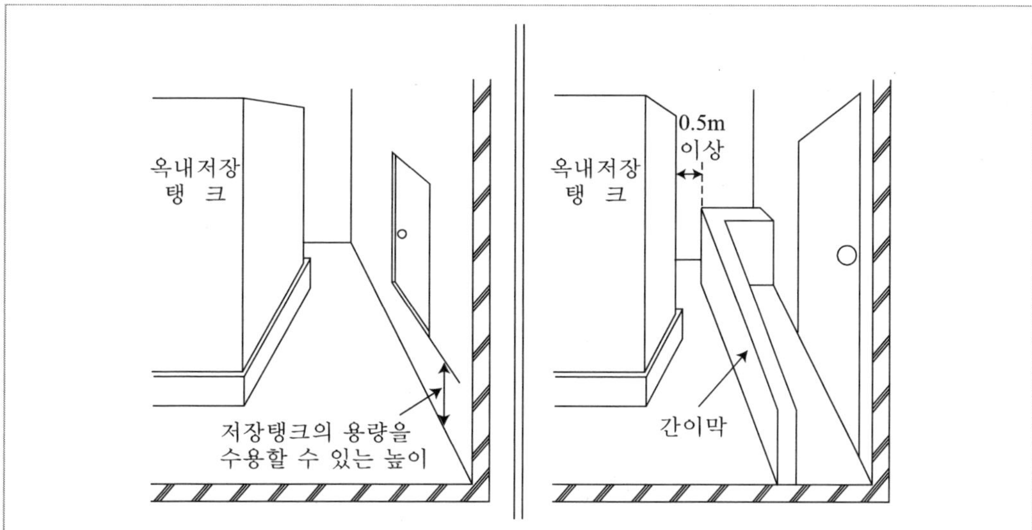

그림 3-69 탱크전용실 외로의 유출 방지구조

서. 탱크전용실의 채광·조명·환기 및 배출의 설비는 옥내저장소기준(별표 5) I 제14호의 규정에 의한 옥내저장소의 채광·조명·환기 및 배출의 설비의 기준을 준용할 것

어. 전기설비는 「전기사업법」에 의한 전기설비기술기준에 의하여야 한다.

2. 옥내탱크저장소 중 탱크전용실을 단층건물 외의 건축물에 설치하는 것(제2류 위험물 중 황화린·적린 및 덩어리 유황, 제3류 위험물 중 황린, 제6류 위험물 중 질산 및 제4류 위험물 중 인화점이 38℃ 이상인 위험물만을 저장 또는 취급하는 것에 한한다)의 위치·구조 및 설비의 기술기준은 제1호 나목·다목·마목 내지 자목·차목(탱크전용실

이 있는 건축물 외의 장소에 설치하는 펌프설비에 관한 기준과 관련되는 부분에 한한다)·카목 내지 하목·머목·서목 및 어목의 규정을 준용하는 외에 다음 각 목의 기준에 의하여야 한다.

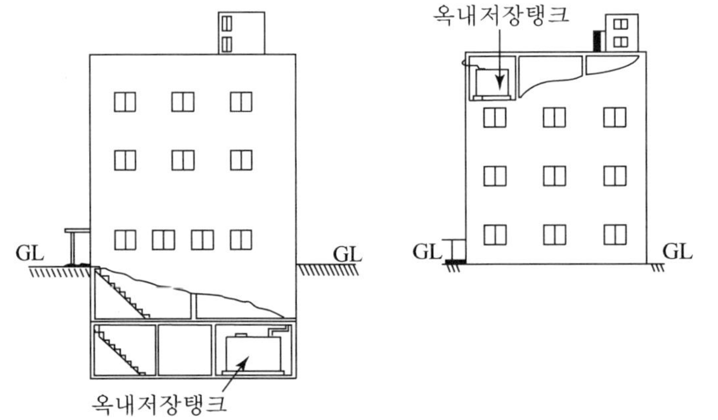

그림 3-70 단층건물 이외의 건축물에 설치하는 옥내탱크저장소

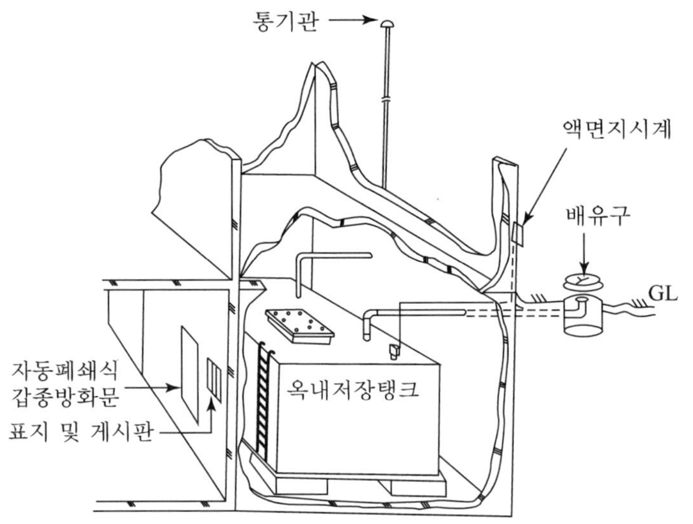

그림 3-71 단층건축물 이외의 옥내탱크저장소

가. 옥내저장탱크는 탱크전용실에 설치할 것. 이 경우 제2류 위험물 중 황화린·적린 및 덩어리 유황, 제3류 위험물 중 황린, 제6류 위험물 중 질산의 탱크전용실은 건축물의 1층 또는 지하층에 설치하여야 한다.

나. 옥내저장탱크의 주입구 부근에는 당해 옥내저장탱크의 위험물의 양을 표시하는 장치를 설치할 것. 다만, 당해 위험물의 양을 쉽게 확인할 수 있는 경우에는 그러하지 아니하다.

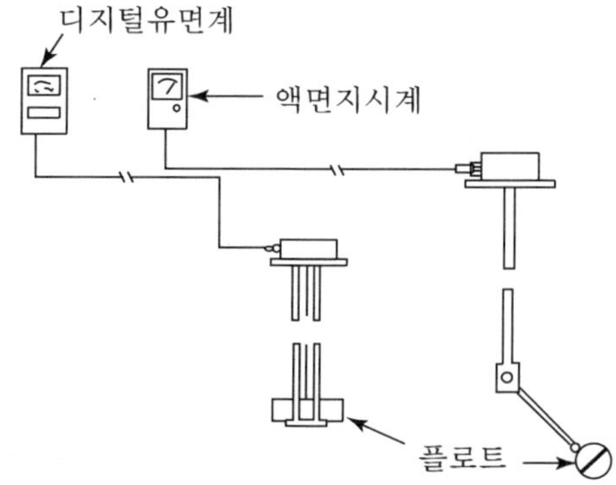

그림 3-72 위험물의 양이 표시되는 장치

다. 탱크전용실이 있는 건축물에 설치하는 옥내저장탱크의 펌프설비는 다음의 1에 정하는 바에 의할 것

1) 탱크전용실 외의 장소에 설치하는 경우에는 다음의 기준에 의할 것

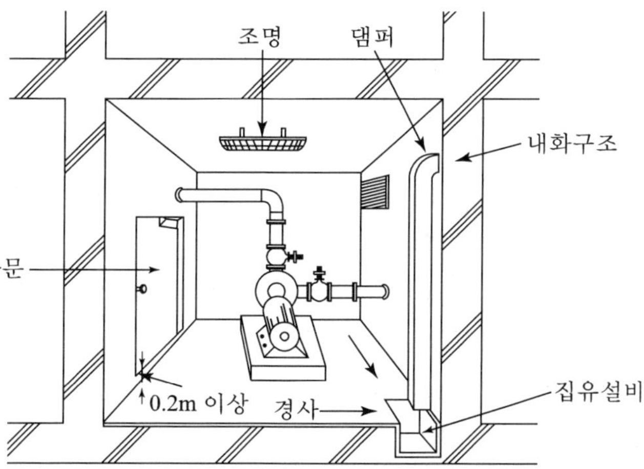

그림 3-73 펌프를 탱크전용실 외의 장소에 설치하는 경우

가) 이 펌프실은 벽·기둥·바닥 및 보를 내화구조로 할 것

나) 펌프실은 상층이 있는 경우에 있어서는 상층의 바닥을 내화구조로 하고, 상층이 없는 경우에 있어서는 지붕을 불연재료로 하며, 천장을 설치하지 아니할 것

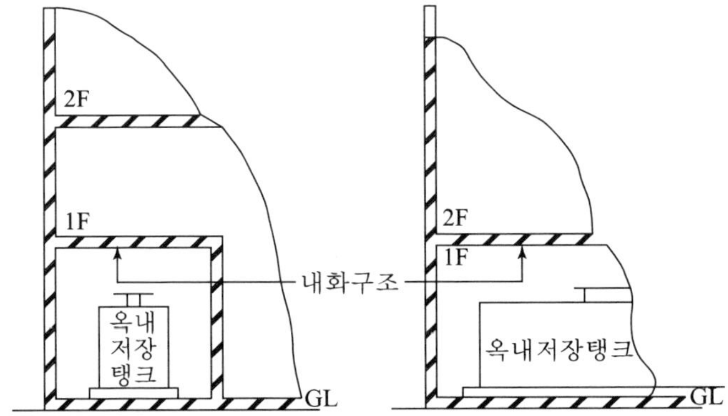

그림 3-74 상층이 있는 경우 바닥 등의 구조

다) 펌프실에는 창을 설치하지 아니할 것. 다만, 제6류 위험물의 탱크전용실에 있어서는 갑종방화문 또는 을종방화문이 있는 창을 설치할 수 있다.

라) 펌프실의 출입구에는 갑종방화문을 설치할 것. 다만, 제6류 위험물의 탱크전용실에 있어서는 을종방화문을 설치할 수 있다.

마) 펌프실의 환기 및 배출의 설비에는 방화상 유효한 댐퍼 등을 설치할 것

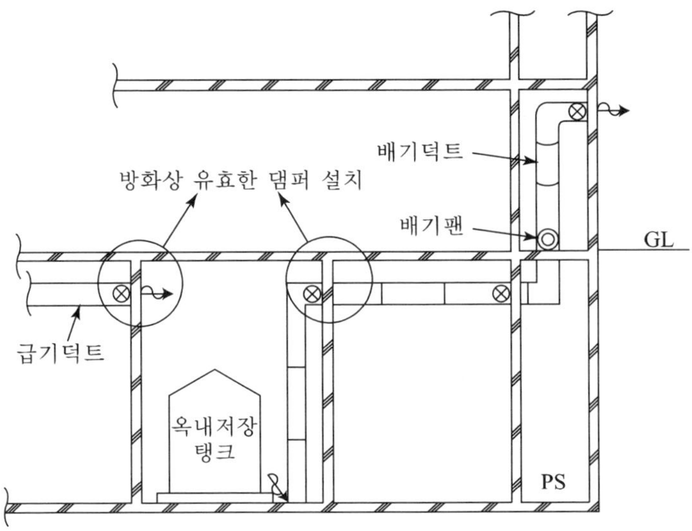

그림 3-75 탱크전용실의 환기설비

바) 그 밖의 기준은 옥외탱크저장소기준(별표 6) VI제10호 다목·아목 내지 차목 및 타목의 규정을 준용할 것

2) 탱크전용실에 펌프설비를 설치하는 경우에는 견고한 기초 위에 고정한 다음 그 주위에는 불연재료로 된 턱을 0.2m 이상의 높이로 설치하는 등 누설된 위험물이 유출되거나 유입되지 아니하도록 하는 조치를 할 것

라. 탱크전용실은 벽·기둥·바닥 및 보를 내화구조로 할 것

마. 탱크전용실은 상층이 있는 경우에 있어서는 상층의 바닥을 내화구조로 하고, 상층이 없는 경우에 있어서는 지붕을 불연재료로 하며, 천장을 설치하지 아니할 것

바. 탱크전용실에는 창을 설치하지 아니할 것

사. 탱크전용실의 출입구에는 수시로 열 수 있는 자동폐쇄식의 갑종방화문을 설치할 것

아. 탱크전용실의 환기 및 배출의 설비에는 방화상 유효한 댐퍼 등을 설치할 것

자. 탱크전용실의 출입구의 턱의 높이를 당해 탱크전용실 내의 옥내저장탱크(옥내저장탱크가 2 이상인 경우에는 모든 탱크)의 용량을 수용할 수 있는 높이 이상으로 하거나 옥내저장탱크로부터 누설된 위험물이 탱크전용실 외의 부분으로 유출하지 아니하는 구조로 할 것

차. 옥내저장탱크의 용량(동일한 탱크전용실에 옥내저장탱크를 2 이상 설치하는 경우에는 각 탱크의 용량의 합계를 말한다)은 1층 이하의 층에 있어서는 지정수량의 40배(제4석유류 및 동식물유류 외의 제4류 위험물에 있어서 당해 수량인 2만ℓ를 초과할 때에는 2만ℓ) 이하, 2층 이상의 층에 있어서는 지정수량의 10배(제4석유류 및 동식물유류 외의 제4류 위험물에 있어서 당해 수량인 5천ℓ를 초과할 때에는 5천ℓ) 이하일 것

II. 위험물의 성질에 따른 옥내탱크저장소의 특례

알킬알루미늄등, 아세트알데히드등 및 히드록실아민등을 저장 또는 취급하는 옥내탱크저장소에 있어서는 I 제1호의 규정에 의하는 외에 옥외탱크저장소기준(별표 6) XI 각 호의 규정에 의한 알킬알루미늄등의 옥외탱크저장소, 아세트알데히드등의 옥외탱크저장소 및 히드록실아민등의 옥외탱크저장소의 규정을 준용하여야 한다.

제4절 지하탱크저장소

제1관 지하탱크저장소 정의

지하탱크저장소란 지하에 매설되어 있는 탱크에 위험물을 저장, 취급하는 저장소를 말한다. 탱크가 지하 땅속에 설치되기 때문에 일반적으로 안전한 시설로 알려져 있으며 따라서 보편적으로 가장 많이 설치되고 있는 시설이다. 그러나 시설 자체가 지하에 매설되어 있어 부식의 우려가 있고, 위험물의 누설 등을 조기발견하기가 곤란함은 물론, 탱크의 수리 등이 곤란하고, 지하수에 의한 탱크의 부양 등이 우려되어 완벽한 설치 및 관리가 요구된다.

제2관 지하탱크저장소의 위치·구조 및 설비의 기준

I. 지하탱크저장소의 기준 (이중벽탱크 및 특수누설방지구조의 지하탱크저장소의 기준은 제외)

1. 위험물을 저장 또는 취급하는 지하탱크[이하 I, 주유취급소기준(별표 13) III 및 위험물의 저장 및 취급에 관한 기준(별표 18) III에서 "지하저장탱크"라 한다]는 지면하에 설치된 탱크전용실에 설치하여야 한다. 다만, 제4류 위험물의 지하저장탱크가 다음 가목 내지 마목의 기준에 적합한 때에는 그러하지 아니하다.
   가. 당해 탱크를 지하철·지하가 또는 지하터널로부터 수평거리 10m 이내의 장소 또는 지하건축물 내의 장소에 설치하지 아니할 것
   나. 당해 탱크를 그 수평투영의 세로 및 가로보다 각각 0.6m 이상 크고 두께가 0.3m 이상인 철근콘크리트조의 뚜껑으로 덮을 것

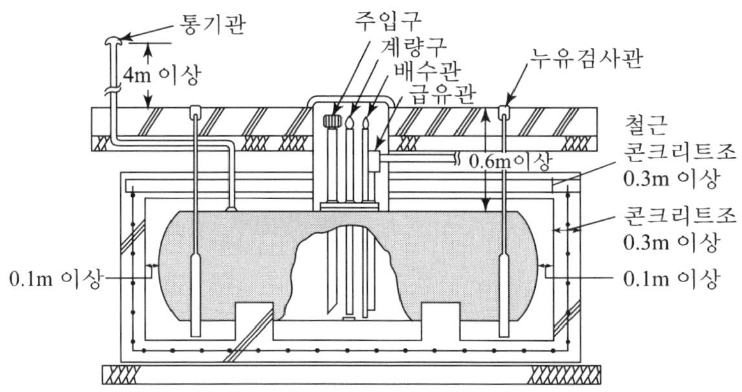

그림 3-76 탱크전용실에 설치하는 경우

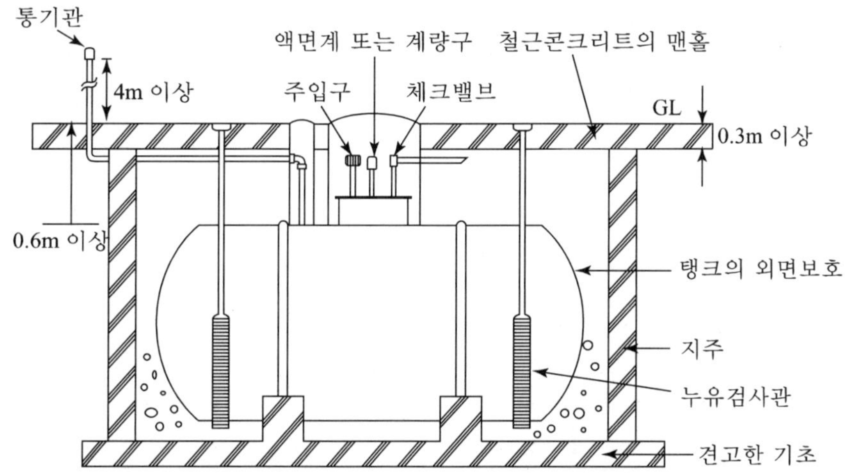

그림 3-77 탱크를 직접 매설한 경우

다. 뚜껑에 걸리는 중량이 직접 당해 탱크에 걸리지 아니하는 구조일 것

라. 당해 탱크를 견고한 기초 위에 고정할 것

마. 당해 탱크를 지하의 가장 가까운 벽·피트(인공지하구조물)·가스관 등의 시설물 및 대지경계선으로부터 0.6m 이상 떨어진 곳에 매설할 것

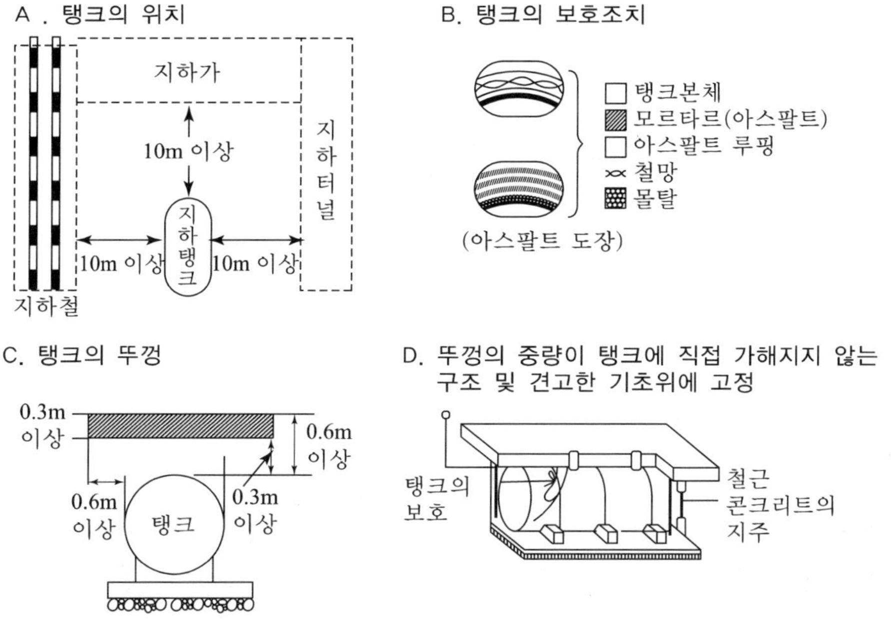

그림 3-78 탱크실을 설치하지 않는 지하탱크의 기준도시

2. 탱크전용실은 지하의 가장 가까운 벽·피트·가스관 등의 시설물 및 대지경계선으로부터 0.1m 이상 떨어진 곳에 설치하고, 지하저장탱크와 탱크전용실의 안쪽과의 사이는 0.1m 이상의 간격을 유지하도록 하며, 당해 탱크의 주위에 마른 모래 또는 습기 등에 의하여 응고되지 아니하는 입자직경 5mm 이하의 마른 자갈분을 채워야 한다.

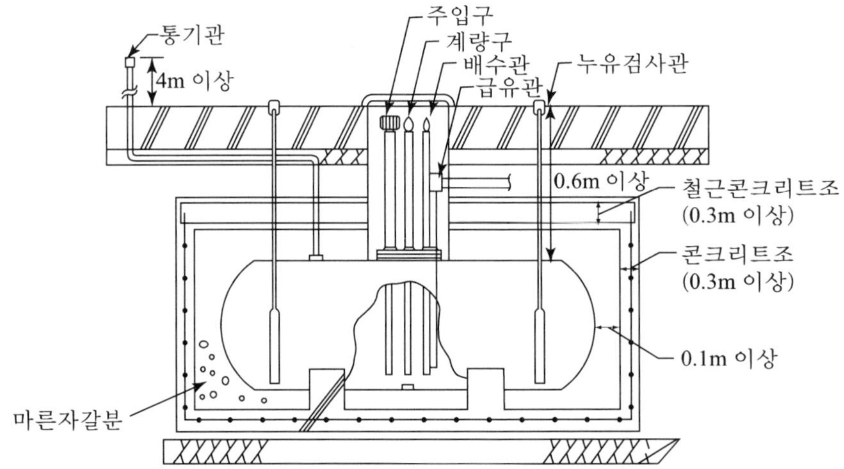

그림 3-79 전용실의 구조

3. 지하저장탱크의 윗부분은 지면으로부터 0.6m 이상 아래에 있어야 한다.

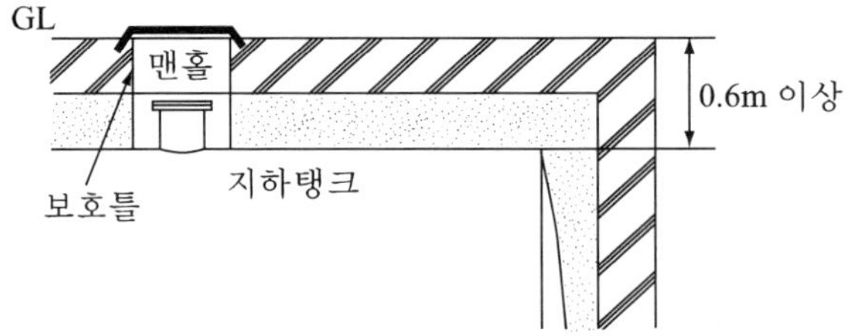

그림 3-80 탱크의 매설깊이

4. 지하저장탱크를 2 이상 인접해 설치하는 경우에는 그 상호간에 1m(당해 2 이상의 지하저장탱크의 용량의 합계가 지정수량의 100배 이하인 때에는 0.5m) 이상의 간격을 유지하여야 한다. 다만, 그 사이에 탱크전용실의 벽이나 두께 20cm 이상의 콘크리트 구조물이 있는 경우에는 그러하지 아니하다.

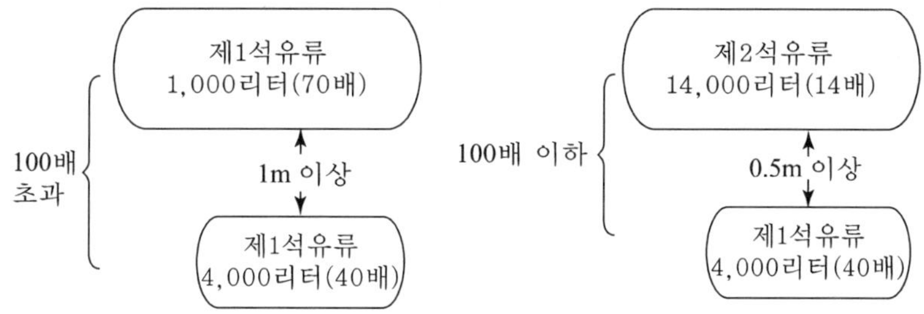

그림 3-81 탱크간격

5. 지하탱크저장소에는 제조소 표지 및 게시판 기준(별표 4) III제1호의 기준에 따라 보기 쉬운 곳에 "위험물 지하탱크저장소"라는 표시를 한 표지와 동표 III제2호의 기준에 따라 방화에 관하여 필요한 사항을 게시한 게시판을 설치하여야 한다.

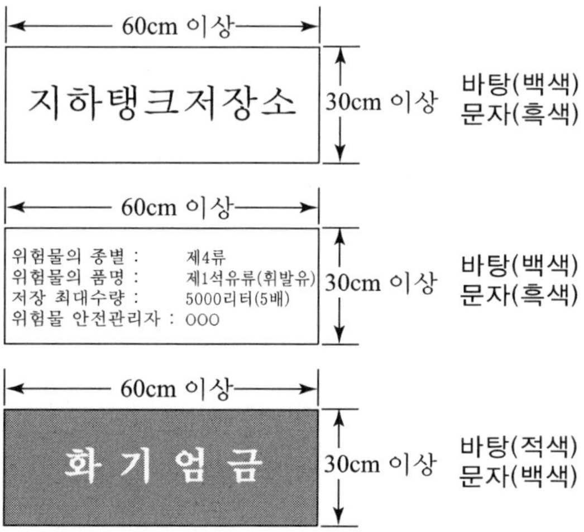

그림 3-82 표지 및 게시판

6. 지하저장탱크는 용량에 따라 다음 표에 정하는 기준에 적합하게 강철판 또는 동등 이상의 성능이 있는 금속재질로 완전용입용접 또는 양면겹침이음용접으로 틈이 없도록 만드는 동시에, 압력탱크(최대상용압력이 46.7kPa 이상인 탱크를 말한다) 외의 탱크에 있어서는 70kPa의 압력으로, 압력탱크에 있어서는 최대상용압력의 1.5배의 압력으로 각각 10분간 수압시험을 실시하여 새거나 변형되지 아니하여야 한다. 이 경우 수압시험은 소방청장이 정하여 고시하는 기밀시험과 비파괴시험을 동시에 실시하는 방법으로 대신할 수 있다.

탱크용량(단위 ℓ)	탱크의 최대직경(단위 mm)	강철판의 최소두께(단위 mm)
1,000 이하	1,067	3.20
1,000 초과 2,000 이하	1,219	3.20
2,000 초과 4,000 이하	1,625	3.20
4,000 초과 15,000 이하	2,450	4.24
15,000 초과 45,000 이하	3,200	6.10
45,000 초과 75,000 이하	3,657	7.67
75,000 초과 189,000 이하	3,657	9.27
189,000 초과	-	10.00

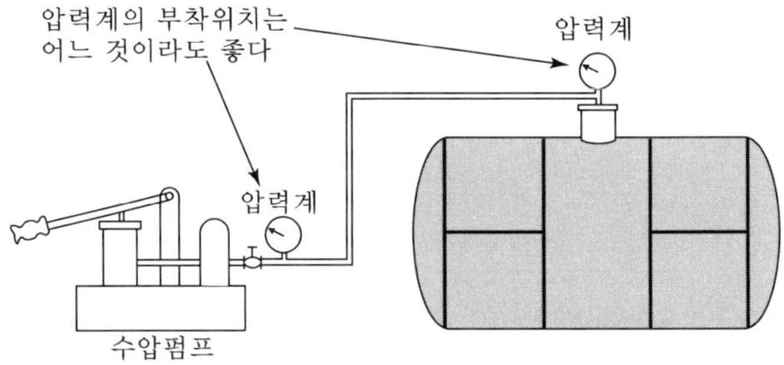

그림 3-83 수압시험

7. 지하저장탱크의 외면은 다음 각 목에 정하는 바에 따라 보호하여야 한다. 다만, 지하저장탱크의 재질이 부식의 우려가 없는 스테인리스 강판 등인 경우에는 부식방지도장을 하지 않을 수 있다.
   가. 탱크전용실에 설치하는 지하저장탱크의 외면은 다음의 1에 해당하는 방법으로 보호할 것
      1) 탱크의 외면에 방청 도장을 할 것
      2) 탱크의 외면에 방청제 및 아스팔트 프라이머의 순으로 도장을 한 후 아스팔트루핑 및 철망의 순으로 탱크를 피복하고, 그 표면에 두께가 2cm 이상에 이를 때까지 모르타르를 도장할 것. 이 경우에 있어서 다음에 정하는 기준에 적합하여야 한다.
         가) 아스팔트루핑은 아스팔트루핑(KS F 4902)(35kg)의 규격에 의한 것 이상의 성능이 있을 것
         나) 철망은 와이어라스(KS F 4551)의 규격에 의한 것 이상의 성능이 있을 것
         다) 모르타르에는 방수제를 혼합할 것. 다만, 모르타르를 도장한 표면에 방수제를 도장하는 경우에는 그러하지 아니하다.

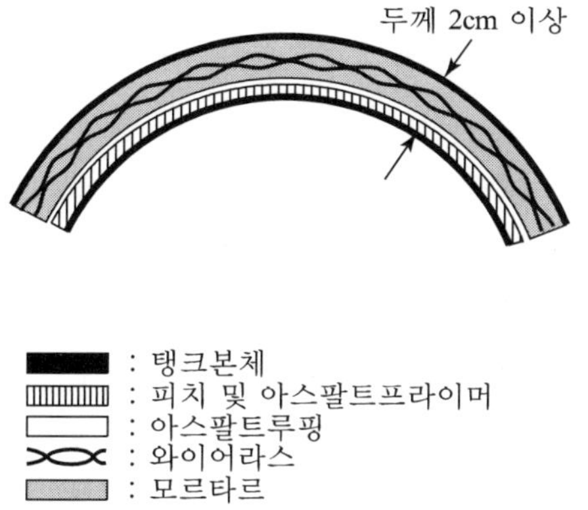

그림 3-84 모르타르 도장

3) 탱크의 외면에 부식방지도장을 실시하고, 그 표면에 아스팔트 및 아스팔트루핑에 의한 피복을 두께 1cm에 이를 때까지 교대로 실시할 것. 이 경우 아스팔트루핑은 2)가)의 기준에 적합하여야 한다.

4) 탱크의 외면에 프라이머를 도장하고, 그 표면에 복장재를 휘감은 후 에폭시수지 또는 타르에폭시수지에 의한 피복을 탱크의 외면으로부터 두께 2mm 이상에 이를 때까지 실시할 것. 이 경우에 있어서 복장재는 수도용 강관 아스팔트 도복장 방법(KS D 8306)으로 정하는 비닐론크로즈 또는 헤시안클래스에 적합하여야 한다.

5) 탱크의 외면에 프라이머를 도장하고, 그 표면에 유리섬유 등을 강화재로 한 강화플라스틱에 의한 피복을 두께 3mm 이상에 이를 때까지 실시할 것

나. 탱크전용실 외의 장소에 설치하는 지하저장탱크의 외면은 가목2) 내지 4)의 1에 해당하는 방법으로 보호할 것

8. 지하저장탱크 중 압력탱크(최대상용압력이 부압 또는 정압 5kPa을 초과하는 탱크를 말한다) 외의 제4류 위험물의 탱크에 있어서는 밸브 없는 통기관 또는 대기밸브 부착 통기관을 다음 각 목의 구분에 따른 기준에 적합하게 설치하고, 압력탱크에 있어서는 위험물제조소기준(별표 4) VIII제4호에 따른 제조소의 안전장치의 기준을 준용하여야 한다.

가. 밸브 없는 통기관

1) 통기관은 지하저장탱크의 윗부분에 연결할 것

2) 통기관 중 지하의 부분은 그 상부의 지면에 걸리는 중량이 직접 해당 부분에 미치지 아니하도록 보호하고, 해당 통기관의 접합부분(용접, 그 밖의 위험물 누설의 우려가 없다고 인정되는 방법에 의하여 접합된 것은 제외한다)에 대하여는

해당 접합부분의 손상유무를 점검할 수 있는 조치를 할 것

3) 옥내탱크저장소기준(별표 7) I 제1호사목1)의 기준에 적합할 것

나. 대기밸브 부착 통기관

1) 가목 1) 및 2)의 기준에 적합할 것

2) 옥외탱크저장소기준(별표 7) VI제7호나목의 기준에 적합할 것. 다만, 제4류제1석유류를 저장하는 탱크는 다음의 압력 차이에서 작동하여야 한다.

가) 정압 : 0.6kPa 이상 1.5kPa 이하

나) 부압 : 1.5kPa 이상 3kPa 이하

3) 옥내탱크저장소기준(별표 7) I 제1호사목1) 가) 및 나)의 기준에 적합할 것

9. 액체위험물의 지하저장탱크에는 위험물의 양을 자동적으로 표시하는 장치 및 계량구를 설치하고, 계량구 직하에 있는 탱크의 밑판에 그 손상을 방지하기 위한 조치를 하여야 한다.

10. 액체위험물의 지하저장탱크의 주입구는 옥외탱크저장소기준(별표 6) VI제9호의 규정에 의한 옥외저장탱크의 주입구의 기준을 준용하여 옥외에 설치하여야 한다.

11. 지하저장탱크의 펌프설비는 펌프 및 전동기를 지하저장탱크 밖에 설치하는 펌프설비에 있어서는 옥외탱크저장소기준(별표 6) VI제10호(가목 및 나목을 제외한다)의 규정에 의한 옥외저장탱크의 펌프설비의 기준에 준하여 설치하고, 펌프 또는 전동기를 지하저장탱크 안에 설치하는 펌프설비(이하 "액중펌프설비"라 한다)에 있어서는 다음 각 목의 기준에 따라 설치하여야 한다.

가. 액중펌프설비의 전동기의 구조는 다음에 정하는 기준에 의할 것

1) 고정자는 위험물에 침투되지 아니하는 수지가 충전된 금속제의 용기에 수납되어 있을 것

2) 운전 중에 고정자가 냉각되는 구조로 할 것

3) 전동기의 내부에 공기가 체류하지 아니하는 구조로 할 것

나. 전동기에 접속되는 전선은 위험물이 침투되지 아니하는 것으로 하고, 직접 위험물에 접하지 아니하도록 보호할 것

다. 액중펌프설비는 체절운전에 의한 전동기의 온도상승을 방지하기 위한 조치가 강구될 것

라. 액중펌프설비는 다음의 경우에 있어서 전동기를 정지하는 조치가 강구될 것

1) 전동기의 온도가 현저하게 상승한 경우

2) 펌프의 흡입구가 노출된 경우

마. 액중펌프설비는 다음에 의하여 설치할 것

1) 액중펌프설비는 지하저장탱크와 플랜지접합으로 할 것
2) 액중펌프설비 중 지하저장탱크 내에 설치되는 부분은 보호관내에 설치할 것. 다만, 당해 부분이 충분한 강도가 있는 외장에 의하여 보호되어 있는 경우에 있어서는 그러하지 아니하다.
3) 액중펌프설비 중 지하저장탱크의 상부에 설치되는 부분은 위험물의 누설을 점검할 수 있는 조치가 강구된 안전상 필요한 강도가 있는 피트 내에 설치할 것

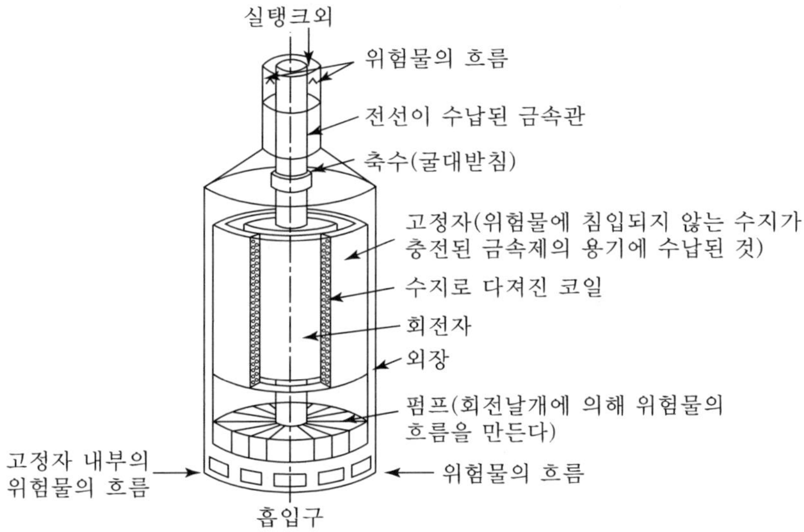

그림 3-85 액중펌프 모형도

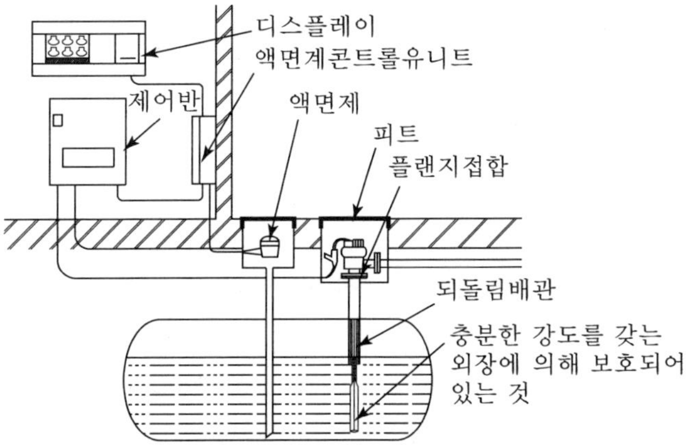

그림 3-86 액중펌프의 설치 요령

12. 지하저장탱크의 배관은 제13호의 규정에 의한 것 외에 위험물제조소기준(별표 4) X의 규정에 의한 제조소의 배관의 기준을 준용하여야 한다.

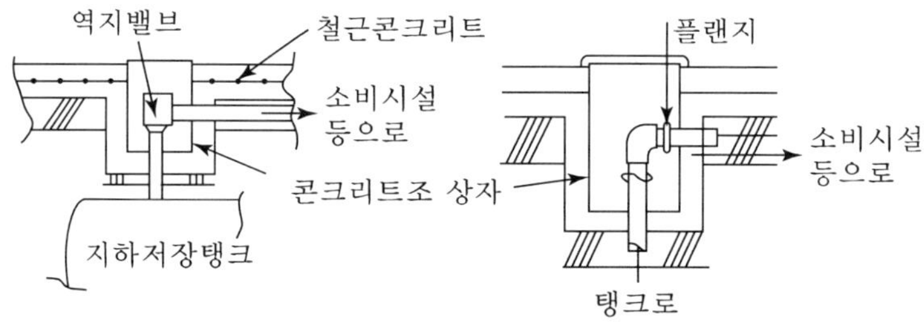

그림 3-87 지하배관 매설

13. 지하저장탱크의 배관은 당해 탱크의 윗부분에 설치하여야 한다. 다만, 제4류 위험물 중 제2석유류(인화점이 40℃ 이상인 것에 한한다), 제3석유류, 제4석유류 및 동식물유류의 탱크에 있어서 그 직근에 유효한 제어밸브를 설치한 경우에는 그러하지 아니하다.

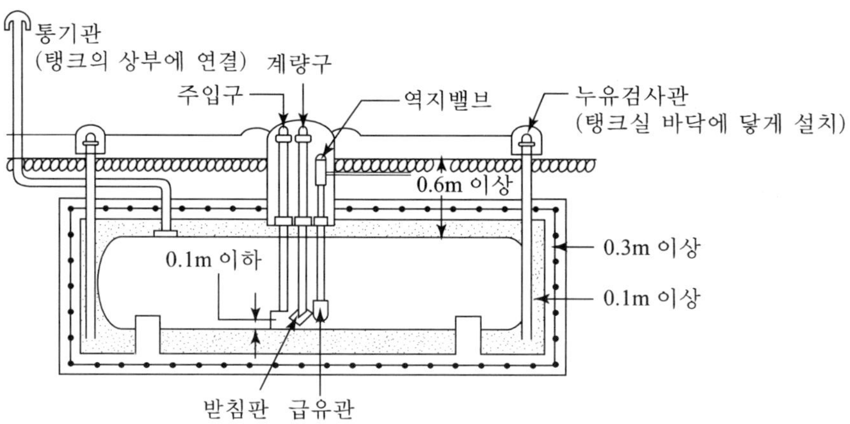

그림 3-88 지하탱크저장소의 배관설치

14. 지하저장탱크에 설치하는 전기설비는 「전기사업법」에 의한 전기설비기술기준에 의하여야 한다.

15. 지하저장탱크의 주위에는 당해 탱크로부터의 액체위험물의 누설을 검사하기 위한 관을 다음의 각 목의 기준에 따라 4개소 이상 적당한 위치에 설치하여야 한다.

가. 이중관으로 할 것. 다만, 소공이 없는 상부는 단관으로 할 것.

나. 재료는 금속관 또는 경질합성수지관으로 할 것

다. 관은 탱크전용실의 바닥 또는 탱크의 기초까지 닿게 할 것

라. 관의 밑부분으로부터 탱크의 중심 높이까지의 부분에는 소공이 뚫려 있을 것. 다만, 지하수위가 높은 장소에 있어서는 지하수위 높이까지의 부분에 소공이 뚫려 있어야 한다.

마. 상부는 물이 침투하지 아니하는 구조로 하고, 뚜껑은 검사시에 쉽게 열 수 있도록 할 것

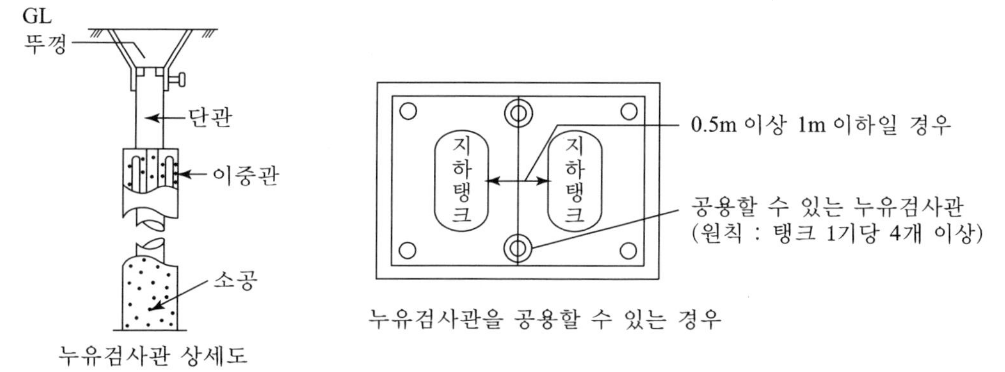

그림 3-89 누유검사관의 구조

16. 탱크전용실은 벽·바닥 및 뚜껑을 다음 각 목에 정한 기준에 적합한 철근콘크리트구조 또는 이와 동등 이상의 강도가 있는 구조로 설치하여야 한다.

가. 벽·바닥 및 뚜껑의 두께는 0.3m 이상일 것

나. 벽·바닥 및 뚜껑의 내부에는 직경 9mm부터 13mm까지의 철근을 가로 및 세로로 5cm부터 20cm까지의 간격으로 배치할 것

다. 벽·바닥 및 뚜껑의 재료에 수밀 콘크리트를 혼입하거나 벽·바닥 및 뚜껑의 중간에 아스팔트층을 만드는 방법으로 적당히 방수조치 할 것

17. 지하저장탱크에는 다음 각 목의 1에 해당하는 방법으로 과충전을 방지하는 장치를 설치하여야 한다.

가. 탱크용량을 초과하는 위험물이 주입될 때 자동으로 그 주입구를 폐쇄하거나 위험물의 공급을 자동으로 차단하는 방법

나. 탱크용량의 90%가 찰 때 경보음을 울리는 방법

18. 지하탱크저장소에는 다음 각 목의 기준에 의하여 맨홀을 설치하여야 한다.

가. 맨홀은 지면까지 올라오지 아니하도록 하되, 가급적 낮게 할 것
나. 보호틀을 다음 각 목에 정하는 기준에 따라 설치할 것
  1) 보호틀을 탱크에 완전히 용접하는 등 보호틀과 탱크를 기밀하게 접합할 것
  2) 보호틀의 뚜껑에 걸리는 하중이 직접 보호틀에 미치지 아니하도록 설치하고, 빗물 등이 침투하지 아니하도록 할 것
다. 배관이 보호틀을 관통하는 경우에는 당해 부분을 용접하는 등 침수를 방지하는 조치를 할 것

II. 이중벽탱크[12]의 지하탱크저장소의 기준

1. 지하탱크저장소[지하저장탱크의 외면에 누설을 감지할 수 있는 틈(이하 "감지층"이라 한다)이 생기도록 강판 또는 강화플라스틱 등으로 피복한 것을 설치하는 지하탱크저장소에 한한다]의 위치·구조 및 설비의 기준은 I 제3호 내지 제5호·제6호(수압시험과 관련되는 부분에 한한다)·제8호 내지 제14호·제17호·제18호 및 다음 각 목의 1의 규정에 의한 기준을 준용하는 외에 II에 정하는 바에 의한다.
  가. I 제1호 나목 내지 마목(당해 지하저장탱크를 탱크전용실 외의 장소에 설치하는 경우에 한한다)
  나. I 제2호 및 제16호(당해 지하저장탱크를 지반면하에 설치된 탱크전용실에 설치하는 경우에 한한다)
2. 지하저장탱크는 다음 각 목의 1 이상의 조치를 하여 지반면하에 설치하여야 한다.
  가. 지하저장탱크(제3호가목의 규정에 의한 재료로 만든 것에 한한다)에 다음에 정하는 바에 따라 강판을 피복하고, 위험물의 누설을 상시 감지하기 위한 설비를 갖출 것(강제이중벽탱크)[13]
    1) 지하저장탱크에 당해 탱크의 저부로부터 위험물의 최고액면을 넘는 부분까지의 외측에 감지층이 생기도록 두께 3.2mm 이상의 강판을 피복할 것
    2) 1)의 규정에 따라 피복된 강판과 지하저장탱크 사이의 감지층에는 적당한 액체를 채우고 채워진 액체의 누설을 감지할 수 있는 설비를 갖출 것. 이 경우 감지층에 채워진 액체는 강판의 부식을 방지하는 조치를 강구한 것이어야 한다.

---

12) 이중벽탱크 : 지하탱크를 탱크전용실에 설치하지 않고 탱크자체에 이중벽을 설치하여 땅에 묻는 탱크를 말함.
13) 강제이중벽탱크 : 위험물을 저장하는 내벽탱크의 외면에 미소한 간격을 두고 외벽을 부착하여 위험물의 누설을 감지할 수 있도록 제작한 저장탱크로서 탱크의 내벽 및 외벽이 모두 강(steel)제이기 때문에 「S.S 이중벽탱크」라고도 함.

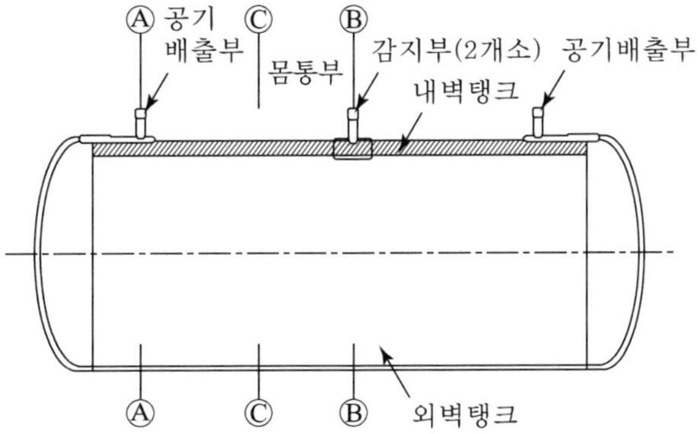

그림 3-90 강제이중벽탱크의 예

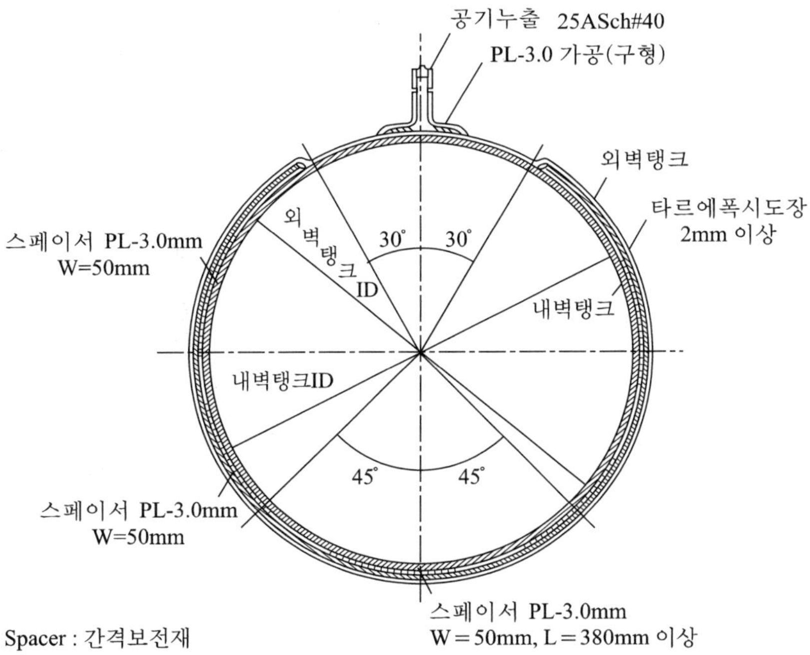

그림 3-91 공기배출부 단면상세도(Ⓐ-Ⓐ부분)

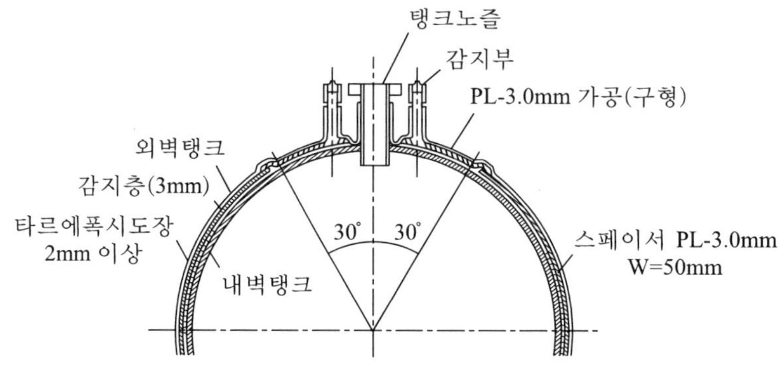

그림 3-92 감지부 단면상세도(Ⓑ-Ⓑ부분)

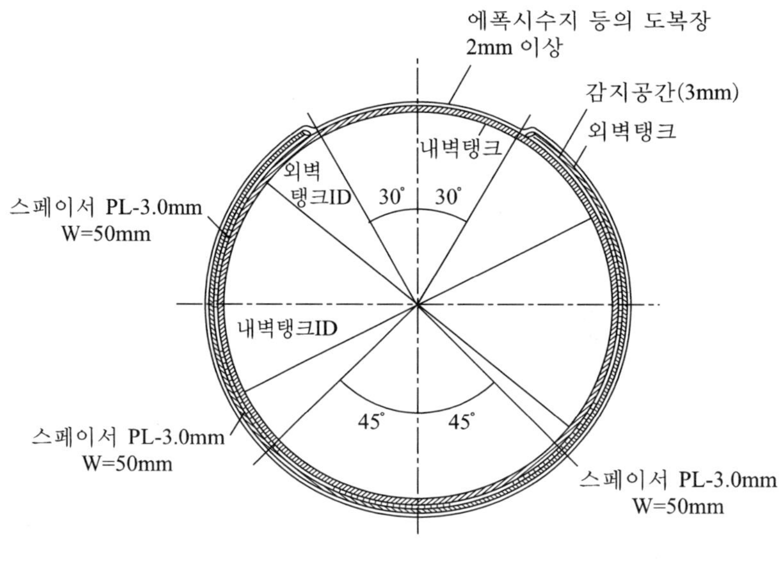

그림 3-93 일반 동판(몸통)부의 단면상세도(Ⓒ-Ⓒ부분)

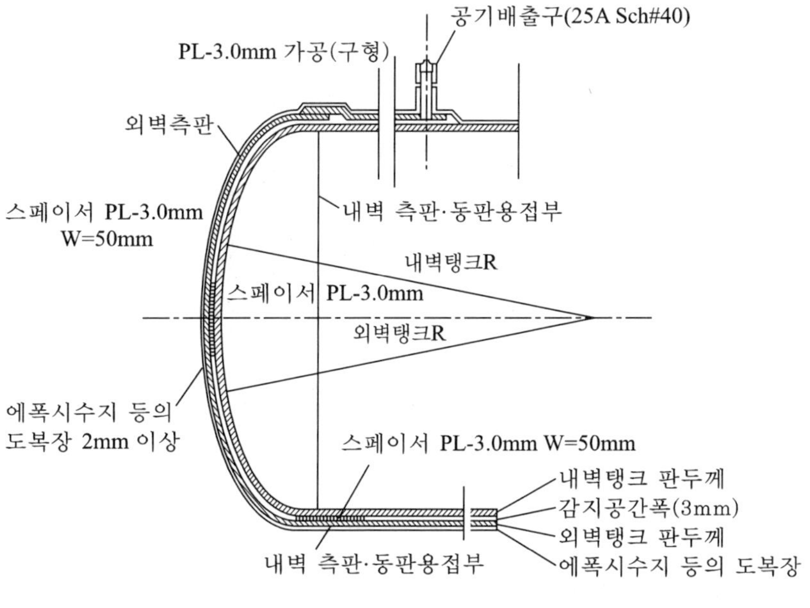

그림 3-94 측판부분의 단면상세도

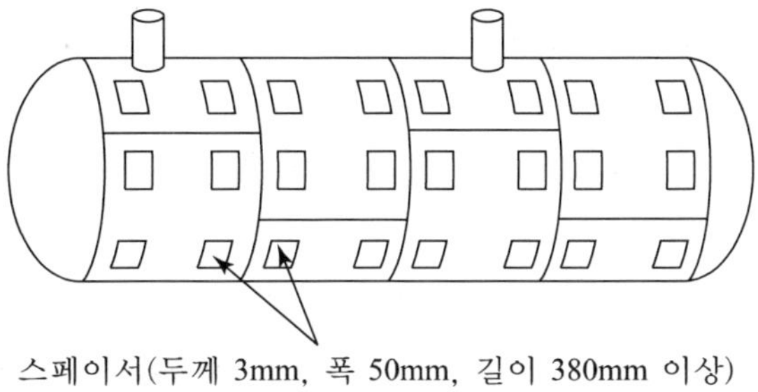

그림 3-95 스페이서의 부착위치 및 크기

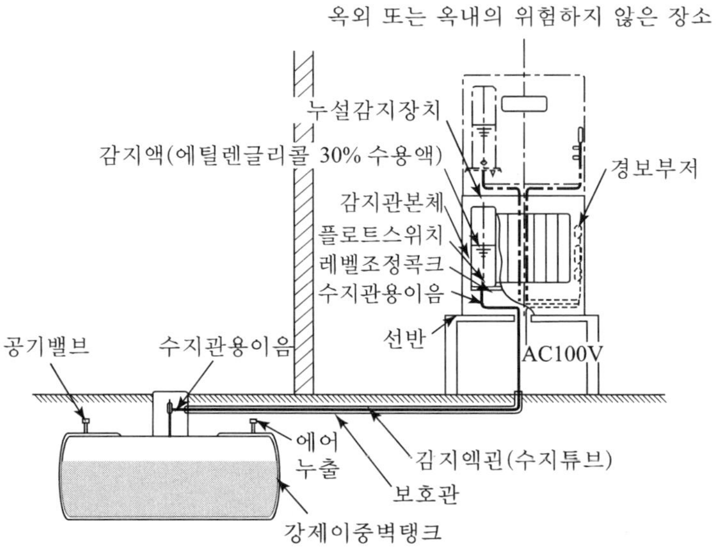

그림 3-96 강제이중벽탱크의 누설감지시스템

나. 지하저장탱크에 다음에 정하는 바에 따라 강화플라스틱 또는 고밀도폴리에틸렌을 피복하고, 위험물의 누설을 상시 감지하기 위한 설비를 갖출 것

1) 지하저장탱크는 다음에 정하는 바에 따라 피복할 것

가) 제3호가목에 정하는 재료로 만든 지하저장탱크 : 당해 탱크의 저부로부터 위험물의 최고액면을 넘는 부분까지의 외측에 감지층이 생기도록 두께 3mm 이상의 유리섬유강화플라스틱 또는 고밀도폴리에틸렌을 피복할 것. 이 경우 유리섬유강화플라스틱 또는 고밀도폴리에틸렌의 휨강도, 인장강도 등은 소방청장이 정하여 고시하는 성능이 있어야 한다.

나) 제3호나목에 정하는 재료로 만든 지하저장탱크 : 당해 탱크의 외측에 감지층이 생기도록 유리섬유강화플라스틱을 피복할 것

2) 1)의 규정에 따라 피복된 강화플라스틱 또는 고밀도폴리에틸렌과 지하저장탱크의 사이의 감지층에는 누설한 위험물을 감지할 수 있는 설비를 갖출 것

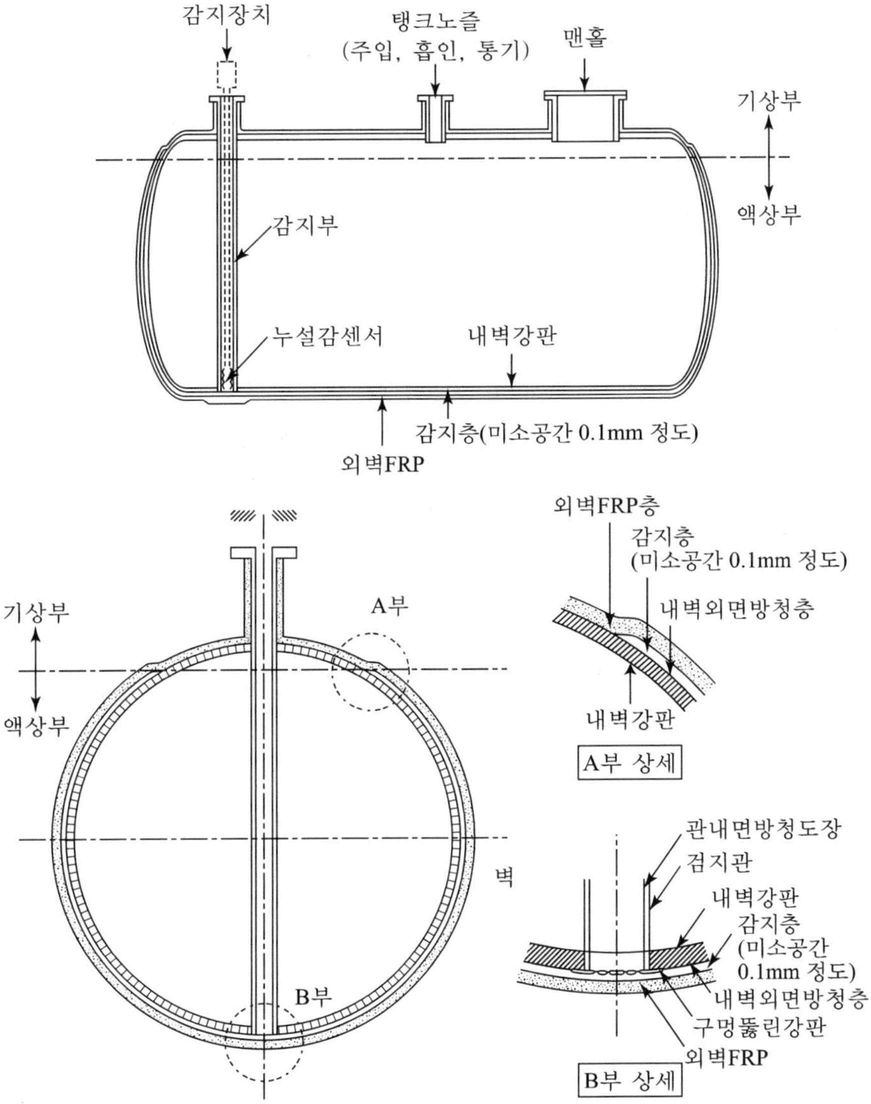

그림 3-97 강제 강화플라스틱제 이중벽탱크의 구조

3. 지하저장탱크는 다음 각 목의 1의 재료로 기밀하게 만들어야 한다.
   가. 두께 3.2mm 이상의 강판
   나. 저장 또는 취급하는 위험물의 종류에 대응하여 다음 표에 정하는 수지 및 강화재로 만들어진 강화플라스틱

저장 또는 취급하는 위험물의 종류	수 지		강화재
	위험물과 접하는 부분	그 밖의 부분	
휘발유(KS M 2612에 규정한 자동차용 가솔린), 등유, 경유 또는 중유(KS M 2614에 규정한 것 중 1종에 한한다)	KS M 3305(섬유 강화플라스틱용 액상 불포화 폴리에스테르 수지)(UP-CM, UP-CE 또는 UP-CEE에 관한 규격에 한한다)에 적합한 수지 또는 이와 동등 이상의 내약품성이 있는 비닐에스테르 수지	제2호나목1)가)에 정하는 수지	제2호나목1)나)에 정하는 강화재

4. 제3호나목에 정하는 재료로 만든 지하저장탱크에 제2호나목에 정하는 조치를 강구한 것(이하 이 호에서 "강화플라스틱제 이중벽탱크[14]"라 한다)은 다음 각 목에 정하는 하중이 작용하는 경우에 있어서 변형이 당해 지하저장탱크의 직경의 3% 이하이고, 휨응력도비(휨응력을 허용휨응력으로 나눈 것을 말한다)의 절대치와 축방향 응력도비(인장응력 또는 압축응력을 허용축방향응력으로 나눈 것을 말한다)의 절대치의 합이 1 이하인 구조이어야 한다. 이 경우 허용응력을 산정하는 때의 안전율은 4 이상의 값으로 한다.
   가. 강화플라스틱제 이중벽탱크의 윗부분이 수면으로부터 0.5m 아래에 있는 경우에 당해 탱크에 작용하는 압력
   나. 탱크의 종류에 대응하여 다음에 정하는 압력의 내수압
      1) 압력탱크(최대상용압력이 46.7kPa 이상인 탱크를 말한다) 외의 탱크 : 70kPa
      2) 압력탱크 : 최대상용압력의 1.5배의 압력

14) 강화플라스틱제 이중벽탱크 : 강화플라스틱으로 만든 저장탱크에 간극(감지층)을 두고 다시 강화플라스틱을 피복함과 동시에 위험물 누설을 감지할 수 있도록 조치한 탱크. 「FF 이중벽탱크」라고도 함.

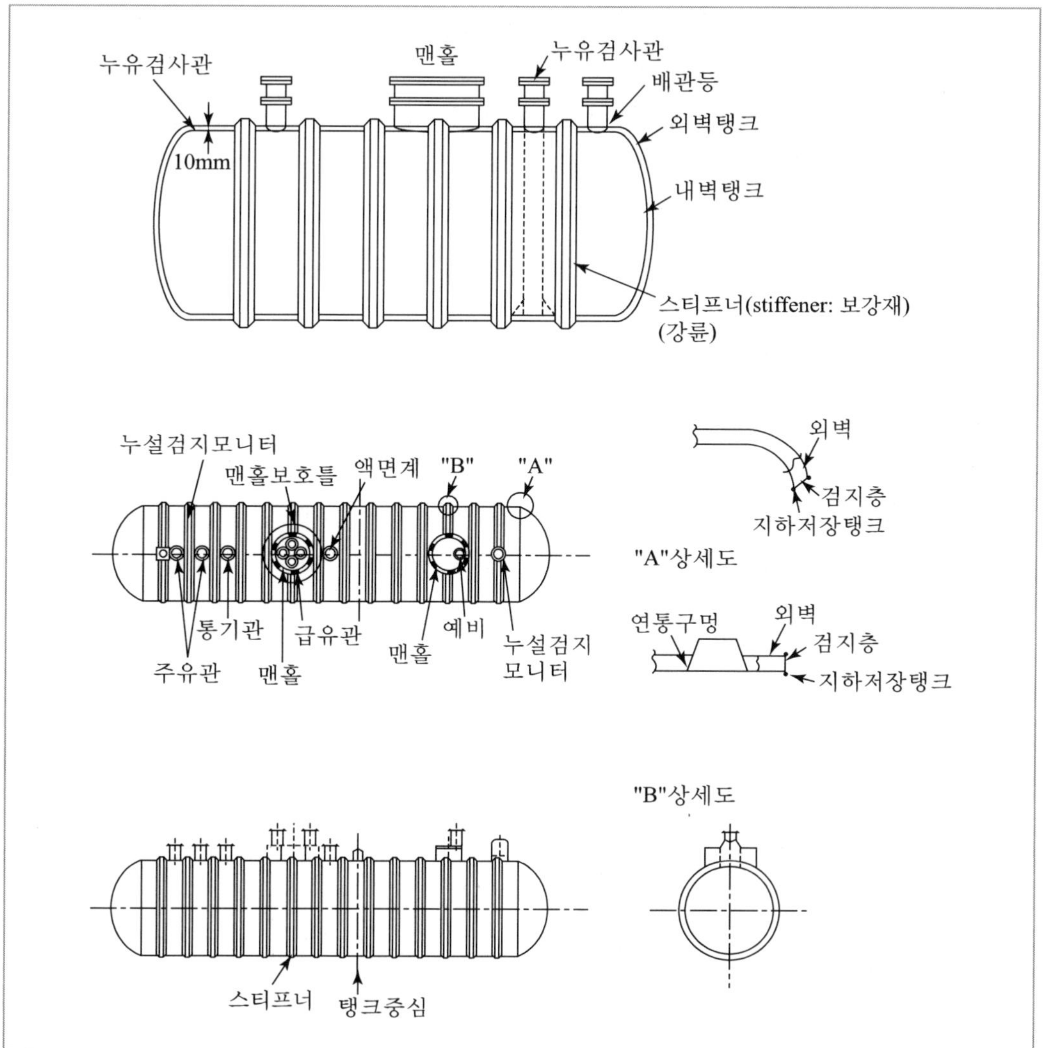

그림 3-98 강화플라스틱제 이중벽탱크의 구조

5. 제3호가목의 규정에 의한 재료로 만든 지하저장탱크 또는 동목의 규정에 의한 재료로 만든 지하저장탱크에 제2호가목의 규정에 의한 조치를 강구한 것(이하 나목 및 다목에서 "강제이중벽탱크"라 한다)의 외면은 다음 각 목에 정하는 바에 따라 보호하여야 한다.

가. 제3호가목에 정하는 재료로 만든 지하저장탱크에 제2호나목에 정하는 조치를 강구한 것의 지하저장탱크의 외면은 제2호나목1)가)의 규정에 따라 강화플라스틱을 피복한 부분에 있어서는 I 제7호가목1)에 정하는 방법에 따라, 그 밖의 부분에 있어서는 동목5)에 정하는 방법에 따라 보호할 것

나. 탱크전용실 외의 장소에 설치된 강제이중벽탱크의 외면은 I 제7호가목 2) 내지 5)에 정하는 어느 하나 이상의 방법에 따라 보호할 것

다. 탱크전용실에 설치된 강제이중벽탱크의 외면은 I 제7호가목 1) 내지 5)에 정하는 어느 하나의 방법에 따라 보호할 것

6. 제1호 내지 제5호의 규정에 의한 기준 외에 이중벽탱크의 구조(재질 및 강도를 포함한다)·성능시험·표시사항·운반 및 설치 등에 관한 기준은 소방청장이 정하여 고시한다.

III. 특수누설방지구조의 지하탱크저장소의 기준

지하탱크저장소[지하저장탱크를 위험물의 누설을 방지할 수 있도록 두께 15cm(측방 및 하부에 있어서는 30cm) 이상의 콘크리트로 피복하는 구조로 하여 지면하에 설치하는 것에 한한다]의 위치·구조 및 설비의 기준은 I 제1호 나목 내지 마목·제3호·제5호·제6호·제8호 내지 제15호·제17호 및 제18호의 규정을 준용하는 외에 지하저장탱크의 외면을 I 제7호가목2) 내지 5)의 어느 하나에 해당하는 방법으로 보호하여야 한다.

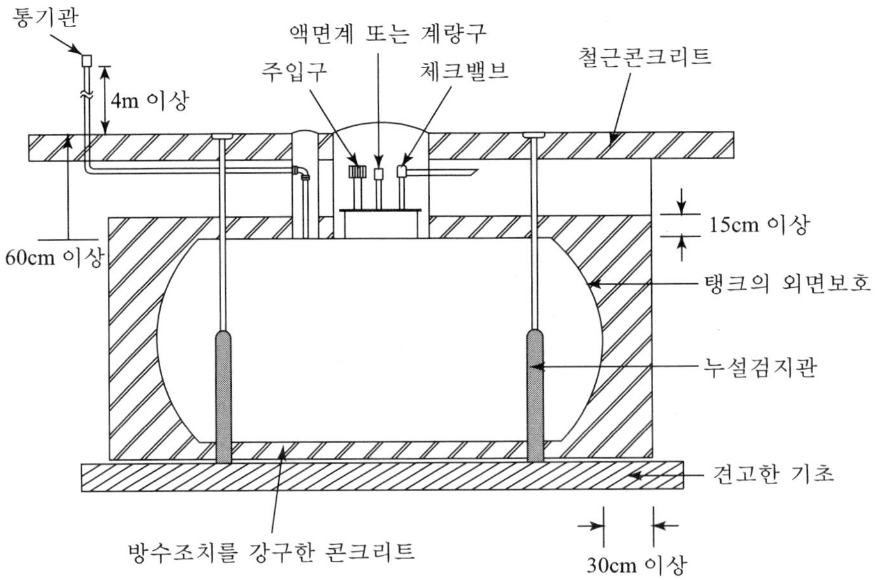

그림 3-99 특수누설방지구조의 지하탱크저장소

Ⅳ. 위험물의 성질에 따른 지하탱크저장소의 특례

1. 아세트알데히드등 및 히드록실아민등을 저장 또는 취급하는 지하탱크저장소는 당해 위험물의 성질에 따라 I 내지 III의 규정에 의한 기준에 의하되, 강화되는 기준은 제2호 및 제3호의 규정에 의하여야 한다.
2. 아세트알데히드등을 저장 또는 취급하는 지하탱크저장소에 대하여 강화되는 기준은 다음 각 목과 같다.
   가. I 제1호 단서의 규정에 불구하고 지하저장탱크는 지반면하에 설치된 탱크전용실에 설치할 것
   나. 지하저장탱크의 설비는 옥외탱크저장소기준(별표 6) XI의 규정에 의한 아세트알데히드등의 옥외저장탱크의 설비의 기준을 준용할 것. 다만, 지하저장탱크가 아세트알데히드등의 온도를 적당한 온도로 유지할 수 있는 구조인 경우에는 냉각장치 또는 보냉장치를 설치하지 아니할 수 있다.
3. 히드록실아민등을 저장 또는 취급하는 지하탱크저장소에 대하여 강화되는 기준은 옥외탱크저장소기준(별표 6) XI의 규정에 의한 히드록실아민등을 저장 또는 취급하는 옥외탱크저장소의 규정을 준용한다.

제5절 간이탱크저장소

Ⅰ. 간이탱크저장소 정의

간이탱크저장소란 간이탱크에 위험물을 저장하는 저장소를 말한다. 간이탱크는 말 그대로 작은 탱크를 말하면 실제로 용량을 600 ℓ 이하로 정하고 있다. 원동기 기타 기계설비 등에 주유할 목적으로 사용할 수 있으나 현실적으로 많이 활용되지 않는 실정이다.

Ⅱ. 간이탱크저장소의 위치·구조 및 설비의 기준

1. 위험물을 저장 또는 취급하는 간이탱크[이하 I, 주유취급소기준(별표 13) III 및 제조소등에서의위험물의 저장 및 취급에 관한 기준(별표 18) III에서 "간이저장탱크"라 한다]는 옥외에 설치하여야 한다. 다만, 다음 각 목의 기준에 적합한 전용실 안에 설치하는 경우에는 그러하지 아니하다.
   가. 전용실의 구조는 옥내탱크저장소기준(별표 7) I 제1호 거목 및 너목의 규정에 의한

옥내탱크저장소의 탱크전용실의 구조의 기준에 적합할 것

나. 전용실의 창 및 출입구는 옥내탱크저장소기준(별표 7) I 제1호 더목 및 러목의 규정에 의한 옥내탱크저장소의 창 및 출입구의 기준에 적합할 것

다. 전용실의 바닥은 옥내탱크저장소기준(별표 7) I 제1호머목의 규정에 의한 옥내탱크저장소의 탱크전용실의 바닥의 구조의 기준에 적합할 것

라. 전용실의 채광·조명·환기 및 배출의 설비는 옥내저장소기준(별표 5) I 제14호의 규정에 의한 옥내저장소의 채광·조명·환기 및 배출의 설비의 기준에 적합할 것

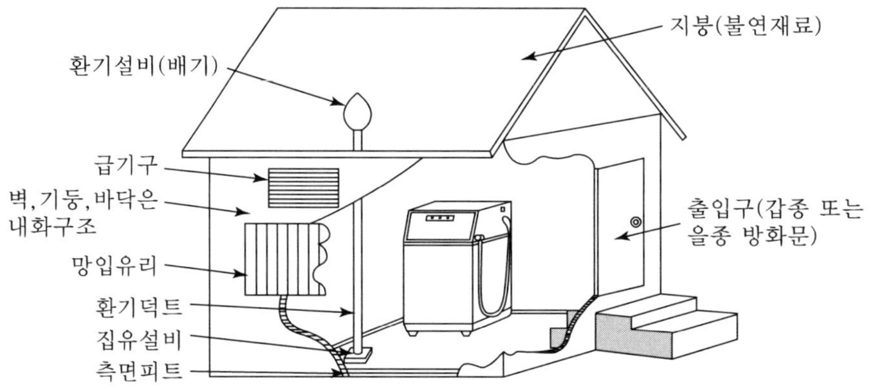

그림 3-100 옥내에 설치하는 간이탱크저장소

2. 하나의 간이탱크저장소에 설치하는 간이저장탱크는 그 수를 3 이하로 하고, 동일한 품질의 위험물의 간이저장탱크를 2 이상 설치하지 아니하여야 한다.

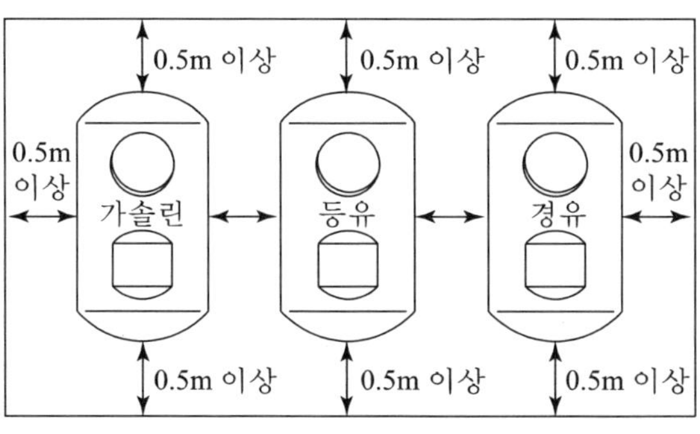

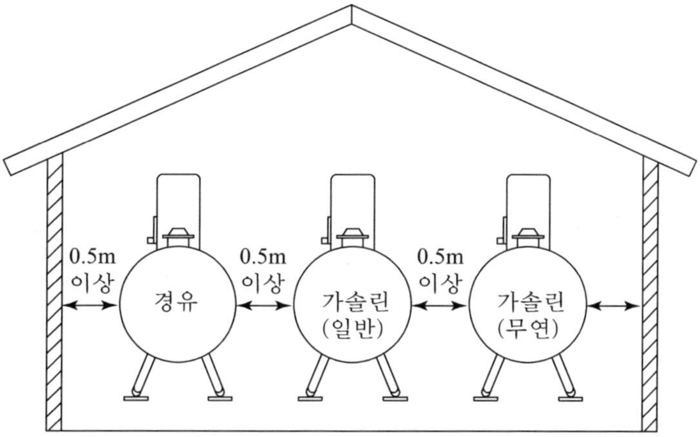

그림 3-101 탱크의 수 제한 설치

3. 간이탱크저장소에는 위험물제조소기준(별표 4) III제1호의 기준에 따라 보기 쉬운 곳에 "위험물 간이탱크저장소"라는 표시를 한 표지와 동표 III제2호의 기준에 따라 방화에 관하여 필요한 사항을 게시한 게시판을 설치하여야 한다.

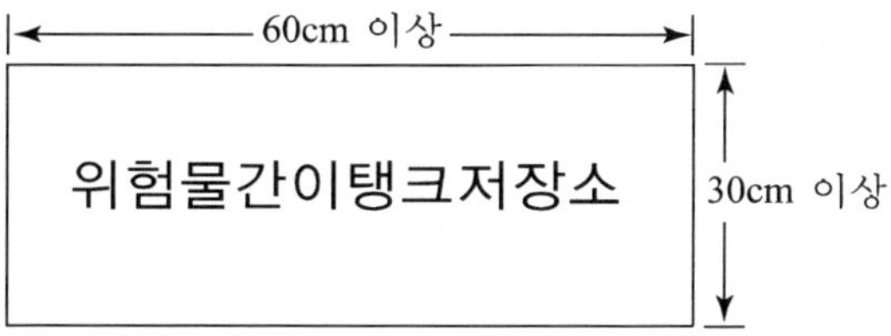

그림 3-102 표지 및 게시판

4. 간이저장탱크는 움직이거나 넘어지지 아니하도록 지면 또는 가설대에 고정시키되, 옥외에 설치하는 경우에는 그 탱크의 주위에 너비 1m 이상의 공지를 두고, 전용실 안에 설치하는 경우에는 탱크와 전용실의 벽과의 사이에 0.5m 이상의 간격을 유지하여야 한다.

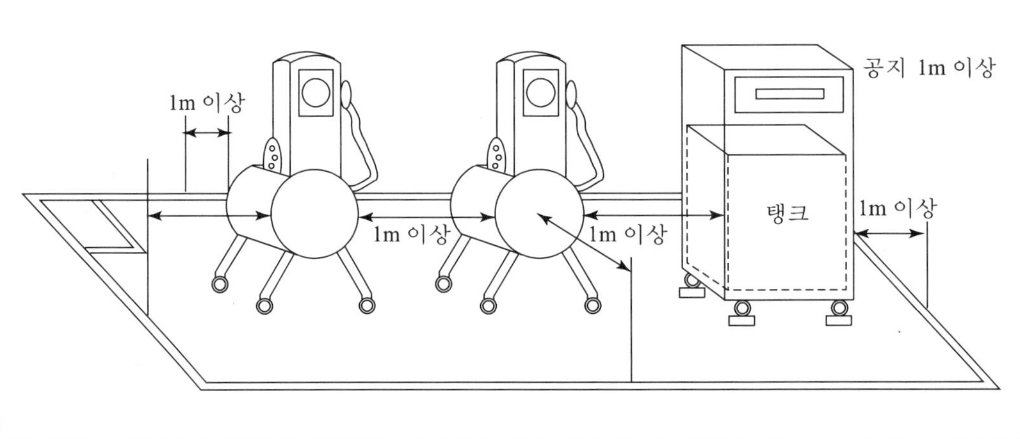

그림 3-103 옥외에 설치시 공지 확보

5. 간이저장탱크의 용량은 600 ℓ 이하이어야 한다.
6. 간이저장탱크는 두께 3.2mm 이상의 강판으로 흠이 없도록 제작하여야 하며, 70kPa의 압력으로 10분간의 수압시험을 실시하여 새거나 변형되지 아니하여야 한다.
7. 간이저장탱크의 외면에는 녹을 방지하기 위한 도장을 하여야 한다. 다만 탱크의 재질이 부식 우려가 없는 스테인리스 강판 등인 경우에는 그러하지 아니한다.
8. 간이저장탱크에는 다음 각 목의 구분에 따른 기준에 적합한 밸브 없는 통기관 또는 대기밸브부착 통기관을 설치하여야 한다.
   가. 밸브 없는 통기관
      1) 통기관의 직경은 25mm 이상으로 할 것
      2) 통기관은 옥외에 설치하되, 그 끝부분의 높이는 지상 1.5m 이상으로 할 것
      3) 통기관의 끝부분은 수평면에 대하여 아래로 45° 이상 구부려 빗물 등이 침투하지 아니하도록 할 것
      4) 가는 눈의 구리망 등으로 인화방지장치를 할 것. 다만, 인화점 70℃ 이상의 위험물만을 해당 위험물의 인화점 미만의 온도로 저장 또는 취급하는 탱크에 설치하는 통기관에 있어서는 그러하지 아니한다.
   나. 대기밸브 부착 통기관
      1) 가목 2) 및 4)의 기준에 적합할 것
      2) 옥외탱크저장소기준(별표 6) VI제7호나목1)의 기준에 적합할 것

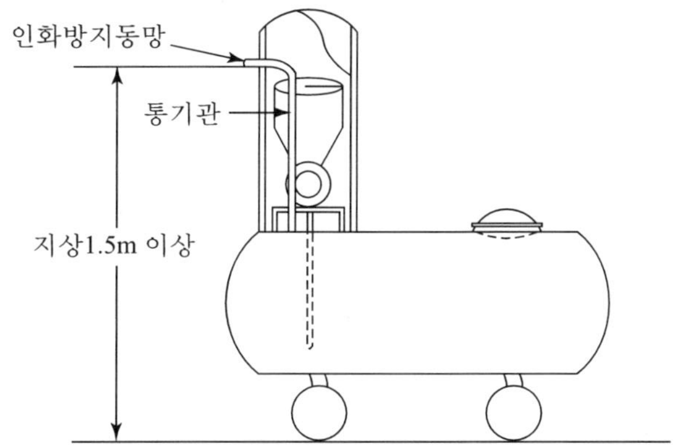

그림 3-104 통기관 설치

9. 간이저장탱크에 고정주유설비 또는 고정급유설비를 설치하는 경우에는 주유취급소기준(별표 13) IV의 규정에 의한 고정주유설비 또는 고정급유설비의 기준에 적합하여야 한다.

제6절 이동탱크저장소

제1관 이동탱크저장소 정의

이동탱크저장소라 함은 차량(견인되는 차를 포함)에 고정된 탱크에 위험물을 저장하고 취급하는 저장소를 말한다. 위험물저장소는 대부분 저장을 목적으로 고정시설로 이루어져 장소가 한정되어 있다. 그러나 이동탱크저장소는 위험물의 이송을 목적으로 하고 있어 운송 중 교통사고로 인한 누출 및 화재사고 등 고정된 시설에 비해 위험성이 높은 저장소라 할 수 있다.

이동탱크저장소의 종류로서는 단일 형식의 것(일반적으로 "탱크로리"라 호칭) 및 피견인차형식의 것(일반적으로 "세미트레일러"라고 호칭)이 있으며, 또 탱크를 탈착하는 구조인지 여부에 따라 컨테이너방식(탱크컨테이너를 적재하는 것) 및 컨테이너방식 이외의 것으로 구분된다.

제2관 이동탱크저장소의 위치·구조 및 설비의 기준

Ⅰ. 상치장소

이동탱크저장소의 상치장소는 다음 각 호의 기준에 적합하여야 한다.

1. 옥외에 있는 상치장소는 화기를 취급하는 장소 또는 인근의 건축물로부터 5m 이상(인근의 건축물이 1층인 경우에는 3m 이상)의 거리를 확보하여야 한다. 다만, 하천의 공지나 수면, 내화구조 또는 불연재료의 담 또는 벽 그 밖에 이와 유사한 것에 접하는 경우를 제외한다.
2. 옥내에 있는 상치장소는 벽·바닥·보·서까래 및 지붕이 내화구조 또는 불연재료로 된 건축물의 1층에 설치하여야 한다.

Ⅱ. 이동저장탱크의 구조

1. 이동저장탱크의 구조는 다음 각 목의 기준에 의하여야 한다.
   가. 탱크(맨홀 및 주입관의 뚜껑을 포함한다)는 두께 3.2mm 이상의 강철판 또는 이와 동등 이상의 강도·내식성 및 내열성이 있다고 인정하여 소방청장이 정하여 고시하는 재료 및 구조로 위험물이 새지 아니하게 제작할 것
   나. 압력탱크(최대상용압력이 46.7kPa 이상인 탱크를 말한다) 외의 탱크는 70kPa의 압력으로, 압력탱크는 최대상용압력의 1.5배의 압력으로 각각 10분간의 수압시험을 실시하여 새거나 변형되지 아니할 것. 이 경우 수압시험은 용접부에 대한 비파괴시험과 기밀시험으로 대신할 수 있다.
2. 이동저장탱크는 그 내부에 4,000 ℓ 이하마다 3.2mm 이상의 강철판 또는 이와 동등 이상의 강도·내열성 및 내식성이 있는 금속성의 것으로 칸막이를 설치하여야 한다. 다만 고체인 위험물을 저장하거나 고체인 위험물을 가열하여 액체상태로 저장하는 경우에는 그러하지 아니한다.

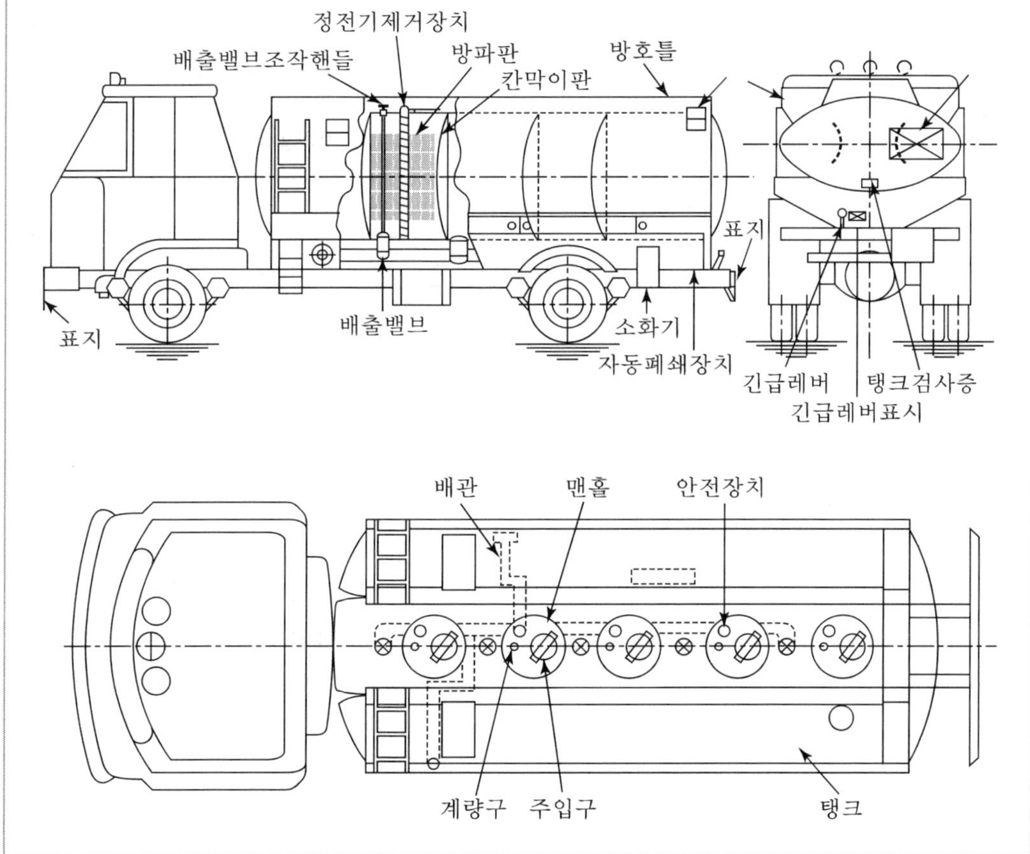

그림 3-105 일반적인 이동탱크저장소의 구조

3. 제2호의 규정에 의한 칸막이로 구획된 각 부분마다 맨홀과 다음 각 목의 기준에 의한 안전장치 및 방파판을 설치하여야 한다. 다만, 칸막이로 구획된 부분의 용량이 2,000 ℓ 미만인 부분에는 방파판을 설치하지 아니할 수 있다.

   가. 안전장치

      상용압력이 20kPa 이하인 탱크에 있어서는 20kPa 이상 24kPa 이하의 압력에서, 상용압력이 20kPa을 초과하는 탱크에 있어서는 상용압력의 1.1배 이하의 압력에서 작동하는 것으로 할 것

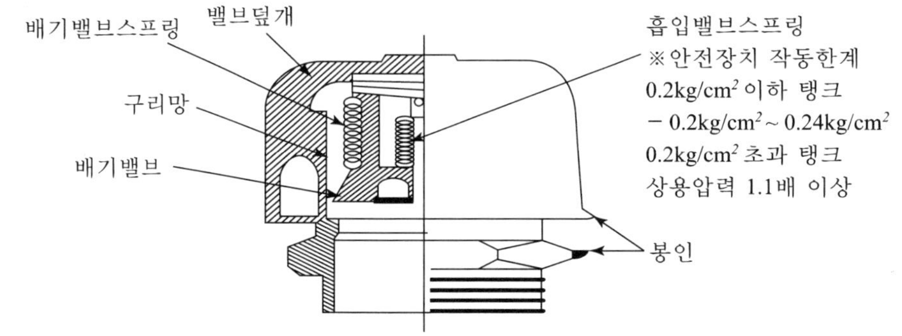

그림 3-106 안전장치

나. 방파판

1) 두께 1.6mm 이상의 강철판 또는 이와 동등 이상의 강도·내열성 및 내식성이 있는 금속성의 것으로 할 것
2) 하나의 구획부분에 2개 이상의 방파판을 이동탱크저장소의 진행방향과 평행으로 설치하되, 각 방파판은 그 높이 및 칸막이로부터의 거리를 다르게 할 것
3) 하나의 구획부분에 설치하는 각 방파판의 면적의 합계는 당해 구획부분의 최대 수직단면적의 50% 이상으로 할 것. 다만, 수직단면이 원형이거나 짧은 직경이 1m 이하의 타원형일 경우에는 40% 이상으로 할 수 있다.

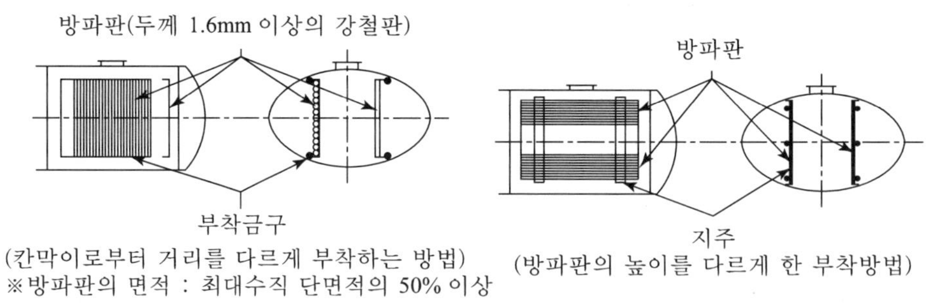

그림 3-107 방파판의 설치

4. 맨홀·주입구 및 안전장치 등이 탱크의 상부에 돌출되어 있는 탱크에 있어서는 다음 각 목의 기준에 의하여 부속장치의 손상을 방지하기 위한 측면틀 및 방호틀을 설치하여야 한다. 다만, 피견인자동차에 고정된 탱크에는 측면틀을 설치하지 아니할 수 있다.

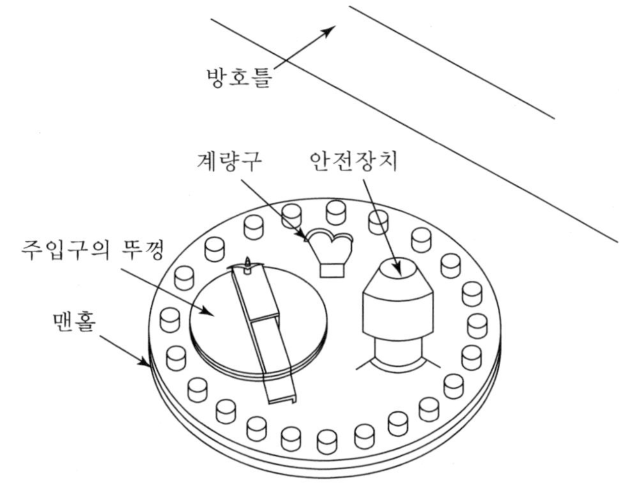

그림 3-108 맨홀 및 안전장치

가. 측면틀

1) 탱크 뒷부분의 입면도에 있어서 측면틀의 최외측과 탱크의 최외측을 연결하는 직선(이하 "최외측선"이라 한다)의 수평면에 대한 내각이 75도 이상이 되도록 하고, 최대수량의 위험물을 저장한 상태에 있을 때의 당해 탱크중량의 중심점과 측면틀의 최외측을 연결하는 직선과 그 중심점을 지나는 직선 중 최외측선과 직각을 이루는 직선과의 내각이 35도 이상이 되도록 할 것

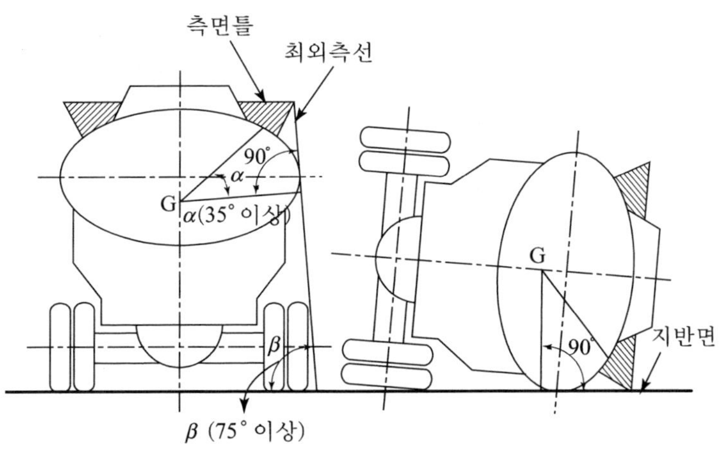

그림 3-109 측면틀 설치 기준

2) 외부로부터의 하중에 견딜 수 있는 구조로 할 것

3) 탱크상부의 네 모퉁이에 당해 탱크의 전단 또는 후단으로부터 각각 1m 이내의 위치에 설치할 것

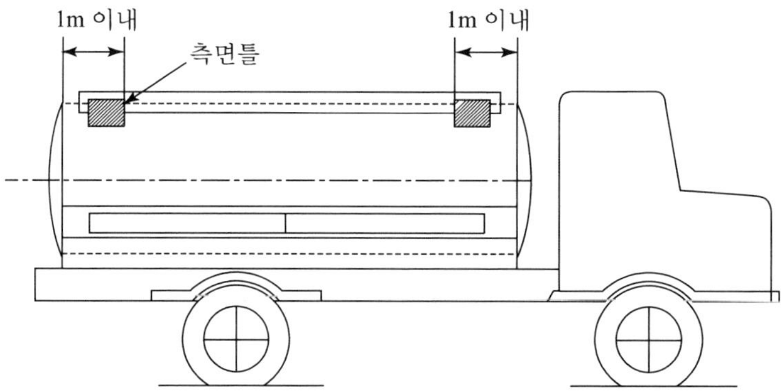

그림 3-110 측면틀 설치 위치

4) 측면틀에 걸리는 하중에 의하여 탱크가 손상되지 아니하도록 측면틀의 부착부분에 받침판을 설치할 것

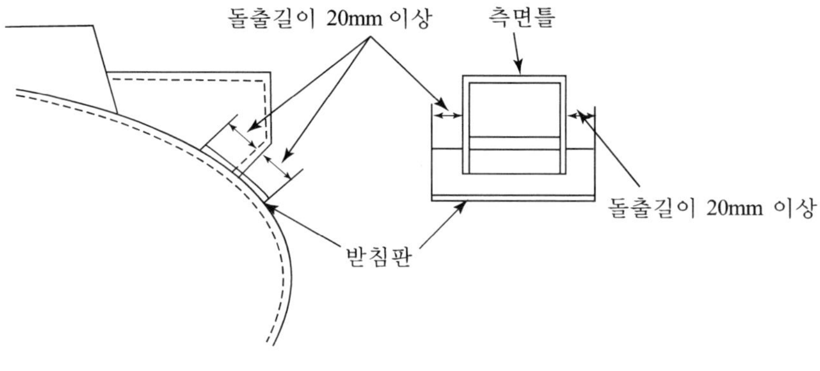

예 2 틀형 측면틀에 설치한 받침판

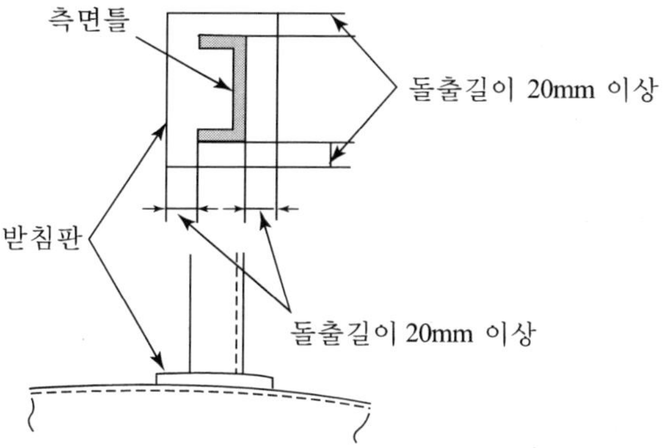

그림 3-111 받침판

나. 방호틀

1) 두께 2.3mm 이상의 강철판 또는 이와 동등 이상의 기계적 성질이 있는 재료로써 산모양의 형상으로 하거나 이와 동등 이상의 강도가 있는 형상으로 할 것

2) 정상부분은 부속장치보다 50mm 이상 높게 하거나 이와 동등 이상의 성능이 있는 것으로 할 것

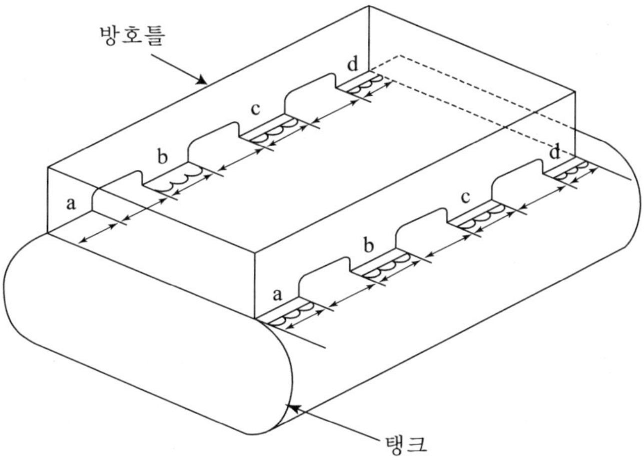

그림 3-112 방호틀 설치

5. 탱크의 외면에는 방청도장을 하여야 한다.
다만 탱크의 재질이 부식우려가 없는 스테인리스 강판 등인 경우에 그러하지 아니하다.

Ⅲ. 배출밸브 및 폐쇄장치

1. 이동저장탱크의 아랫부분에 배출구를 설치하는 경우에는 당해 탱크의 배출구에 밸브(이하 "배출밸브"라 한다)를 설치하고 비상시에 직접 당해 배출밸브를 폐쇄할 수 있는 수동폐쇄장치 또는 자동폐쇄장치를 설치하여야 한다.
2. 제1호에 따른 수동폐쇄장치를 설치하는 경우에는 수동폐쇄장치를 작동시킬 수 있는 레버 또는 이와 유사한 기능을 하는 것을 설치하고, 그 바로 옆에 해당 장치의 작동방식을 표시하여야 한다. 이 경우 레버를 설치하는 경우에는 다음 각 목의 기준에 따라 설치하여야 한다.
   가. 손으로 잡아당겨 수동폐쇄장치를 작동시킬 수 있도록 할 것
   나. 길이는 15cm 이상으로 할 것

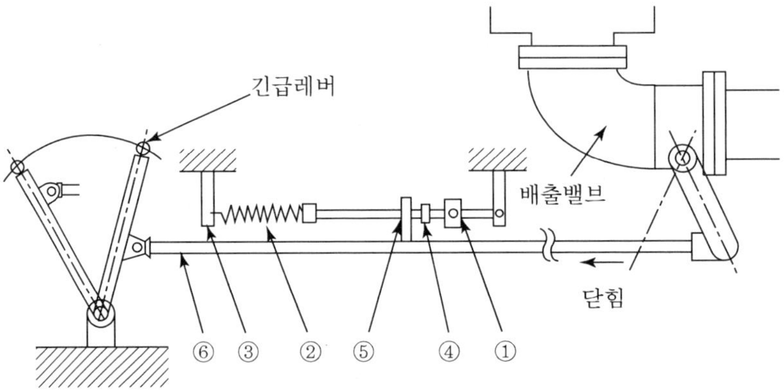

쉽게 녹는 금속 ①이 화염에 의해 가열되어 녹아 끊어지면 쉽게 녹는 금속 ①과 접속되어 있는 용수철 ②가 용수철 고정핀 ③의 방향으로 줄어들어 스토퍼 ④가 금속 ⑤ 로드 ⑥을 눌러 움직여서 배출밸브가 자동적으로 닫힌다.

그림 3-113 개폐밸브 및 폐쇄장치

3. 제1호의 규정에 의하여 배출밸브를 설치하는 경우, 그 배출밸브에 대하여 외부로부터의 충격으로 인한 손상을 방지하기 위하여 필요한 장치를 하여야 한다.

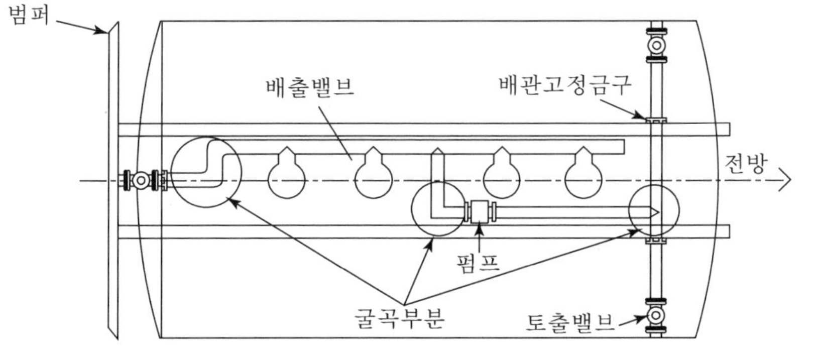

그림 3-114 배출밸브 및 토출밸브 예

4. 탱크의 배관의 끝부분에는 개폐밸브를 설치하여야 한다.

Ⅳ. 결합금속구 등

1. 액체위험물의 이동탱크저장소의 주입호스(이동저장탱크로부터 위험물을 저장 또는 취급하는 다른 탱크로 위험물을 공급하는 호스를 말한다. 제2호 및 제3호에서 같다)는 위험물을 저장 또는 취급하는 탱크의 주입구와 결합할 수 있는 금속구를 사용하되, 그 결합금속구(제6류 위험물의 탱크의 것을 제외한다)는 놋쇠 그 밖에 마찰 등에 의하여 불꽃이 생기지 아니하는 재료로 하여야 한다.

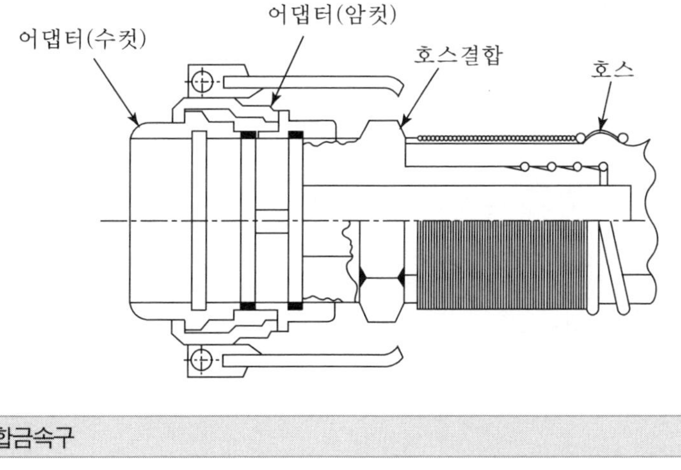

그림 3-115 결합금속구

2. 제1호의 규정에 의한 주유호스의 재질과 규격 및 결합금속구의 규격은 소방청장이 정하여 고시한다.
3. 이동탱크저장소에 주입설비(주입호스의 끝부분에 개폐밸브를 설치한 것을 말한다.)를 설치하는 경우에는 다음 각 목의 기준에 의하여야 한다.
   가. 위험물이 샐 우려가 없고 화재예방상 안전한 구조로 할 것
   나. 주입설비의 길이는 50m 이내로 하고, 그 끝부분에 축적되는 정전기를 유효하게 제거할 수 있는 장치를 할 것
   다. 분당 토출량은 200ℓ 이하로 할 것

V. 표지 및 상치장소 표시

1. 이동탱크저장소에는 소방청장이 정하여 고시하는 바에 따라 저장하는 위험물의 위험성을 알리는 표지를 설치하여야 한다.

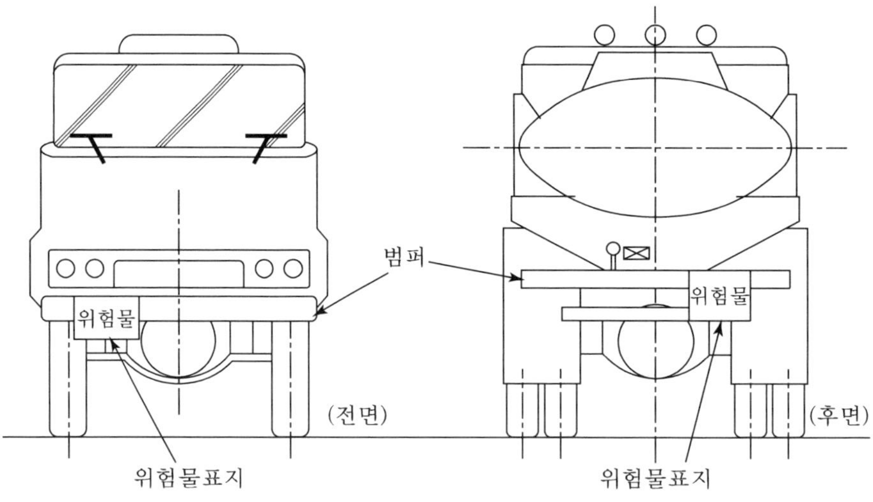

그림 3-116 표지판의 설치 위치

2. 이동탱크저장소의 탱크외부에는 소방청장이 정하여 고시하는 바에 따라 도장 등을 하여 쉽게 식별할 수 있도록 하고, 보기 쉬운 곳에 I의 규정에 의한 상치장소의 위치를 표시하여야 한다.

Ⅵ. 펌프설비

1. 이동탱크저장소에 설치하는 펌프설비는 당해 이동탱크저장소의 차량구동용 엔진(피견인식 이동탱크저장소의 견인부분에 설치된 것은 제외한다)의 동력원을 이용하여 위험물을 이송하여야 한다. 다만, 다음 각 목의 기준에 의하여 외부로부터 전원을 공급받는 방식의 모터펌프를 설치할 수 있다.
   가. 저장 또는 취급 가능한 위험물은 인화점 40℃ 이상의 것 또는 비인화성의 것에 한할 것
   나. 화재예방상 지장이 없는 위치에 고정하여 설치할 것
2. 피견인식 이동탱크저장소의 견인부분에 설치된 차량구동용 엔진의 동력원을 이용하여 위험물을 이송하는 경우에는 다음 각 목의 기준에 적합하여야 한다.
   가. 견인부분에 작동유탱크 및 유압펌프를 설치하고, 피견인부분에 오일모터 및 펌프를 설치할 것
   나. 트랜스미션(Transmission)으로부터 동력전동축을 경유하여 견인부분의 유압펌프를 작동시키고 그 유압에 의하여 피견인부분의 오일모터를 경유하여 펌프를 작동시키는 구조일 것
3. 이동탱크저장소에 설치하는 펌프설비는 당해 이동저장탱크로부터 위험물을 배출하는 용도에 한한다. 다만, 폐유의 회수 등의 용도에 사용되는 이동탱크저장소에는 다음의 각 목의 기준에 의하여 진공흡입방식의 펌프를 설치할 수 있다.
   가. 저장 또는 취급 가능한 위험물은 인화점이 70℃ 이상인 폐유 또는 비인화성의 것에 한할 것
   나. 감압장치의 배관 및 배관의 이음은 금속제일 것. 다만, 완충용이음은 내압 및 내유성이 있는 고무제품을, 배기통의 최상부는 합성수지제품을 사용할 수 있다.
   다. 호스 끝부분에는 돌 등의 고형물이 혼입되지 아니하도록 망 등을 설치할 것
   라. 이동저장탱크로부터 위험물을 다른 저장소로 옮겨 담는 경우에는 당해 저장소의 펌프 또는 자연하류의 방식에 의하는 구조일 것

Ⅶ. 접지도선

제4류 위험물 중 특수인화물, 제1석유류 또는 제2석유류의 이동탱크저장소에는 다음의 각 호의 기준에 의하여 접지도선을 설치하여야 한다.

1. 양도체(良導體)의 도선에 비닐 등의 전열차단재료로 피복하여 끝부분에 접지전극 등을 결착시킬 수 있는 클립(clip) 등을 부착할 것
2. 도선이 손상되지 아니하도록 도선을 수납할 수 있는 장치를 부착할 것

VIII. 컨테이너식 이동탱크저장소의 특례

1. 이동저장탱크를 차량 등에 옮겨 싣는 구조로 된 이동탱크저장소(이하 "컨테이너식 이동탱크저장소"라 한다)에 대하여는 IV의 규정을 적용하지 아니하되, 다음 각 목의 기준에 적합하여야 한다.

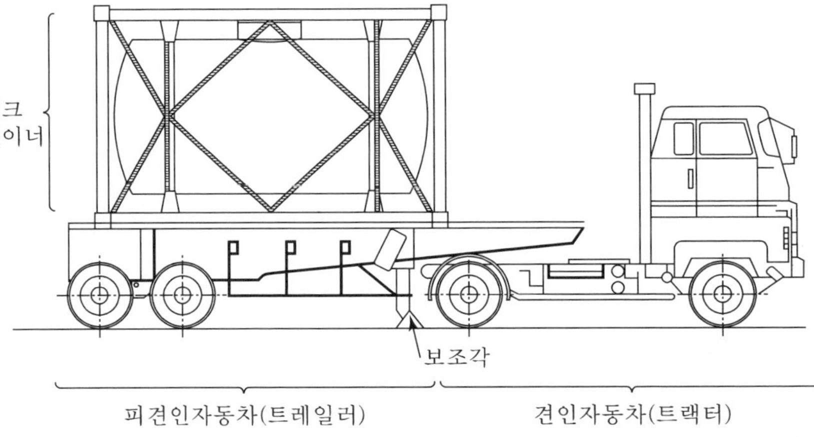

그림 3-117 컨테이너식 이동탱크저장소

가. 이동저장탱크는 옮겨 싣는 때에 이동저장탱크하중에 의하여 생기는 응력 및 변형에 대하여 안전한 구조로 할 것

나. 컨테이너식 이동탱크저장소에는 이동저장탱크하중의 4배의 전단하중에 견디는 걸고리체결금속구 및 모서리체결금속구를 설치할 것. 다만, 용량이 6,000 ℓ 이하인 이동저장탱크를 싣는 이동탱크저장소의 경우에는 이동저장탱크를 차량의 섀시프레임(차대 고정틀)에 체결하도록 만든 구조의 유(U)자볼트를 설치할 수 있다.

예1. 국제대형컨테이너 상부 끌어올리기용 걸고리체결금속구

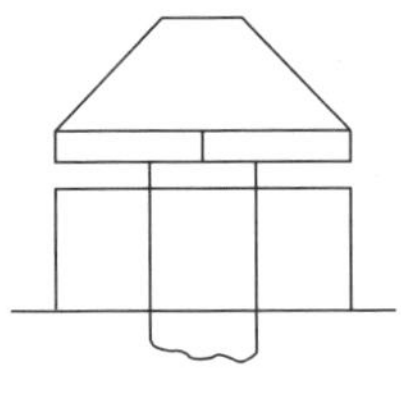

예2. 국제대형컨테이너의 모서리 쇠장식에 따른 모서리체결금속구

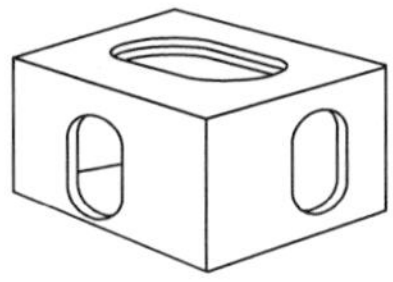

예3. 대형일반화물 컨테이너에 따른 걸고리체결금속구

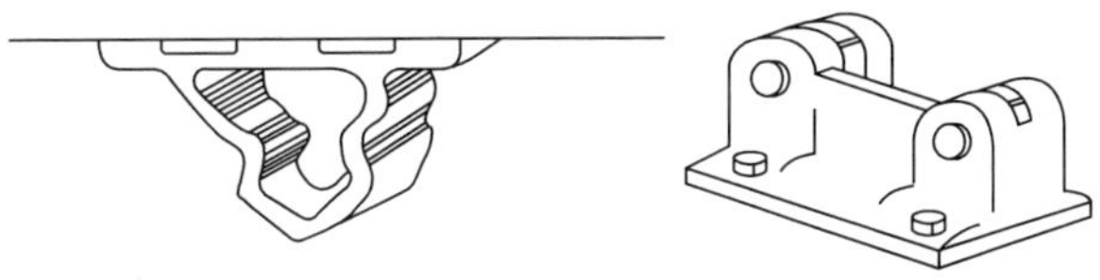

그림 3-118 체결금속구의 예

다. 컨테이너식 이동탱크저장소에 주입호스를 설치하는 경우에는 IV의 기준에 의할 것

2. 다음 각 목의 기준에 적합한 이동저장탱크로 된 컨테이너식 이동탱크저장소에 대하여는 II제2호 내지 제4호의 규정을 적용하지 아니한다.
   가. 이동저장탱크 및 부속장치(맨홀·주입구 및 안전장치 등을 말한다)는 강재로 된 상자형태의 틀(이하 "상자틀"이라 한다)에 수납할 것

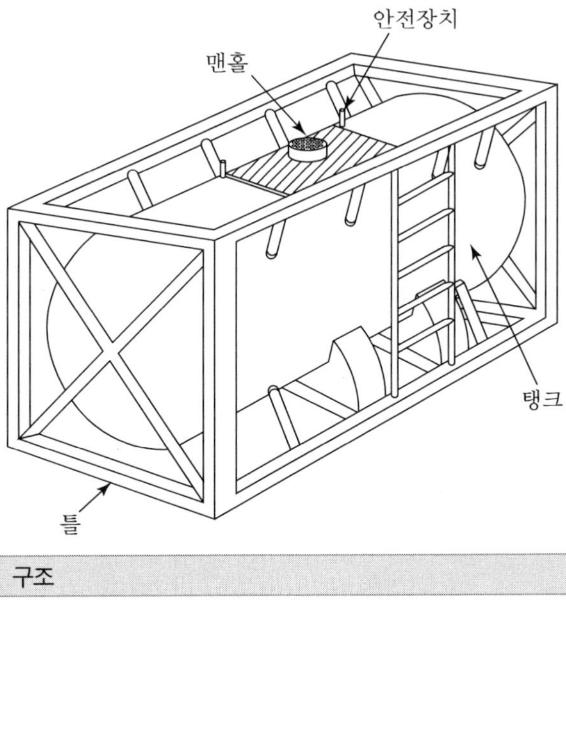

그림 3-119 상자틀의 구조

나. 상자틀의 구조물 중 이동저장탱크의 이동방향과 평행한 것과 수직인 것은 당해 이동저장탱크·부속장치 및 상자틀의 자중과 저장하는 위험물의 무게를 합한 하중(이하 "이동저장탱크하중"이라 한다)의 2배 이상의 하중에, 그 외 이동저장탱크의 이동방향과 직각인 것은 이동저장탱크하중 이상의 하중에 각각 견딜 수 있는 강도가 있는 구조로 할 것

다. 이동저장탱크·맨홀 및 주입구의 뚜껑은 두께 6mm[당해 탱크의 직경 또는 장축(긴 직경)이 1.8m 이하인 것은 5mm] 이상의 강판 또는 이와 동등 이상의 기계적 성질이 있는 재료로 할 것

라. 이동저장탱크에 칸막이를 설치하는 경우에는 당해 탱크의 내부를 완전히 구획하는 구조로 하고, 두께 3.2mm 이상의 강판 또는 이와 동등 이상의 기계적 성질이 있는 재료로 할 것

마. 이동저장탱크에는 맨홀 및 안전장치를 설치할 것

바. 부속장치는 상자틀의 최외측과 50mm 이상의 간격을 유지할 것

3. 컨테이너식 이동탱크저장소에 대하여는 V제2호를 적용하지 아니하되 이동저장탱크의 보기 쉬운 곳에 가로 0.4m 이상, 세로 0.15m 이상의 백색바탕에 흑색문자로 허가청의 명칭 및 완공검사번호를 표시하여야 한다.

Ⅸ. 주유탱크차의 특례

1. 항공기 주유취급소[주유취급소기준(별표 13) X의 규정에 의한 항공기주유취급소를 말한다. 이하 같다]에 있어서 항공기의 연료탱크에 직접 주유하기 위한 주유설비를 갖춘 이동탱크저장소(이하 "주유탱크차"라 한다)에 대하여는 Ⅳ의 규정을 적용하지 아니하되, 다음 각 목의 기준에 적합하여야 한다.

가. 주유탱크차에는 엔진배기통의 끝부분에 화염의 분출을 방지하는 장치를 설치할 것

나. 주유탱크차에는 주유호스 등이 적정하게 격납되지 아니하면 발진되지 아니하는 장치를 설치할 것

다. 주유설비는 다음의 기준에 적합한 구조로 할 것

1) 배관은 금속제로서 최대상용압력의 1.5배 이상의 압력으로 10분간 수압시험을 실시하였을 때 누설 그 밖의 이상이 없는 것으로 할 것

2) 주유호스의 끝부분에 설치하는 밸브는 위험물의 누설을 방지할 수 있는 구조로 할 것

3) 외장은 난연성이 있는 재료로 할 것

라. 주유설비에는 당해 주유설비의 펌프기기를 정지하는 등의 방법에 의하여 이동저장탱크로부터의 위험물 이송을 긴급히 정지할 수 있는 장치를 설치할 것

마. 주유설비에는 개방조작시에만 개방하는 자동폐쇄식의 개폐장치를 설치하고, 주유호스의 끝부분에는 연료탱크의 주입구에 연결하는 결합금속구를 설치할 것. 다만, 주유호스의 끝부분에 수동개폐장치를 설치한 주유노즐(수동개폐장치를 개방상태에서 고정하는 장치를 설치한 것을 제외한다)을 설치한 경우에는 그러하지 아니하다.

바. 주유설비에는 주유호스의 끝부분에 축적된 정전기를 유효하게 제거하는 장치를 설치할 것

사. 주유호스는 최대상용압력의 2배 이상의 압력으로 수압시험을 실시하여 누설 그 밖의 이상이 없는 것으로 할 것

2. 공항안에서 시속 40km 이하로 운행하도록 된 주유탱크차에는 II제2호와 제3호(방파판에 관한 부분으로 한정한다)의 규정을 적용하지 아니하되 다음 각 목의 기준에 적합하여야 한다.

가. 이동저장탱크는 그 내부에 길이 1.5m 이하 또는 4,000 ℓ 이하마다 3.2mm 이상의 강철판 또는 이와 같은 수준 이상의 강도, 내열성 및 내식성이 있는 금속성의 것으로 칸막이를 설치할 것

나. 가목에 따른 칸막이에 구멍을 낼 수 있되 그 직경이 40cm 이내일 것

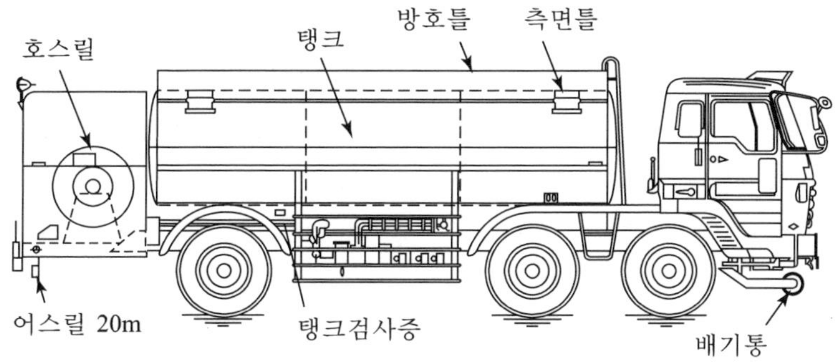

그림 3-120 주유탱크차 예

X. 위험물의 성질에 따른 이동탱크저장소의 특례

1. 알킬알루미늄등을 저장 또는 취급하는 이동탱크저장소는 I 내지 VIII의 규정에 의한 기준에 의하되, 당해 위험물의 성질에 따라 강화되는 기준은 다음 각 목에 의하여야 한다.
   가. II제1호의 규정에 불구하고 이동저장탱크는 두께 10mm 이상의 강판 또는 이와 동등 이상의 기계적 성질이 있는 재료로 기밀하게 제작되고 1MPa 이상의 압력으로 10분간 실시하는 수압시험에서 새거나 변형하지 아니하는 것일 것
   나. 이동저장탱크의 용량은 1,900 ℓ 미만일 것
   다. II제3호가목의 규정에 불구하고, 안전장치는 이동저장탱크의 수압시험의 압력의 3분의 2를 초과하고 5분의 4를 넘지 아니하는 범위의 압력으로 작동할 것
   라. II제1호가목의 규정에 불구하고, 이동저장탱크의 맨홀 및 주입구의 뚜껑은 두께 10mm 이상의 강판 또는 이와 동등 이상의 기계적 성질이 있는 재료로 할 것
   마. III제1호의 규정에 불구하고, 이동저장탱크의 배관 및 밸브 등은 당해 탱크의 윗부분에 설치할 것
   바. VIII제1호나목의 규정에 불구하고, 이동탱크저장소에는 이동저장탱크하중의 4배의 전단하중에 견딜 수 있는 걸고리체결금속구 및 모서리체결금속구를 설치할 것
   사. 이동저장탱크는 불활성의 기체를 봉입할 수 있는 구조로 할 것
   아. 이동저장탱크는 그 외면을 적색으로 도장하는 한편, 백색 문자로서 동판(胴板)의 양측면 및 경판(鏡板)에 위험물제조소기준(별표 4) III제2호라목의 규정에 의한 주의사항을 표시할 것
2. 아세트알데히드등을 저장 또는 취급하는 이동탱크저장소는 I 내지 VIII의 규정에 의하되, 당해 위험물의 성질에 따라 강화되는 기준은 다음 각 목에 의하여야 한다.
   가. 이동저장탱크는 불활성 기체를 봉입할 수 있는 구조로 할 것
   나. 이동저장탱크 및 그 설비는 은·수은·동·마그네슘 또는 이들을 성분으로 하는 합금으로 만들지 아니할 것
3. 히드록실아민등을 저장 또는 취급하는 이동탱크저장소는 I 내지 VIII의 규정에 의하되, 강화되는 기준은 옥외저장탱크저장소기준(별표 6) XI제3호의 규정에 의한 히드록실아민등을 저장 또는 취급하는 옥외탱크저장소의 규정을 준용하여야 한다.

제7절 옥외저장소

제1관 옥외저장소 정의

옥외저장소는 옥외의 장소에서 용기나 드럼 등에 위험물을 넣어 저장하는 저장소를 말한다. 옥외에 저장하게 되면 일광이나, 비, 바람 등의 영향으로 받아 화재 내지는 폭발이 발생할 수 있기 때문에 비교적 다른 저장소에 비해서 위험성이 높은 저장소라고 할 수 있다.

위험성이 높은 저장소이기 때문에 옥외저장소에 취급할 수 있는 위험물을 제한하고 있다. 옥외저장소에서 저장 또는 취급할 수 있는 위험물의 종류는 다음과 같다.

가. 제2류 위험물 중 유황 또는 인화성고체(인화점이 0℃ 이상인 것에 한함)

나. 제4류 위험물 중 제1석유류(인화점이 0℃ 이상인 것에 한함)·알코올류·제2석유류·제3석유류·제4석유류 및 동식물유류

다. 제6류 위험물

라. 제2류 위험물·제4류 위험물 및 제6류 위험물 중 특별시·광역시 또는 도의 조례에서 정하는 위험물(「관세법」 제154조의 규정에 의한 보세구역 안에 저장하는 경우에 한함)

마. 국제해사기구협약에 의하여 「국제해상위험물규칙(IMDG code)」에 적합한 용기에 수납된 위험물

제2관 옥외저장소의 위치·구조 및 설비의 기준

I. 옥외저장소의 기준

1. 옥외저장소 중 위험물을 용기에 수납하여 저장 또는 취급하는 것의 위치·구조 및 설비의 기술기준은 다음 각 목과 같다.

가. 옥외저장소는 위험물제조소기준(별표 4) I의 규정에 준하여 안전거리를 둘 것

나. 옥외저장소는 습기가 없고 배수가 잘 되는 장소에 설치할 것

다. 위험물을 저장 또는 취급하는 장소의 주위에는 경계표시(울타리의 기능이 있는 것에 한한다. 이와 같다)를 하여 명확하게 구분할 것

라. 다목의 경계표시의 주위에는 그 저장 또는 취급하는 위험물의 최대수량에 따라 다음 표에 의한 너비의 공지를 보유할 것. 다만, 제4류 위험물 중 제4석유류와 제6류 위험물을 저장 또는 취급하는 옥외저장소의 보유공지는 다음 표에 의한 공지의 너비의 3분의 1 이상의 너비로 할 수 있다.

저장 또는 취급하는 위험물의 최대수량	공지의 너비
지정수량의 10배 이하	3m 이상
지정수량의 10배 초과 20배 이하	5m 이상
지정수량의 20배 초과 50배 이하	9m 이상
지정수량의 50배 초과 200배 이하	12m 이상
지정수량의 200배 초과	15m 이상

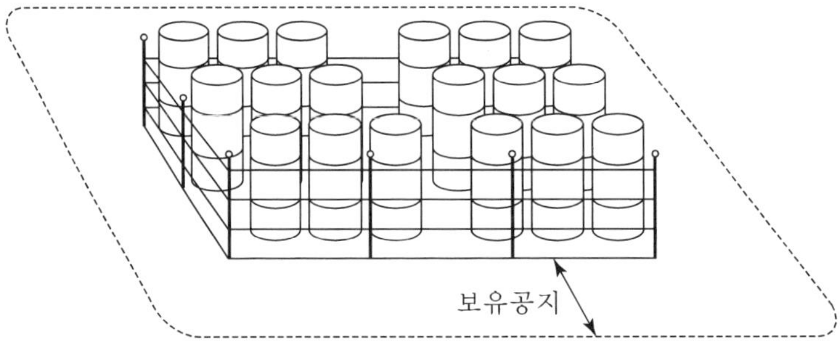

그림 3-121 옥외저장소의 울타리

마. 옥외저장소에는 위험물제조소기준(별표 4) III제1호의 기준에 따라 보기 쉬운 곳에 "위험물 옥외저장소"라는 표시를 한 표지와 위험물제조소기준(별표 4) III제2호의 기준에 따라 방화에 관하여 필요한 사항을 게시한 게시판을 설치하여야 한다.

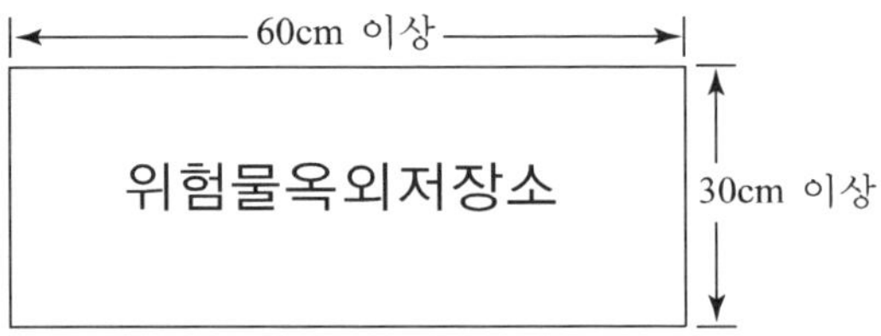

그림 3-122 옥외저장소의 표지판

바. 옥외저장소에 선반을 설치하는 경우에는 다음의 기준에 의할 것

1) 선반은 불연재료로 만들고 견고한 지반면에 고정할 것
2) 선반은 당해 선반 및 그 부속설비의 자중·저장하는 위험물의 중량·풍하중·지진의 영향 등에 의하여 생기는 응력에 대하여 안전할 것

3) 선반의 높이는 6m를 초과하지 아니할 것

4) 선반에는 위험물을 수납한 용기가 쉽게 낙하하지 아니하는 조치를 강구할 것

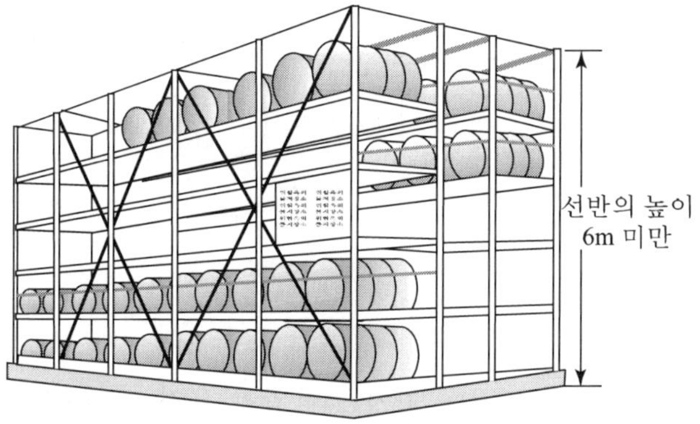

그림 3-123 옥외저장소의 선반

사. 과산화수소 또는 과염소산을 저장하는 옥외저장소에는 불연성 또는 난연성의 천막 등을 설치하여 햇빛을 가릴 것

아. 눈·비 등을 피하거나 차광 등을 위하여 옥외저장소에 캐노피 또는 지붕을 설치하는 경우에는 환기 및 소화활동에 지장을 주지 아니하는 구조로 할 것. 이 경우 기둥은 내화구조로 하고, 캐노피 또는 지붕을 불연재료로 하며, 벽을 설치하지 아니하여야 한다.

2. 옥외저장소 중 덩어리 상태의 유황만을 지반면에 설치한 경계표시의 안쪽에서 저장 또는 취급하는 것(제1호에 정하는 것을 제외한다)의 위치·구조 및 설비의 기술기준은 제1호 각 목의 기준 및 다음 각 목과 같다.

가. 하나의 경계표시의 내부의 면적은 $100m^2$ 이하일 것

나. 2 이상의 경계표시를 설치하는 경우에 있어서는 각각의 경계표시 내부의 면적을 합산한 면적은 $1,000m^2$ 이하로 하고, 인접하는 경계표시와 경계표시와의 간격을 제1호라목의 규정에 의한 공지의 너비의 2분의 1 이상으로 할 것. 다만, 저장 또는 취급하는 위험물의 최대수량이 지정수량의 200배 이상인 경우에는 10m 이상으로 하여야 한다.

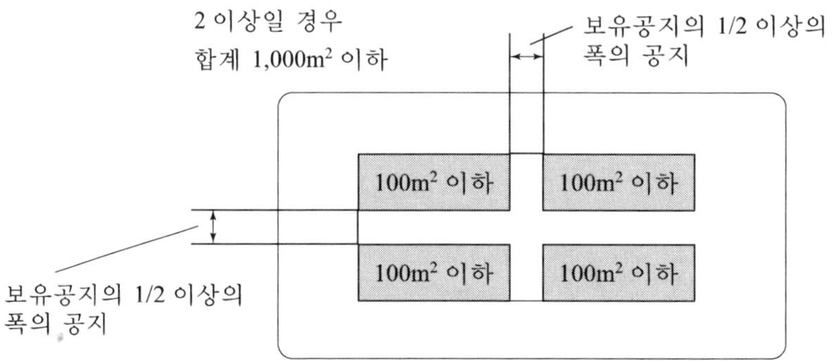

그림 3-124 경계표시 상호간격 및 보유공지

다. 경계표시는 불연재료로 만드는 동시에 유황이 새지 아니하는 구조로 할 것

라. 경계표시의 높이는 1.5m 이하로 할 것

마. 경계표시에는 유황이 넘치거나 비산하는 것을 방지하기 위한 천막 등을 고정하는 장치를 설치하되, 천막 등을 고정하는 장치는 경계표시의 길이 2m마다 한 개 이상 설치할 것

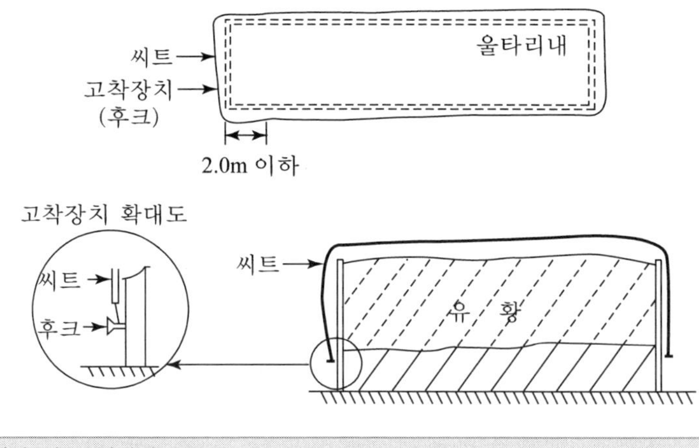

그림 3-125 천막 및 고정장치

바. 유황을 저장 또는 취급하는 장소의 주위에는 배수구와 분리장치를 설치할 것

II. 고인화점 위험물의 옥외저장소의 특례

1. 고인화점 위험물만을 저장 또는 취급하는 옥외저장소 중 그 위치가 다음 각 목에 정하는 기준에 적합한 것에 대하여는 I 제1호 가목 및 라목의 규정을 적용하지 아니한다.
   가. 옥외저장소는 위험물제조소기준(별표 4) XI제1호의 규정에 준하여 안전거리를 둘 것
   나. I 제1호다목의 경계표시의 주위에는 다음 표에 정하는 너비의 공지를 보유할 것

저장 또는 취급하는 위험물의 최대수량	공지의 너비
지정수량의 50배 이하	3m 이상
지정수량의 50배 초과 200배 이하	6m 이상
지정수량의 200배 초과	10m 이상

III. 인화성고체, 제1석유류 또는 알코올류의 옥외저장소의 특례

제2류 위험물 중 인화성고체(인화점이 21℃ 미만인 것에 한한다. 이하 III에서 같다) 또는 제4류 위험물 중 제1석유류 또는 알코올류를 저장 또는 취급하는 옥외저장소에 있어서는 I 제1호의 규정에 의한 기준에 의하는 외에 당해 위험물의 성질에 따라 다음 각 호에 정하는 기준에 의한다.

1. 인화성고체, 제1석유류 또는 알코올류를 저장 또는 취급하는 장소에는 당해 위험물을 적당한 온도로 유지하기 위한 살수설비 등을 설치하여야 한다.
2. 제1석유류 또는 알코올류를 저장 또는 취급하는 장소의 주위에는 배수구 및 집유설비를 설치하여야 한다. 이 경우 제1석유류(온도 20℃의 물 100g에 용해되는 양이 1g 미만인 것에 한한다)를 저장 또는 취급하는 장소에 있어서는 집유설비에 유분리 장치를 설치하여야 한다.

IV. 수출입 하역장소의 옥외저장소의 특례

「관세법」 제154조에 따른 보세구역, 「항만법」 제2조제1호에 따른 항만 또는 같은 조 제7호에 따른 항만배후단지 내에서 수출입을 위한 위험물을 저장 또는 취급하는 옥외저장소 중 I 제1호(라목은 제외한다)의 규정에 적합한 것은 다음 표에 정하는 너비의 공지(空地)를 보유할 수 있다.

저장 또는 취급하는 위험물의 최대수량	공지의 너비
지정수량의 50배 이하	3m 이상
지정수량의 50배 초과 200배 이하	4m 이상
지정수량의 200배 초과	5m 이상

제8절 암반탱크저장소

제1관 암반탱크저장소 정의

암반탱크저장소란 암반내의 공간을 이용한 탱크에 액체의 위험물을 저장하는 장소를 말한다. 지하수면 아래의 천연암반을 굴착, 공간을 만들어 액체위험물을 저장하며 증기의 발생 및 위험물의 누출을 지하수압으로 조절하는 저장소이다. 일반적으로 원유, 휘발유, 경유, 등유 등 석유제품을 대량 저장할 경우에 암반탱크저장소를 이용하며, 대부분 해안가, 호수, 강가 등 수리조건이 좋은 곳에 위치하고 있다.

암반탱크저장소는 일반탱크에 비해서 환경친화적이고 준영구적으로 사용할 수 있다는 장점이 있으며, 건설 및 유지비용이 일반탱크에 비해서 훨씬 저렴하다고 할 수 있다. 그러나 일반탱크에 비해 공사기간이 더 길다는 것이 단점이 있다.

암반탱크저장소의 저장 원리를 알아보면 다음과 같다.

가. 석유 제품이 비수용성이기 때문에 물과 섞이지 않는다.

나. 석유 제품의 비중이 물보다 작다.

다. 지하수압이 탱크내부 석유의 압력보다 커서 석유가 외부로 누출되는 것을 막을 수 있다.

제2관 암반탱크저장소의 위치·구조 및 설비의 기준

Ⅰ. 암반탱크

1. 암반탱크저장소의 암반탱크는 다음 각 목의 기준에 의하여 설치하여야 한다.
   가. 암반탱크는 암반투수계수가 1초당 10만분의 1m 이하인 천연암반 내에 설치할 것
   나. 암반탱크는 저장할 위험물의 증기압을 억제할 수 있는 지하수면하에 설치할 것
   다. 암반탱크의 내벽은 암반균열에 의한 낙반을 방지할 수 있도록 볼트·콘크리트 등으로 보강할 것
2. 암반탱크는 다음 각 목의 기준에 적합한 수리조건을 갖추어야 한다.
   가. 암반탱크내로 유입되는 지하수의 양은 암반내의 지하수 충전량보다 적을 것
   나. 암반탱크의 상부로 물을 주입하여 수압을 유지할 필요가 있는 경우에는 수벽공을 설치할 것
   다. 암반탱크에 가해지는 지하수압은 저장소의 최대운영압보다 항상 크게 유지할 것

II. 지하수위 관측공의 설치

암반탱크저장소 주위에는 지하수위 및 지하수의 흐름 등을 확인·통제할 수 있는 관측공을 설치하여야 한다.

III. 계량장치

암반탱크저장소에는 위험물의 양과 내부로 유입되는 지하수의 양을 측정할 수 있는 계량구와 자동측정이 가능한 계량장치를 설치하여야 한다.

IV. 배수시설

암반탱크저장소에는 주변 암반으로부터 유입되는 침출수를 자동으로 배출할 수 있는 시설을 설치하고 침출수에 섞인 위험물이 직접 배수구로 흘러 들어가지 아니하도록 유분리장치를 설치하여야 한다.

V. 펌프설비

암반탱크저장소의 펌프설비는 점검 및 보수를 위하여 사람의 출입이 용이한 구조의 전용공동에 설치하여야 한다. 다만, 액중펌프(펌프 또는 전동기를 저장탱크 또는 암반탱크 안에 설치하는 것을 말한다. 이하 같다)를 설치한 경우에는 그러하지 아니하다.

VI. 위험물제조소 및 옥외탱크저장소에 관한 기준의 준용

1. 암반탱크저장소에는 위험물제조소기준(별표 4) III제1호의 기준에 따라 보기 쉬운 곳에 “위험물 암반탱크저장소”라는 표시를 한 표지와 위험물제조소기준(별표 4) III제2호의 기준에 따라 방화에 관하여 필요한 사항을 게시한 게시판을 설치하여야 한다.
2. 위험물제조소기준(별표 4) VIII제4호·제6호, 동표 X 및 옥외탱크저장소기준(별표 6) VI 제9호의 규정은 암반탱크저장소의 압력계·안전장치, 정전기 제거설비, 배관 및 주입구의 설치에 관하여 이를 준용한다.

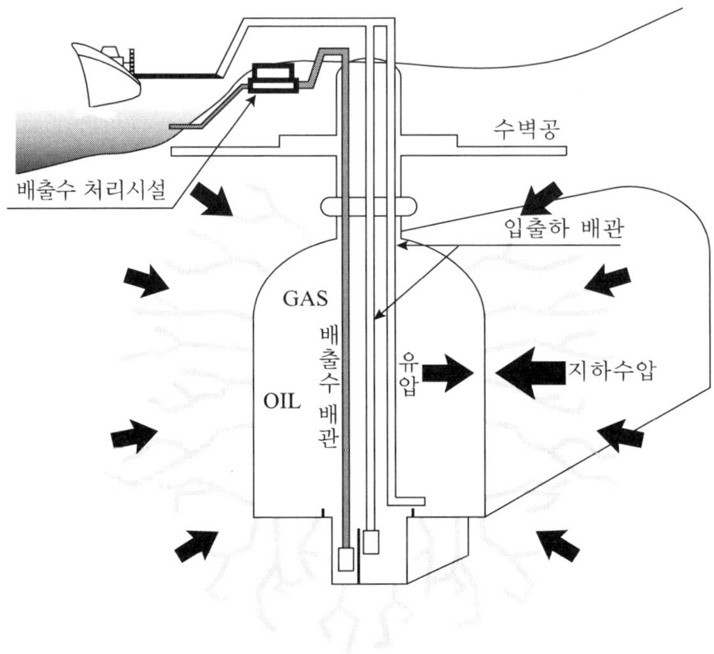

그림 3-126 암반탱크저장소 구성도

Chapter 04

위험물취급소

제1절 주유취급소

제1관 주유취급소 정의

주유취급소란 고정된 주유설비에 의하여 위험물을 자동차 또는 선박 등의 연료탱크에 직접 주유할 것을 목적으로 하는 취급소를 말한다. 위험물을 용기에 채우거나 차량에 주입하기 위하여 고정된 급유설비를 병설한 장소를 포함하며, 석유 및 석유대체연료 사업법에 의한 가짜석유제품에 해당하는 물품은 취급할 수 없다.

주유취급소는 주유대상에 따라 자동차용, 항공기용, 선박용, 철도용으로 나누고, 이용형태에 따라 영업용과 자가용으로, 주유취급소의 구조에 따라 옥내형과 옥외형으로 구분한다.

제2관 주유취급소의 위치·구조 및 설비의 기준

Ⅰ. 주유공지 및 급유공지

1. 주유취급소의 고정주유설비(펌프기기 및 호스기기로 되어 위험물을 자동차 등에 직접 주유하기 위한 설비로서 현수식(매닮식)의 것을 포함한다. 이하 같다)의 주위에는 주유를 받으려는 자동차 등이 출입할 수 있도록 너비 15m 이상, 길이 6m 이상의 콘크리트 등으로 포장한 공지(이하 "주유공지"라 한다)를 보유하여야 하고, 고정급유설비(펌프기기 및 호스기기로 되어 위험물을 용기에 옮겨 담거나 이동저장탱크에 주입하기 위한 설비로서 현수식의 것을 포함한다. 이하 같다)를 설치하는 경우에는 고정급유설비의 호스기기의 주위에 필요한 공지(이하 "급유공지"라 한다)를 보유하여야 한다.

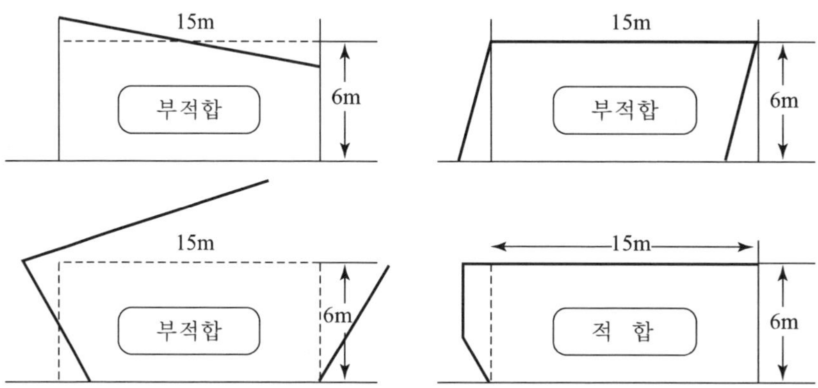

그림 4-1 주유공지의 확보형태

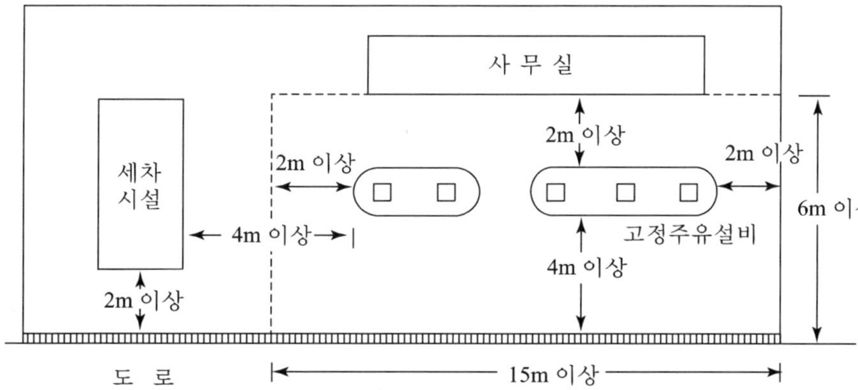

그림 4-2 주유취급소의 주유공지

2. 제1호의 규정에 의한 공지의 바닥은 주위 지면보다 높게 하고, 그 표면을 적당하게 경사지게 하여 새어나온 기름 그 밖의 액체가 공지의 외부로 유출되지 아니하도록 배수구·집유설비 및 유분리장치를 하여야 한다.

II. 표지 및 게시판

주유취급소에는 위험물제조소기준(별표 4) III제1호의 기준에 준하여 보기 쉬운 곳에 "위험물 주유취급소"라는 표시를 한 표지, 위험물제조소기준(별표 4) III제2호의 기준에 의하여 방화에 관하여 필요한 사항을 게시한 게시판 및 황색바탕에 흑색문자로 "주유 중 엔진정지"라는 표시를 한 게시판을 설치하여야 한다.

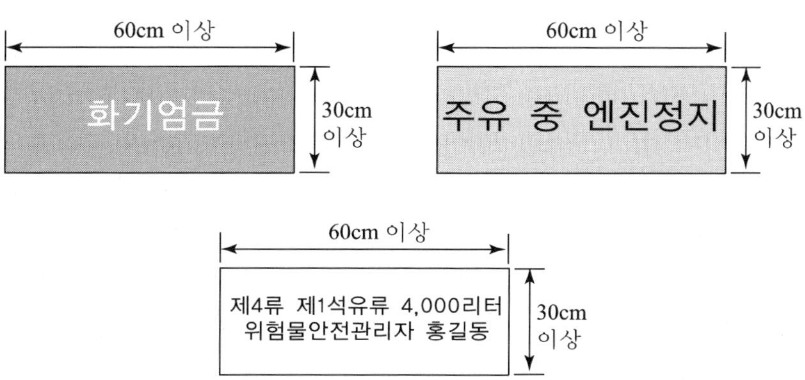

그림 4-3 게시판

III. 탱크

1. 주유취급소에는 다음 각 목의 탱크 외에는 위험물을 저장 또는 취급하는 탱크를 설치할 수 없다. 다만, 이동탱크저장소기준(별표 10) I의 규정에 의한 이동탱크저장소의 상치주차장소를 주유공지 또는 급유공지 외의 장소에 확보하여 이동탱크저장소(당해 주유취급소의 위험물의 저장 또는 취급에 관계된 것에 한한다)를 설치하는 경우에는 그러하지 아니하다.
   가. 자동차 등에 주유하기 위한 고정주유설비에 직접 접속하는 전용탱크로서 50,000 ℓ 이하의 것
   나. 고정급유설비에 직접 접속하는 전용탱크로서 50,000 ℓ 이하의 것
   다. 보일러 등에 직접 접속하는 전용탱크로서 10,000 ℓ 이하의 것
   라. 자동차 등을 점검·정비하는 작업장 등(주유취급소안에 설치된 것에 한한다)에서 사용하는 폐유·윤활유 등의 위험물을 저장하는 탱크로서 용량(2 이상 설치하는 경우에는 각 용량의 합계를 말한다)이 2,000 ℓ 이하인 탱크(이하 "폐유탱크등"이라 한다)
   마. 고정주유설비 또는 고정급유설비에 직접 접속하는 3기 이하의 간이탱크. 다만, 「국토의 계획 및 이용에 관한 법률」에 의한 방화지구 안에 위치하는 주유취급소의 경우를 제외한다.
2. 제1호 가목 내지 라목의 규정에 의한 탱크(다목 및 라목의 규정에 의한 탱크는 용량이 1,000 ℓ를 초과하는 것에 한한다)는 옥외의 지하 또는 캐노피 아래의 지하(캐노피 기둥의 하부를 제외한다)에 매설하여야 한다.
3. 제1호의 규정에 의하여 설치하는 전용탱크·폐유탱크등 또는 간이탱크의 위치·구조 및 설비의 기준은 다음 각 목과 같다.
   가. 지하에 매설하는 전용탱크 또는 폐유탱크등의 위치·구조 및 설비는 지하탱크저장소기준(별표 8) I [제5호·제10호(게시판에 관한 부분에 한한다)·제11호(액중펌프설비에 관한 부분은 제외한다)·제14호 및 용량 10,000 ℓ를 넘는 탱크를 설치하는 경우에 있어서는 제1호 단서를 제외한다]·지하탱크저장소기준(별표 8) II [지하탱크저장소기준(별표 8) I 제5호·제10호(게시판에 관한 부분에 한한다)·제11호·제14호를 제외한다] 또는 지하탱크저장소기준(별표 8) III [지하탱크저장소기준(별표 8) I 제5호·제10호(게시판에 관한 부분에 한한다)·제11호(액중펌프설비에 관한 부분을 제외한다)·제14호를 제외한다]의 규정에 의한 지하저장탱크의 위치·구조 및 설비의 기준을 준용할 것
   나. 지하에 매설하지 아니하는 폐유탱크등의 위치·구조 및 설비는 옥내탱크저장소기

준(별표 7) I (제1호다목을 제외한다)의 규정에 의한 옥내저장탱크의 위치·구조·설비 또는 시·도의 조례에 정하는 지정수량 미만인 탱크의 위치·구조 및 설비의 기준을 준용할 것

다. 간이탱크의 구조 및 설비는 간이탱크저장소기준(별표 9) 제4호 내지 제8호의 규정에 의한 간이저장탱크의 구조 및 설비의 기준을 준용하되, 자동차 등과 충돌할 우려가 없도록 설치할 것

Ⅳ. 고정주유설비 등

1. 주유취급소에는 자동차 등의 연료탱크에 직접 주유하기 위한 고정주유설비를 설치하여야 한다.
2. 주유취급소의 고정주유설비 또는 고정급유설비는 III제1호 가목·나목 또는 마목의 규정에 의한 탱크 중 하나의 탱크만으로 부터 위험물을 공급받을 수 있도록 하고, 다음 각 목의 기준에 적합한 구조로 하여야 한다.

가. 펌프기기는 주유관 끝부분에서의 최대 토출량이 제1석유류의 경우에는 분당 50 ℓ 이하, 경유의 경우에는 분당 180 ℓ 이하, 등유의 경우에는 분당 80 ℓ 이하인 것으로 할 것. 다만, 이동저장탱크에 주입하기 위한 고정급유설비의 펌프기기는 최대 토출량이 분당 300 ℓ 이하인 것으로 할 수 있으며, 분당 토출량이 200 ℓ 이상인 것의 경우에는 주유설비에 관계된 모든 배관의 안지름을 40mm 이상으로 하여야 한다.

나. 이동저장탱크의 상부를 통하여 주입하는 고정급유설비의 주유관에는 당해 탱크의 밑부분에 달하는 주입관을 설치하고, 그 토출량이 분당 80 ℓ를 초과하는 것은 이동저장탱크에 주입하는 용도로만 사용할 것

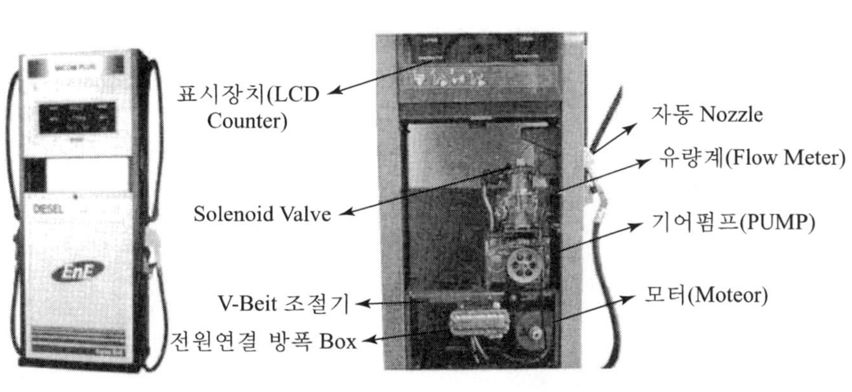

그림 4-4 고정식 고정주유설비의 구조

다. 고정주유설비 또는 고정급유설비는 난연성 재료로 만들어진 외장을 설치할 것. 다만, Ⅸ의 규정에 의한 기준에 적합한 펌프실에 설치하는 펌프기기 또는 액중펌프에 있어서는 그러하지 아니하다.

라. 고정주유설비 또는 고정급유설비의 본체 또는 노즐 손잡이에 주유작업자의 인체에 축적되는 정전기를 유효하게 제거할 수 있는 장치를 설치할 것

3. 고정주유설비 또는 고정급유설비의 주유관의 길이(끝부분의 개폐밸브를 포함한다)는 5m(현수식의 경우에는 지면 위 0.5m의 수평면에 수직으로 내려 만나는 점을 중심으로 반경 3m) 이내로 하고 그 끝부분에는 축적된 정전기를 유효하게 제거할 수 있는 장치를 설치하여야 한다.

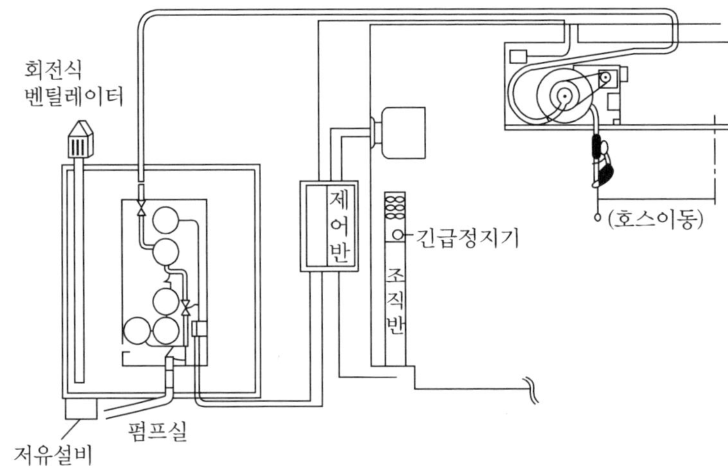

그림 4-5 현수식 주유설비의 구조

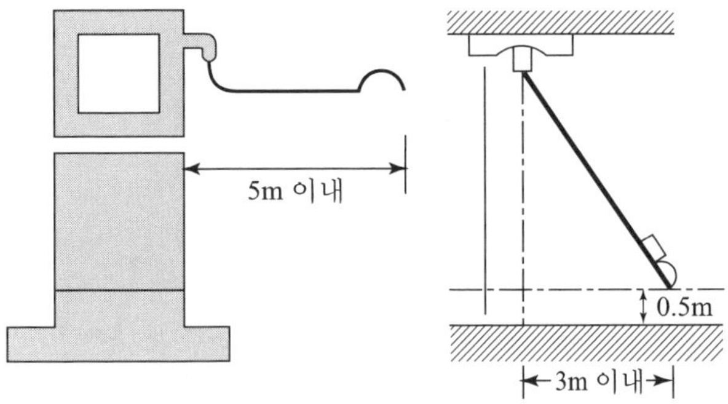

그림 4-6 고정식 및 현수식 주유관의 길이

4. 고정주유설비 또는 고정급유설비는 다음 각 목의 기준에 적합한 위치에 설치하여야 한다.
   가. 고정주유설비의 중심선을 기점으로 하여 도로경계선까지 4m 이상, 부지경계선·담 및 건축물의 벽까지 2m(개구부가 없는 벽으로부터는 1m) 이상의 거리를 유지하고, 고정급유설비의 중심선을 기점으로 하여 도로경계선까지 4m 이상, 부지경계선 및 담까지 1m 이상, 건축물의 벽까지 2m(개구부가 없는 벽까지는 1m) 이상의 거리를 유지할 것
   나. 고정주유설비와 고정급유설비의 사이에는 4m 이상의 거리를 유지할 것

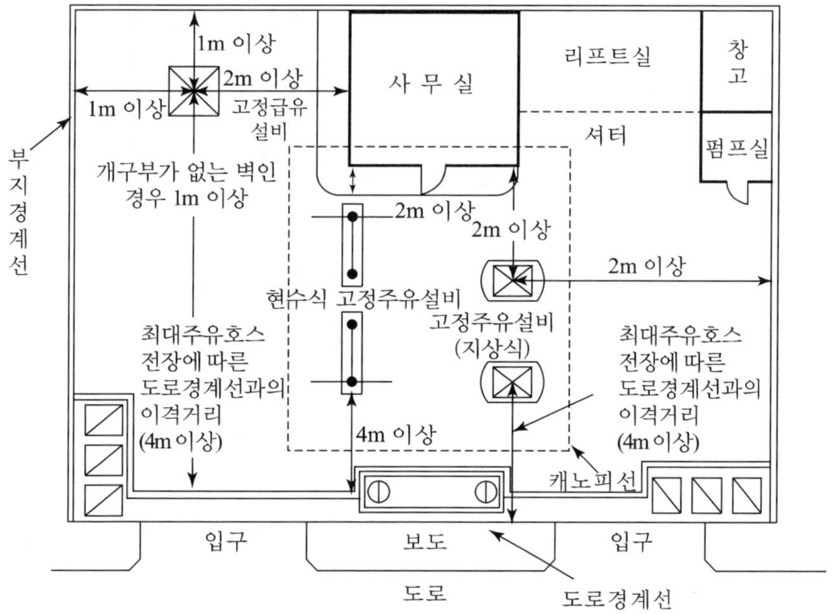

그림 4-7 고정주유설비 및 고정급유설비의 설치 위치

V. 건축물 등의 제한 등

1. 주유취급소에는 주유 또는 그에 부대하는 업무를 위하여 사용되는 다음 각 목의 건축물 또는 시설 외에는 다른 건축물 그 밖의 공작물을 설치할 수 없다.
   가. 주유 또는 등유·경유를 옮겨 담기 위한 작업장
   나. 주유취급소의 업무를 행하기 위한 사무소
   다. 자동차 등의 점검 및 간이정비를 위한 작업장
   라. 자동차 등의 세정을 위한 작업장
   마. 주유취급소에 출입하는 사람을 대상으로 한 점포·휴게음식점 또는 전시장

바. 주유취급소의 관계자가 거주하는 주거시설

사. 전기자동차용 충전설비(전기를 동력원으로 하는 자동차에 직접 전기를 공급하는 설비를 말한다. 이하 같다.)

아. 그 밖의 소방청장이 정하여 고시하는 건축물 또는 시설

2. 제1호 각 목의 건축물 중 주유취급소의 직원 외의 자가 출입하는 나목·다목 및 마목의 용도에 제공하는 부분의 면적의 합은 1,000m²를 초과할 수 없다.

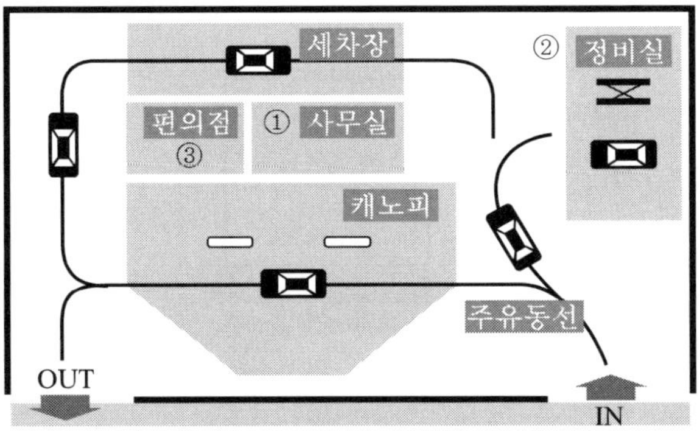

그림 4-8 건축면적 제한(사무실 + 점검 및 정비작업장 + 점포·휴게음식점 등 <1,000m²)

3. 다음 각 목의 1에 해당하는 주유취급소(이하 "옥내주유취급소"라 한다)는 소방청장이 정하여 고시하는 용도로 사용하는 부분이 없는 건축물(옥내주유취급소에서 발생한 화재를 옥내주유취급소의 용도로 사용하는 부분 외의 부분에 자동적으로 유효하게 알릴 수 있는 자동화재탐지설비 등을 설치한 건축물에 한한다)에 설치할 수 있다.

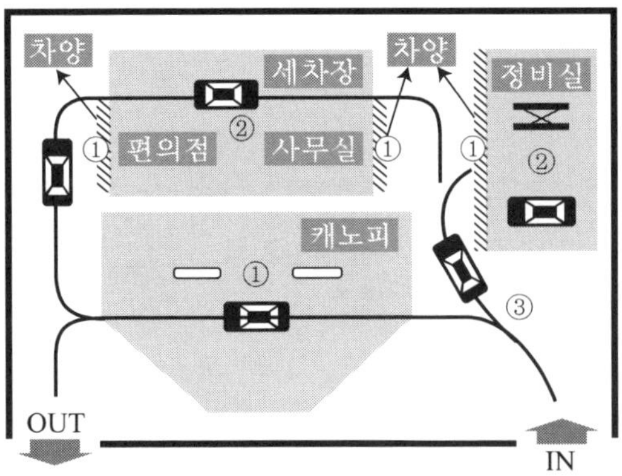

※ 설명
캐노피 등의 수평투영면적 ④ = ① 면적의 합
공지면적 ⑤ = ③(부지면적) − ②(각 면적의 합)

④ /⑤ = 1/3을 초과할 경우 옥내주유취급소에 해당한다.

그림 4-9 옥내주유취급소

가. 건축물안에 설치하는 주유취급소

나. 캐노피·처마·차양·부연·발코니 및 루버(louver : 통풍이나 빛가림을 위해 폭이 좁은 판을 빗대는 창살)의 수평투영면적이 주유취급소의 공지면적(주유취급소이 부지면적에서 건축물 중 벽 및 바닥으로 구획된 부분의 수평투영면적을 뺀 면적을 말한다)의 3분의 1을 초과하는 주유취급소

Ⅵ. 건축물 등의 구조

1. 주유취급소에 설치하는 건축물 등은 다음 각 목의 규정에 의한 위치 및 구조의 기준에 적합하여야 한다.

가. 건축물, 창 및 출입구의 구조는 다음의 기준에 적합하게 할 것

1) 건축물의 벽·기둥·바닥·보 및 지붕을 내화구조 또는 불연재료로 할 것. 다만, V제2호에 따른 면적의 합이 500m^{2}를 초과하는 경우에는 건축물의 벽을 내화구조로 하여야 한다.

2) 창 및 출입구(V제1호 다목 및 라목의 용도에 사용하는 부분에 설치한 자동차 등의 출입구를 제외한다)에는 방화문 또는 불연재료로 된 문을 설치할 것. 이 경우 V제2호에 따른 면적의 합이 500m^{2}를 초과하는 주유취급소로서 하나의 구획실의 면적이 500m^{2}를 초과하거나 2층 이상의 층에 설치하는 경우에는 해당 구획실 또는 해당 층의 2면 이상의 벽에 각각 출입구를 설치하여야 한다.

나. V제1호바목의 용도에 사용하는 부분은 개구부가 없는 내화구조의 바닥 또는 벽으로 당해 건축물의 다른 부분과 구획하고 주유를 위한 작업장 등 위험물취급장소에 면한 쪽의 벽에는 출입구를 설치하지 아니할 것

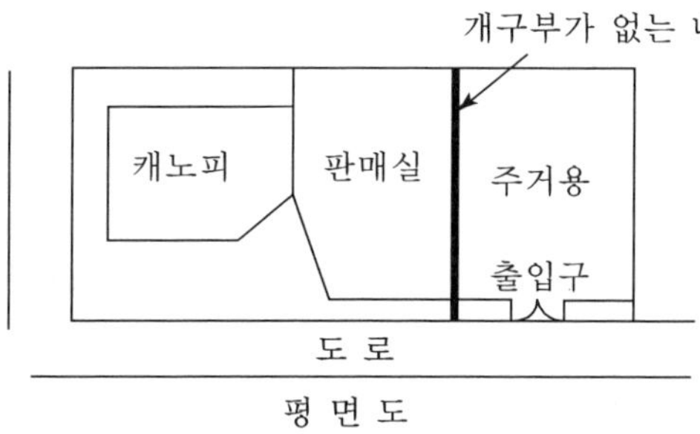

그림 4-10 화기취급소의 가연성 증기 유입방지 구조

다. 사무실 등의 창 및 출입구에 유리를 사용하는 경우에는 망입유리 또는 강화유리[1]로 할 것. 이 경우 강화유리의 두께는 창에는 8mm 이상, 출입구에는 12mm 이상으로 하여야 한다.

라. 건축물 중 사무실 그 밖의 화기를 사용하는 곳(V제1호다목 및 라목의 용도에 사용하는 부분을 제외한다)은 누설한 가연성증기가 그 내부에 유입되지 아니하도록 다음의 기준에 적합한 구조로 할 것

1) 출입구는 건축물의 안에서 밖으로 수시로 개방할 수 있는 자동폐쇄식의 것으로 할 것
2) 출입구 또는 사이통로의 문턱의 높이를 15cm 이상으로 할 것
3) 높이 1m 이하의 부분에 있는 창 등은 밀폐시킬 것

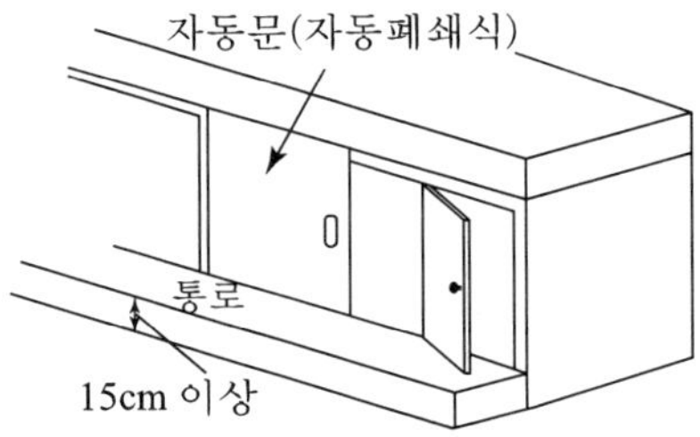

그림 4-11 화기취급소의 가연성 증기 유입방지 구조

마. 자동차 등의 점검·정비를 행하는 설비는 다음의 기준에 적합하게 할 것

1) 고정주유설비로부터 4m 이상, 도로경계선으로부터 2m 이상 떨어지게 할 것. 다만, V제1호다목의 규정에 의한 작업장 중 바닥 및 벽으로 구획된 옥내의 작업장에 설치하는 경우에는 그러하지 아니하다.
2) 위험물을 취급하는 설비는 위험물의 누설·넘침 또는 비산을 방지할 수 있는 구조로 할 것

---

1) 강화유리 : 판유리를 연화온도에 가까운 670~710℃로 가열하고 압축해 냉각공기로 급냉시켜 유리 표면부를 압축, 변형시키고 인장변형시켜 강화한 유리. 보통유리에 비해 굽힘 강도는 3~5배, 내충격은 5~8배 강화되었으며, 내열강도(열 충격저항)는 일반유리의 경우 약 80℃(유리 두께 3mm, 크기 10cm×10cm)가 파손되지 않는 온도 차의 한계이지만, 강화유리의 경우 약 180℃(일반유리 시편과 동일) 정도로, 약 2배 이상 열 충격저항이 큰 유리.

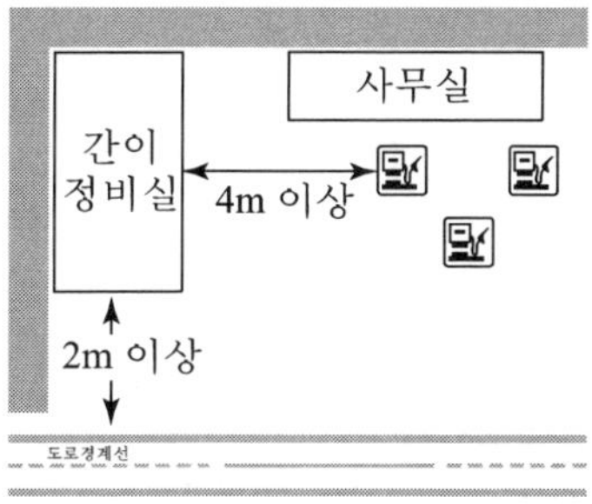

그림 4-12 간이정비시설의 설치

바. 자동차 등의 세정을 행하는 설비는 다음의 기준에 적합하게 할 것

1) 증기세차기를 설치하는 경우에는 그 주위에 불연재료로 된 높이 1m 이상의 담을 설치하고 출입구가 고정주유설비에 면하지 아니하도록 할 것. 이 경우 담은 고정주유설비로부터 4m 이상 떨어지게 하여야 한다.

2) 증기세차기 외의 세차기를 설치하는 경우에는 고정주유설비로부터 4m 이상, 도로경계선으로부터 2m 이상 떨어지게 할 것. 다만, V제1호라목의 규정에 의한 작업장 중 바닥 및 벽으로 구획된 옥내의 작업장에 설치하는 경우에는 그러하지 아니하다.

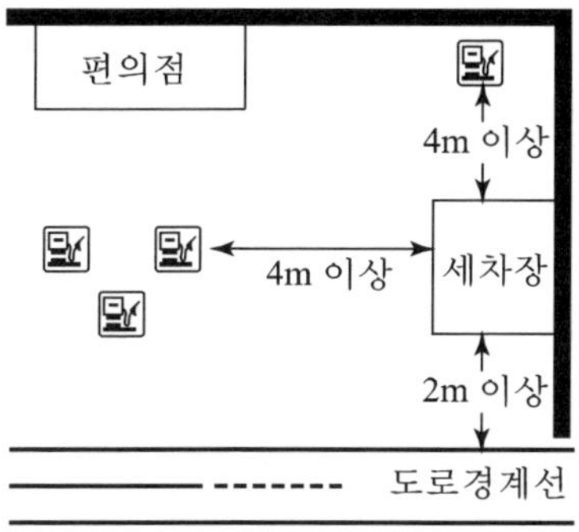

그림 4-13 세차장의 설치

사. 주유원간이대기실은 다음의 기준에 적합할 것

1) 불연재료로 할 것

2) 바퀴가 부착되지 아니한 고정식일 것

3) 차량의 출입 및 주유작업에 장애를 주지 아니하는 위치에 설치할 것

4) 바닥면적이 $2.5m^2$ 이하일 것. 다만, 주유공지 및 급유공지 외의 장소에 설치하는 것은 그러하지 아니하다.

아. 전기자동차용 충전설비는 다음의 기준에 적합할 것

1) 충전기기(충전케이블로 전기자동차에 전기를 직접 공급하는 기기를 말한다. 이하 같다)의 주위에 전기자동차 충전을 위한 전용 공지(주유공지 또는 급유공지 외의 장소를 말하며, 이하 "충전공지"라 한다)를 확보하고, 충전공지 주위를 페인트 등으로 표시하여 그 범위를 알아보기 쉽게 할 것

2) 전기자동차용 충전설비를 V. 건축물 등의 제한 등의 제1호 각 목의 건축물 밖에 설치하는 경우 충전공지는 고정주유설비 및 고정급유설비의 주유관을 최대한 펼친 끝 부분에서 1m 이상 떨어지도록 할 것

3) 전기자동차용 충전설비를 V. 건축물 등의 제한 등의 제1호 각 목의 건축물 안에 설치하는 경우에는 다음의 기준에 적합할 것

가) 해당 건축물의 1층에 설치할 것

나) 해당 건축물에 가연성 증기가 남아 있을 우려가 없도록 제조소의 위치·구조 및 설비의 기준(별표 4) V 제1호다목에 따른 환기설비 또는 제조소의 위치·구조 및 설비의 기준 VI에 따른 배출설비를 설치할 것

4) 전기자동차용 충전설비의 전력공급설비[전기자동차에 전원을 공급하기 위한 전기설비로서 전력량계, 인입구(引入口) 배선, 분전반 및 배선용 차단기 등을 말한다]는 다음의 기준에 적합할 것

가) 분전반은 방폭성능을 갖출 것. 다만, 분전반을 고정주유설비(제1석유류를 취급하는 고정주유설비만 해당한다. 이하 이 목에서 같다)의 중심선으로부터 6미터 이상, 전용탱크(제1석유류를 취급하는 전용탱크만 해당한다. 이하 이 목에서 같다) 주입구의 중심선으로부터 4미터 이상, 전용탱크 통기관 끝부분의 중심선으로부터 2미터 이상 거리를 두고 설치하는 경우에는 그러하지 아니하다.

나) 전력량계, 누전차단기 및 배선용 차단기는 분전반 내에 설치할 것

다) 인입구 배선은 지하에 설치할 것

라) 「전기사업법」에 따른 전기설비의 기술기준에 적합할 것

5) 충전기기와 인터페이스[충전기기에서 전기자동차에 전기를 공급하기 위하여 연결하는 커플러(coupler), 인렛(inlet), 케이블 등을 말한다. 이하 같다]는 다음의 기준에 적합할 것

가) 충전기기는 방폭성능을 갖출 것. 다만, 충전설비의 전원공급을 긴급히 차단

할 수 있는 장치를 사무소 내부 또는 충전기기 주변에 설치하고, 충전기기를 고정주유설비의 중심선으로부터 6미터 이상, 전용탱크 주입구의 중심선으로부터 4미터 이상, 전용탱크 통기관 끝부분의 중심선으로부터 2미터 이상 거리를 두고 설치하는 경우에는 그러하지 아니하다.

나) 인터페이스의 구성 부품은 「전기용품안전 관리법」에 따른 기준에 적합할 것

6) 충전작업(충전된 전지를 전기자동차에 장착하는 작업을 포함한다)에 필요한 주차장을 설치하는 경우에는 다음의 기준에 적합할 것

가) 주유공지, 급유공지 및 충전공지 외의 장소로서 주유를 위한 자동차 등의 진입·출입에 지장을 주지 않는 장소에 설치할 것

나) 주차장의 주위를 페인트 등으로 표시하여 그 범위를 알아보기 쉽게 할 것

다) 지면에 직접 주차하는 구조로 할 것

2. V제3호의 규정에 의한 옥내주유취급소는 제1호의 기준에 의하는 외에 다음 각 목에 정하는 기준에 적합한 구조로 하여야 한다.

가. 건축물에서 옥내주유취급소의 용도에 사용하는 부분은 벽·기둥·바닥·보 및 지붕을 내화구조로 하고, 개구부가 없는 내화구조의 바닥 또는 벽으로 당해 건축물의 다른 부분과 구획할 것. 다만, 건축물의 옥내주유취급소의 용도에 사용하는 부분의 상부에 상층이 없는 경우에는 지붕을 불연재료로 할 수 있다.

나. 건축물에서 옥내주유취급소(건축물 안에 설치하는 것에 한한다)의 용도에 사용하는 부분의 2 이상의 방면은 자동차 등이 출입하는 측 또는 통풍 및 피난상 필요한 공지에 접하도록 하고 벽을 설치하지 아니할 것

다. 건축물에서 옥내주유취급소의 용도에 사용하는 부분에는 가연성증기가 체류할 우려가 있는 구멍·구덩이 등이 없도록 할 것

라. 건축물에서 옥내주유취급소의 용도에 사용하는 부분에 상층이 있는 경우에는 상층으로의 연소를 방지하기 위하여 다음의 기준에 적합하게 내화구조로 된 캔틸레버를 설치할 것

1) 옥내주유취급소의 용도에 사용하는 부분(고정주유설비와 접하는 방향 및 제2호의 규정에 의하여 벽이 개방된 부분에 한한다)의 바로 윗층의 바닥에 이어서 1.5m 이상 내어 붙일 것. 다만, 바로 윗층의 바닥으로부터 높이 7m 이내에 있는 윗층의 외벽에 개구부가 없는 경우에는 그러하지 아니하다.

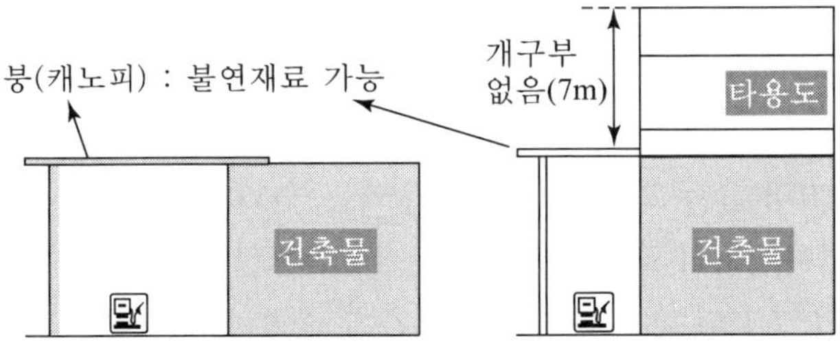

그림 4-14 옥내주유취급소의 구획

2) 캔틸레버[2] 끝부분과 윗층의 개구부(열지 못하게 만든 방화문과 연소방지상 필요한 조치를 한 것을 제외한다)까지의 사이에는 7m에서 당해 캔틸레버의 내어 붙인 거리를 뺀 길이 이상의 거리를 보유할 것

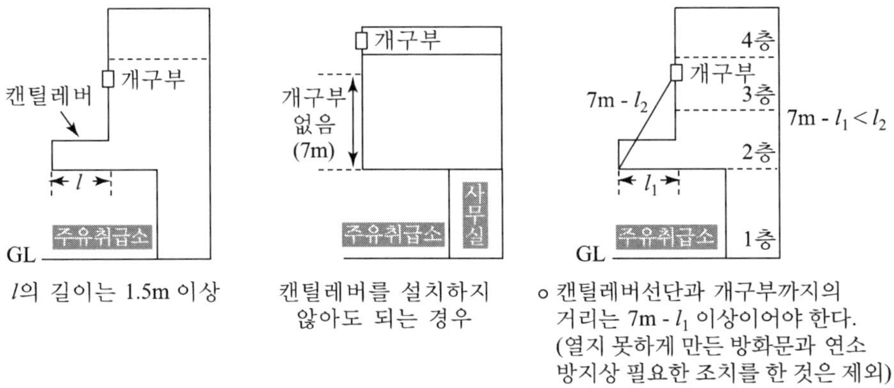

그림 4-15 캔틸레버의 설치

마. 건축물 중 옥내주유취급소의 용도에 사용하는 부분 외에는 주유를 위한 작업장 등 위험물 취급 장소와 접하는 외벽에 창(망입유리로 된 붙박이창을 제외한다) 및 출입구를 설치하지 아니할 것

VII. 담 또는 벽

1. 주유취급소의 주위에는 자동차 등이 출입하는 쪽 외의 부분에 높이 2m 이상의 내화구조 또는 불연재료의 담 또는 벽을 설치하되, 주유취급소의 인근에 연소의 우려가 있는

2) 캔틸레버 : 한 쪽만 고정시키고(고정단) 다른 쪽은 돌출시켜(자유단) 그 위에 하중이 실리도록 하는 보

건축물이 있는 경우에는 소방청장이 정하여 고시하는 바에 따라 방화상 유효한 높이로 하여야 한다.

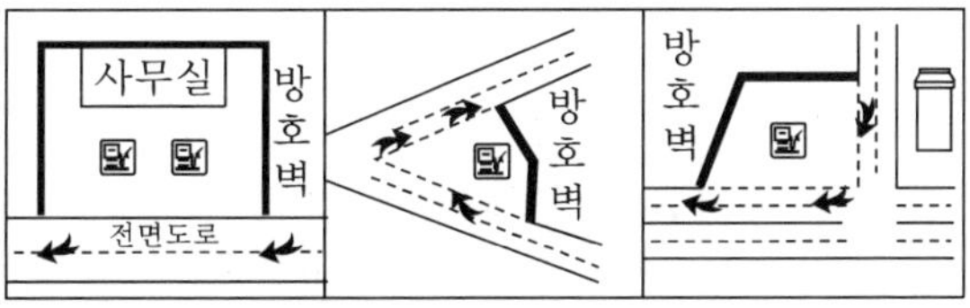

그림 4-16 주유취급소 주위의 담 또는 벽 설치

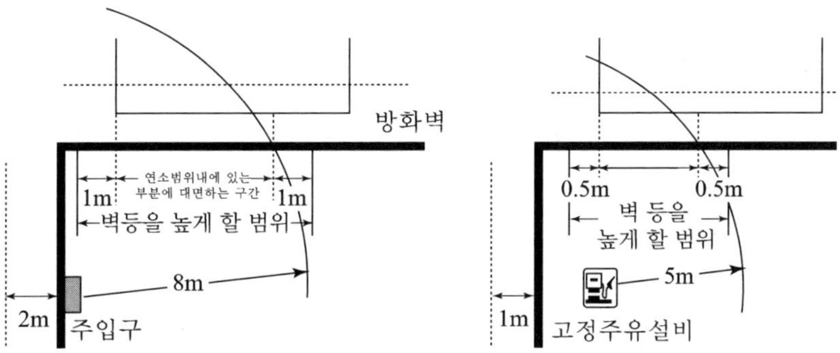

그림 4-17 벽을 높게 해야 할 범위

2. 제1호에도 불구하고 다음 각 목의 기준에 모두 적합한 경우에는 담 또는 벽의 일부분에 방화상 유효한 구조의 유리를 부착할 수 있다.
   가. 유리를 부착하는 위치는 주입구, 고정주유설비 및 고정급유설비로부터 4m 이상 거리를 둘 것
   나. 유리를 부착하는 방법은 다음의 기준에 모두 적합할 것
      1) 주유취급소 내의 지반면으로부터 70cm를 초과하는 부분에 한하여 유리를 부착할 것
      2) 하나의 유리판의 가로의 길이는 2m 이내일 것
      3) 유리판의 테두리를 금속제의 구조물에 견고하게 고정하고 해당 구조물을 담 또는 벽에 견고하게 부착할 것
      4) 유리의 구조는 접합유리(두 장의 유리를 두께 0.76mm 이상의 폴리비닐부티랄 필름으로 접합한 구조를 말한다)로 하되, 「유리구획 부분의 내화시험방법(KS F

2845)」에 따라 시험하여 비차열 30분 이상의 방화성능이 인정될 것

다. 유리를 부착하는 범위는 전체의 담 또는 벽의 길이의 10분의 2를 초과하지 아니할 것

VIII. 캐노피

주유취급소에 캐노피를 설치하는 경우에는 다음 각 목의 기준에 의하여야 한다.

가. 배관이 캐노피 내부를 통과할 경우에는 1개 이상의 점검구를 설치할 것

나. 캐노피 외부의 점검이 곤란한 장소에 배관을 설치하는 경우에는 용접이음으로 할 것

다. 캐노피 외부의 배관이 일광열의 영향을 받을 우려가 있는 경우에는 단열재로 피복할 것

IX. 펌프실등의 구조

주유취급소 펌프실 그 밖에 위험물을 취급하는 실(이하 IX에서 "펌프실등"이라 한다)을 설치하는 경우에는 다음 각 목의 기준에 적합하게 하여야 한다.

가. 바닥은 위험물이 침투하지 아니하는 구조로 하고 적당한 경사를 두어 집유설비를 설치할 것

나. 펌프실등에는 위험물을 취급하는데 필요한 채광·조명 및 환기의 설비를 할 것

다. 가연성증기가 체류할 우려가 있는 펌프실등에는 그 증기를 옥외에 배출하는 설비를 설치할 것

라. 고정주유설비 또는 고정급유설비중 펌프기기를 호스기기와 분리하여 설치하는 경우에는 펌프실의 출입구를 주유공지 또는 급유공지에 접하도록 하고, 자동폐쇄식의 갑종방화문을 설치할 것

마. 펌프실등에는 위험물제조소기준(별표 4) III제1호의 기준에 따라 보기 쉬운 곳에 "위험물 펌프실", "위험물 취급실" 등의 표시를 한 표지와 동표 III제2호의 기준에 따라 방화에 관하여 필요한 사항을 게시한 게시판을 설치하여야 한다.

바. 출입구에는 바닥으로부터 0.1m 이상의 턱을 설치할 것

X. 항공기 주유취급소의 특례

1. 비행장에서 항공기, 비행장에 소속된 차량 등에 주유하는 주유취급소에 대하여는 I, II, III제1호·제2호, IV제2호·제3호(주유관의 길이에 관한 규정에 한한다), VII 및 VIII의 규정을 적용하지 아니한다.

2. 제1호에서 규정한 것 외의 항공기 주유취급소에 대한 특례는 다음 각 목과 같다.
   가. 항공기 주유취급소에는 항공기 등에 직접 주유하는데 필요한 공지를 보유할 것
   나. 제1호의 규정에 의한 공지는 그 지면을 콘크리트 등으로 포장할 것
   다. 제1호의 규정에 의한 공지에는 누설한 위험물 그 밖의 액체가 공지의 외부로 유출되지 아니하도록 배수구 및 유분리장치를 설치할 것. 다만, 누설한 위험물 등의 유출을 방지하기 위한 조치를 한 경우에는 그러하지 아니하다.
   라. 지하식(호스기기가 지하의 상자에 설치된 형식을 말한다. 이하 같다)의 고정주유설비를 사용하여 주유하는 항공기 주유취급소의 경우에는 다음의 기준에 의할 것
      1) 호스기기를 설치한 상자에는 적당한 방수조치를 할 것
      2) 고정주유설비의 펌프기기와 호스기기를 분리하여 설치한 항공기 주유취급소의 경우에는 당해 고정주유설비의 펌프기기를 정지하는 등의 방법에 의하여 위험물저장탱크로부터 위험물의 이송을 긴급히 정지할 수 있는 장치를 설치할 것
   마. 연료를 이송하기 위한 배관(이하 "주유배관"이라 한다) 및 당해 주유배관의 끝부분에 접속하는 호스기기를 사용하여 주유하는 항공기 주유취급소의 경우에는 다음의 기준에 의할 것
      1) 주유배관의 끝부분에는 밸브를 설치할 것
      2) 주유배관의 끝부분을 지면 아래의 상자에 설치한 경우에는 당해 상자에 대하여 적당한 방수조치를 할 것
      3) 주유배관의 끝부분에 접속하는 호스기기는 누설우려가 없도록 하는 등 화재예방상 안전한 구조로 할 것
      4) 주유배관의 끝부분에 접속하는 호스기기에는 주유호스의 끝부분에 축적되는 정전기를 유효하게 제거하는 장치를 설치할 것
      5) 항공기 주유취급소에는 펌프기기를 정지하는 등의 방법에 의하여 위험물저장탱크로부터 위험물의 이송을 긴급히 정지할 수 있는 장치를 설치할 것

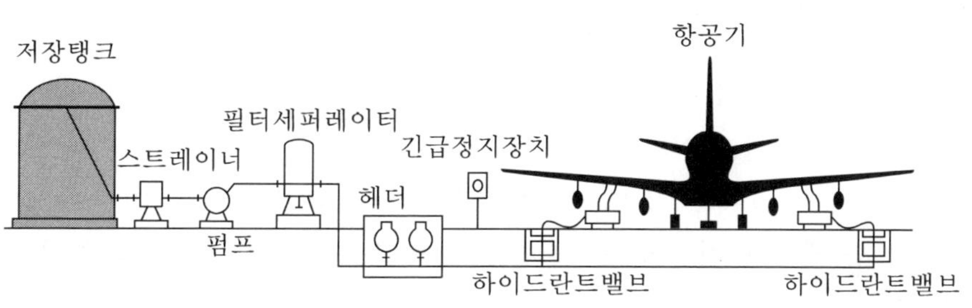

그림 4-18 주유배관 및 호스기기에 의한 방식

바. 주유배관의 끝부분에 접속하는 호스기기를 적재한 차량(이하 "주유호스차"라 한다)을 사용하여 주유하는 항공기 주유취급소의 경우에는 마목1)·2) 및 5)의 규정에 의하는 외에 다음의 기준에 의할 것

1) 주유호스차는 화재예방상 안전한 장소에 상시 주차할 것
2) 주유호스차에는 이동탱크저장기준(별표 10) IX제1호 가목 및 나목의 규정에 의한 장치를 설치할 것
3) 주유호스차의 호스기기는 이동탱크저장기준(별표 10) IX제1호 다목, 마목 본문 및 사목의 규정에 의한 주유탱크차의 주유설비의 기준을 준용할 것
4) 주유호스차의 호스기기에는 접지도선을 설치하고 주유호스의 끝부분에 축적되는 정전기를 유효하게 제거할 수 있는 장치를 설치할 것
5) 항공기 주유취급소에는 정전기를 유효하게 제거할 수 있는 접지전극을 설치할 것

사. 주유탱크차를 사용하여 주유하는 항공기 주유취급소에는 정전기를 유효하게 제거할 수 있는 접지전극을 설치할 것

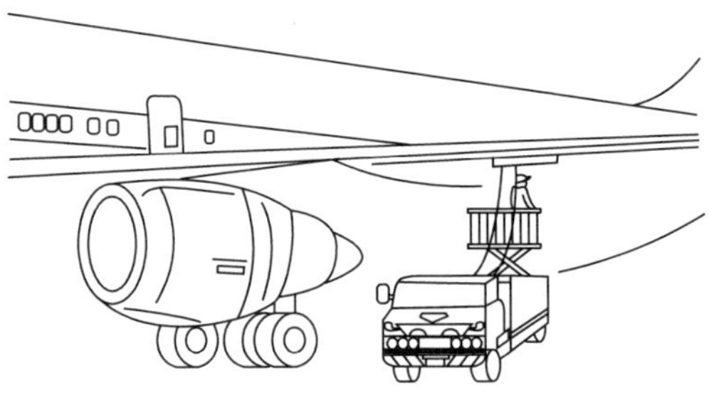

그림 4-19 주유호스차에 의한 방식 예

XI. 철도 주유취급소의 특례

1. 철도 또는 궤도에 의하여 운행하는 차량에 주유하는 주유취급소에 대하여는 I 내지 VIII의 규정을 적용하지 아니한다.
2. 제1호에서 규정한 것 외의 철도 주유취급소에 대한 특례는 다음 각 목과 같다.

가. 철도 또는 궤도에 의하여 운행하는 차량에 직접 주유하는데 필요한 공지를 보유할 것

나. 가목의 규정에 의한 공지 중 위험물이 누설할 우려가 있는 부분과 고정주유설비

또는 주유배관의 끝부분 주위에 있어서는 그 지면을 콘크리트 등으로 포장할 것

다. 나목의 규정에 의하여 포장한 부분에는 누설한 위험물 그 밖의 액체가 외부로 유출되지 아니하도록 배수구 및 유분리장치를 설치할 것

라. 지하식의 고정주유설비를 이용하여 주유하는 경우에는 X제2호라목의 규정을 준용할 것

마. 주유배관의 끝부분에 접속한 호스기기를 이용하여 주유하는 경우에는 X제2호마목의 규정을 준용할 것

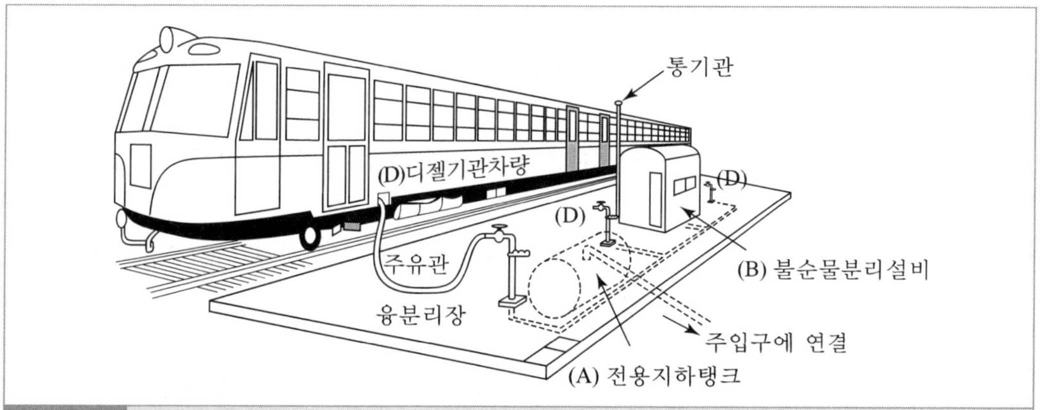

그림 4-20 철도 주유취급소

XII. 고속국도 주유취급소의 특례

고속국도의 도로변에 설치된 주유취급소에 있어서는 III제1호 가목 및 나목의 규정에 의한 탱크의 용량을 60,000 ℓ까지 할 수 있다.

XIII. 자가용 주유취급소의 특례

주유취급소의 관계인이 소유·관리 또는 점유한 자동차 등에 대하여만 주유하기 위하여 설치하는 자가용 주유취급소에 대하여는 I 제1호의 규정을 적용하지 아니한다.

XIV. 선박 주유취급소의 특례

1. 선박에 주유하는 주유취급소에 대하여는 I 제1호, III제1호 및 제2호, IV제3호(주유관의 길이에 관한 규정에 한한다) 및 VII의 규정을 적용하지 아니한다.
2. 제1호에서 규정한 것 외의 선박 주유취급소(고정주유설비를 수상의 구조물에 설치하는

선박 주유취급소는 제외한다)에 대한 특례는 다음 각 목과 같다.

가. 선박 주유취급소에는 선박에 직접 주유하기 위한 공지와 계류시설을 보유할 것

나. 가목의 규정에 의한 공지, 고정주유설비 및 주유배관의 끝부분의 주위에는 그 지반면을 콘크리트 등으로 포장할 것

다. 나목의 규정에 의하여 포장된 부분에는 누설한 위험물 그 밖의 액체가 공지의 외부로 유출되지 아니하도록 배수구 및 유분리장치를 설치할 것. 다만, 누설한 위험물 등의 유출을 방지하기 위한 조치를 한 경우에는 그러하지 아니하다.

라. 지하식의 고정주유설비를 이용하여 주유하는 경우에는 X제2호라목의 규정을 준용할 것

마. 주유배관의 끝부분에 접속한 호스기기를 이용하여 주유하는 경우에는 X제2호마목의 규정을 준용할 것

바. 선박 주유취급소에는 위험물이 유출될 경우 회수 등의 응급조치를 강구할 수 있는 설비를 설치할 것

3. 제1호에서 규정한 것 외의 고정주유설비를 수상의 구조물에 설치하는 선박 주유취급소에 대한 특례는 다음 각 목과 같다.

가. I제2호 및 IV제4호를 적용하지 않을 것

나. 선박 주유취급소에는 선박에 직접 주유하는 주유작업과 선박의 계류를 위한 수상구조물을 다음의 기준에 따라 설치할 것

1) 수상구조물은 철재·목재 등의 견고한 재질이어야 하며, 그 기둥을 해저 또는 하저에 견고하게 고정시킬 것

2) 선박의 충돌로부터 수상구조물의 손상을 방지할 수 있는 철재로 된 보호구조물을 해저 또는 하저에 견고하게 고정시킬 것

다. 수상구조물에 설치하는 고정주유설비의 주유작업 장소의 바닥은 불침윤성·불연성의 재료로 포장을 하고, 그 주위에 새어나온 위험물이 외부로 유출되지 않도록 집유설비를 다음의 기준에 따라 설치할 것

1) 새어나온 위험물을 직접 또는 배수구를 통하여 집유설비로 수용할 수 있는 구조로 할 것

2) 집유설비는 수시로 용이하게 개방하여 고여 있는 빗물과 위험물을 제거할 수 있는 구조로 할 것

라. 수상구조물에 설치하는 고정주유설비는 다음의 기준에 따라 설치할 것

1) 주유호스의 끝부분에 수동개폐장치를 부착한 주유노즐을 설치하고, 개방한 상태로 고정시키는 장치를 부착하지 않을 것

2) 주유노즐은 선박의 연료탱크가 가득 찬 경우 자동적으로 정지시키는 구조일 것
3) 주유호스는 200kg 중 이하의 하중에 의하여 깨져 분리되거나 이탈되어야 하고, 깨져 분리되거나 이탈된 부분으로부터의 위험물 누출을 방지할 수 있는 구조일 것

마. 수상구조물에 설치하는 고정주유설비에 위험물을 공급하는 배관계에 위험물 차단밸브를 다음의 기준에 따라 설치할 것. 다만, 위험물을 공급하는 탱크의 최고 액표면의 높이가 해당 배관계의 높이보다 낮은 경우에는 그렇지 않다.

1) 고정주유설비의 인근에서 주유작업자가 직접 위험물의 공급을 차단할 수 있는 수동식의 차단밸브를 설치할 것
2) 배관 경로 중 육지 내의 지점에서 위험물의 공급을 차단할 수 있는 수동식의 차단밸브를 설치할 것

바. 긴급한 경우에 고정주유설비의 펌프를 정지시킬 수 있는 긴급제어장치를 설치할 것

사. 지하식의 고정주유설비를 이용하여 주유하는 경우에는 X제2호라목을 준용할 것

아. 주유배관의 끝부분에 접속하는 호스기기를 이용하여 주유하는 경우에는 X제2호마목을 준용할 것

자. 선박 주유취급소에는 위험물이 유출될 경우 회수 등의 응급조치를 강구할 수 있는 설비를 다음의 기준에 따라 준비하여 둘 것

1) 오일펜스(기름막이) : 수면 위로 20cm 이상 30cm 미만으로 노출되고, 수면 아래로 30cm 이상 40cm 미만으로 잠기는 것으로서, 60m 이상의 길이일 것
2) 유처리제, 유흡착제 또는 유겔화제(기름을 굳게 하는 물질) : 다음의 계산식을 충족하는 양 이상일 것

$$20X + 50Y + 15Z = 10,000$$

X : 유처리제의 양(ℓ)
Y : 유흡착제의 양(kg)
Z : 유겔화제의 양[액상(ℓ), 분말(kg)]

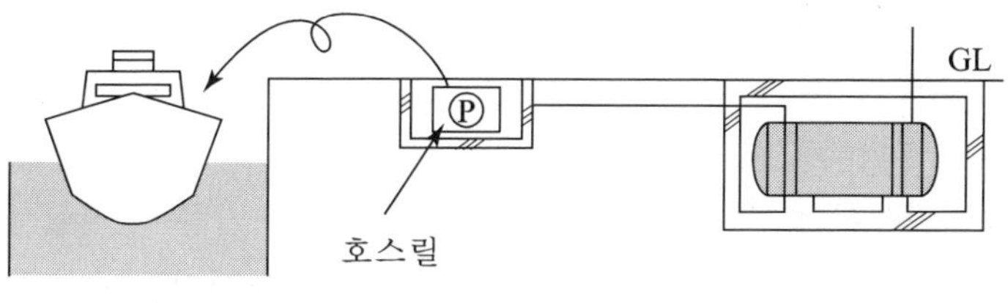

그림 4-21 지하식 고정주유설비를 이용하는 경우

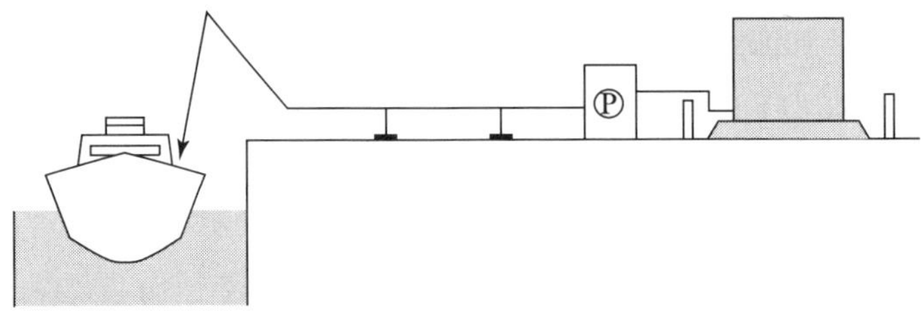

그림 4-22 주유배관을 이용하는 경우

XV. 고객이 직접 주유하는 주유취급소의 특례(self)

1. 고객이 직접 자동차 등의 연료탱크 또는 용기에 위험물을 주입하는 고정주유설비 또는 고정급유설비(이하 "셀프용 고정주유설비" 또는 "셀프용 고정급유설비"라 한다)를 설치하는 주유취급소의 특례는 제2호 내지 제5호와 같다.
2. 셀프용 고정주유설비의 기준은 다음의 각 목과 같다.
   가. 주유호스의 끝부분에 수동개폐장치를 부착한 주유노즐을 설치할 것. 다만, 수동개폐장치를 개방한 상태로 고정시키는 장치가 부착된 경우에는 다음의 기준에 적합하여야 한다.
      1) 주유작업을 개시함에 있어서 주유노즐의 수동개폐장치가 개방상태에 있는 때에는 당해 수동개폐장치를 일단 폐쇄시켜야만 다시 주유를 개시할 수 있는 구조로 할 것
      2) 주유노즐이 자동차 등의 주유구로부터 이탈된 경우 주유를 자동적으로 정지시키는 구조일 것
   나. 주유노즐은 자동차 등의 연료탱크가 가득 찬 경우 자동적으로 정지시키는 구조일 것
   다. 주유호스는 200kg중 이하의 하중에 의하여 깨져 분리되거나 이탈되어야 하고, 깨져 분리되거나 이탈된 부분으로부터의 위험물 누출을 방지할 수 있는 구조일 것
   라. 휘발유와 경유 상호간의 오인에 의한 주유를 방지할 수 있는 구조일 것
   마. 1회의 연속주유량 및 주유시간의 상한을 미리 설정할 수 있는 구조일 것. 이 경우 주유량의 상한은 휘발유는 100ℓ 이하, 경유는 200ℓ 이하로 하며, 주유시간의 상한은 4분 이하로 한다.
3. 셀프용 고정급유설비의 기준은 다음 각 목과 같다.
   가. 급유호스의 끝부분에 수동개폐장치를 부착한 급유노즐을 설치할 것
   나. 급유노즐은 용기가 가득 찬 경우에 자동적으로 정지시키는 구조일 것

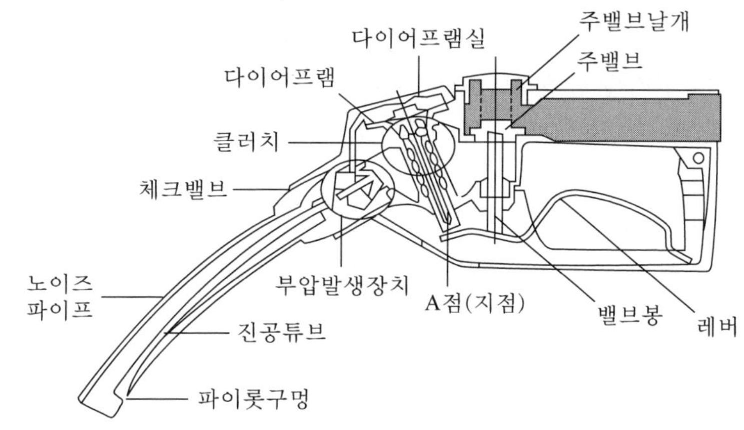

그림 4-23 주유노즐 구조

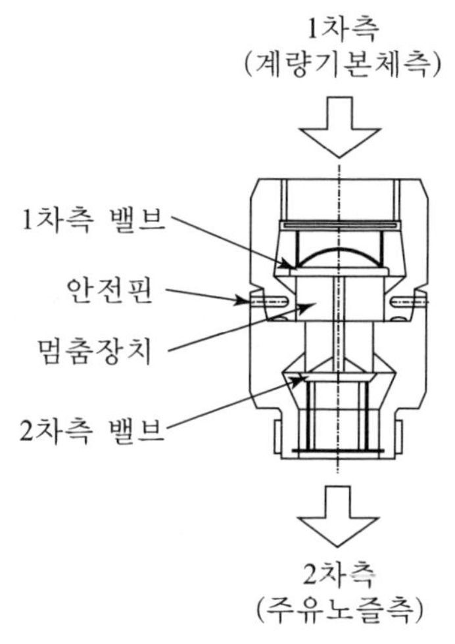

그림 4-24 긴급이탈 카플러

다. 1회의 연속급유량 및 급유시간의 상한을 미리 설정할 수 있는 구조일 것. 이 경우 급유량의 상한은 100ℓ 이하, 급유시간의 상한은 6분 이하로 한다.

4. 셀프용 고정주유설비 또는 셀프용 고정급유설비의 주위에는 다음 각 목에 의하여 표시를 하여야 한다.

가. 셀프용 고정주유설비 또는 셀프용 고정급유설비의 주위의 보기 쉬운 곳에 고객이 직접 주유할 수 있다는 의미의 표시를 하고 자동차의 정차위치 또는 용기를 놓는 위치를 표시할 것

나. 주유호스 등의 직근에 호스기기 등의 사용방법 및 위험물의 품목을 표시할 것

다. 셀프용 고정주유설비 또는 셀프용 고정급유설비와 셀프용이 아닌 고정주유설비 또는 고정급유설비를 함께 설치하는 경우에는 셀프용이 아닌 것의 주위에 고객이 직접 사용할 수 없다는 의미의 표시를 할 것

5. 고객에 의한 주유작업을 감시·제어하고 고객에 대한 필요한 지시를 하기 위한 감시대와 필요한 설비를 다음 각 목의 기준에 의하여 설치하여야 한다.

가. 감시대는 모든 셀프용 고정주유설비 또는 셀프용 고정급유설비에서의 고객의 취급작업을 직접 볼 수 있는 위치에 설치할 것

나. 주유중인 자동차 등에 의하여 고객의 취급작업을 직접 볼 수 없는 부분이 있는 경우에는 당해 부분의 감시를 위한 카메라를 설치할 것

다. 감시대에는 모든 셀프용 고정주유설비 또는 셀프용 고정급유설비로의 위험물 공급을 정지시킬 수 있는 제어장치를 설치할 것

라. 감시대에는 고객에게 필요한 지시를 할 수 있는 방송설비를 설치할 것.

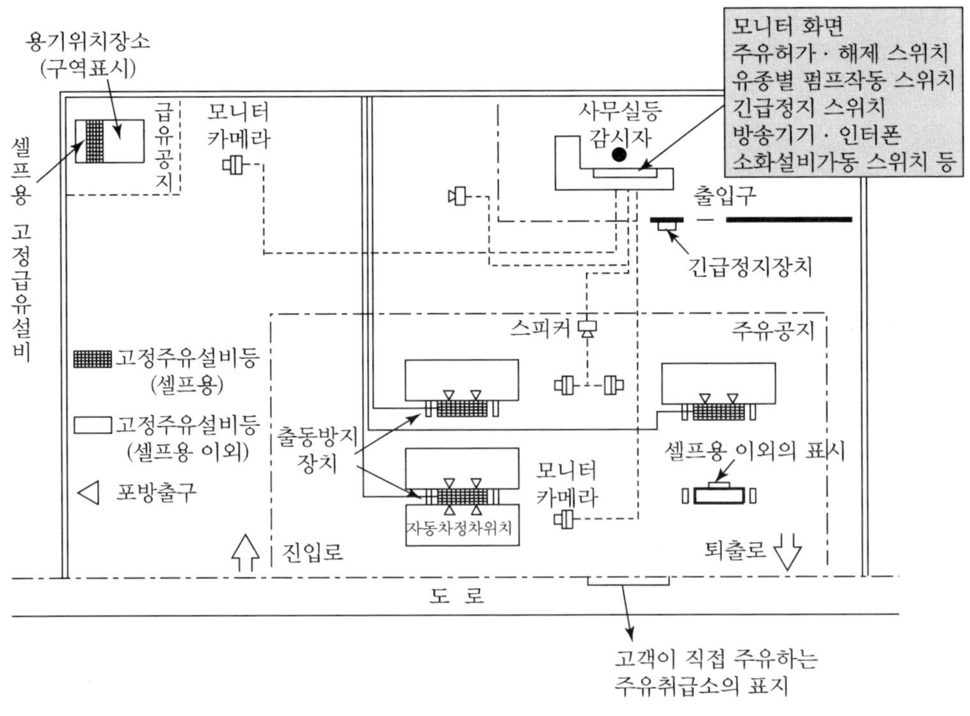

그림 4-25 셀프용 주유취급소

XVI. 수소충전설비를 설치한 주유취급소의 특례

1. 전기를 원동력으로 하는 자동차등에 수소를 충전하기 위한 설비(압축수소를 충전하는 설비에 한정한다)를 설치하는 주유취급소(옥내주유취급소 외의 주유취급소에 한정하며, 이하 "압축수소충전설비 설치 주유취급소"라 한다)의 특례는 제2호부터 제5호까지와 같다.
2. 압축수소충전설비 설치 주유취급소에는 III 제1호의 규정에 불구하고 인화성 액체를 원료로 하여 수소를 제조하기 위한 개질장치(改質裝置)(이하 "개질장치"라 한다)에 접속하는 원료탱크(50,000ℓ 이하의 것에 한정한다)를 설치할 수 있다. 이 경우 원료탱크는 지하에 매설하되, 그 위치, 구조 및 설비는 III 제3호가목을 준용한다.
3. 압축수소충전설비 설치 주유취급소에 설치하는 설비의 기술기준은 다음의 각목과 같다.
   가. 개질장치의 위치, 구조 및 설비는 위험물제조소기준(별표 4) 4 VII, 같은 표 VIII 제1호부터 제4호까지, 제6호 및 제8호와 같은 표 X에서 정하는 사항 외에 다음의 기준에 적합하여야 한다.
      1) 개질장치는 자동차등이 충돌할 우려가 없는 옥외에 설치할 것
      2) 개질원료 및 수소가 누출된 경우에 개질장치의 운전을 자동으로 정지시키는 장치를 설치할 것
      3) 펌프설비에는 개질원료의 배출압력이 최대상용압력을 초과하여 상승하는 것을 방지하기 위한 장치를 설치할 것
      4) 개질장치의 위험물 취급량은 지정수량의 10배 미만일 것
   나. 압축기(壓縮機)는 다음의 기준에 적합하여야 한다.
      1) 가스의 배출압력이 최대상용압력을 초과하여 상승하는 경우에 압축기의 운전을 자동으로 정지시키는 장치를 설치할 것
      2) 배출측과 가장 가까운 배관에 역류방지밸브를 설치할 것
      3) 자동차 등의 충돌을 방지하는 조치를 마련할 것
   다. 충전설비는 다음의 기준에 적합하여야 한다.
      1) 위치는 주유공지 또는 급유공지 외의 장소로 하되, 주유공지 또는 급유공지에서 압축수소를 충전하는 것이 불가능한 장소로 할 것
      2) 충전호스는 자동차등의 가스충전구와 정상적으로 접속하지 않는 경우에는 가스가 공급되지 않는 구조로 하고, 200kg중 이하의 하중에 의하여 깨져 분리되거나 이탈되어야 하며, 깨져 분리되거나 이탈된 부분으로부터 가스 누출을 방지할 수 있는 구조일 것
      3) 자동차 등의 충돌을 방지하는 조치를 마련할 것

4) 자동차 등의 충돌을 감지하여 운전을 자동으로 정지시키는 구조일 것

라. 가스배관은 다음의 기준에 적합하여야 한다.

1) 위치는 주유공지 또는 급유공지 외의 장소로 하되, 자동차 등이 충돌할 우려가 없는 장소로 하거나 자동차 등의 충돌을 방지하는 조치를 마련할 것

2) 가스배관으로부터 화재가 발생한 경우에 주유공지·급유공지 및 전용탱크·폐유탱크등·간이탱크의 주입구로의 연소확대를 방지하는 조치를 마련할 것

3) 누출된 가스가 체류할 우려가 있는 장소에 설치하는 경우에는 접속부를 용접할 것. 다만, 당해 접속부의 주위에 가스누출 검지설비를 설치한 경우에는 그러하지 아니하다.

4) 축압기(蓄壓器)로부터 충전설비로의 가스 공급을 긴급히 정지시킬 수 있는 장치를 설치할 것. 이 경우 당해 장치의 기동장치는 화재발생 시 신속히 조작할 수 있는 장소에 두어야 한다.

마. 압축수소의 수입설비(受入設備)는 다음의 기준에 적합하여야 한다.

1) 위치는 주유공지 또는 급유공지 외의 장소로 하되, 주유공지 또는 급유공지에서 가스를 수입하는 것이 불가능한 장소로 할 것

2) 자동차 등의 충돌을 방지하는 조치를 마련할 것

4. 압축수소충전설비 설치 주유취급소의 기타 안전조치의 기술기준은 다음 각 목과 같다

가. 압축기, 축압기 및 개질장치가 설치된 장소와 주유공지, 급유공지 및 전용탱크·폐유탱크등·간이탱크의 주입구가 설치된 장소 사이에는 화재가 발생한 경우에 상호 연소확대를 방지하기 위하여 높이 1.5m 정도의 불연재료의 담을 설치할 것

나. 고정주유설비·고정급유설비 및 전용탱크·폐유탱크등·간이탱크의 주입구로부터 누출된 위험물이 충전설비·축압기·개질장치에 도달하지 않도록 깊이 30cm, 폭 10cm의 집유 구조물을 설치할 것

다. 고정주유설비(현수식의 것을 제외한다)·고정급유설비(현수식의 것을 제외한다) 및 간이탱크의 주위에는 자동차등의 충돌을 방지하는 조치를 마련할 것

5. 압축수소충전설비와 관련된 설비의 기술기준은 제2호부터 제4호까지에서 규정한 사항 외에 「고압가스 안전관리법 시행규칙」 별표 5에서 정하는 바에 따른다.

제2절 판매취급소

제1관 판매취급소 정의

판매취급소란 점포에서 위험물을 용기에 담아 판매하기 위하여 지정수량의 40배 이하의 위험물을 취급하는 장소를 말한다. 일반적으로 석유가게, 도료류 판매점, 화공약품 상회 등이 판매취급소에 속한다고 할 수 있다. 판매취급소는 국민생활과 밀접한 관련이 있는 시설로서 안전거리 및 보유공지에 대한 제한이 없다.

위험물안전관리법에서는 저장 또는 취급하는 수량의 지정수량 배수에 따라 제1종 판매취급소와 제2종 판매취급소로 구분하고 있다.

제1종 판매취급소란 저장 또는 취급하는 위험물의 수량이 지정수량의 20배 이하인 판매취급소를 말한다.

제2종 판매취급소란 저장 또는 취급하는 위험물의 수량이 지정수량의 40배 이하인 판매취급소를 말한다.

제2관 판매취급소의 위치·구조 및 설비의 기준

1. 저장 또는 취급하는 위험물의 수량이 지정수량의 20배 이하인 판매취급소(이하 "제1종 판매취급소"라 한다)의 위치·구조 및 설비의 기준은 다음 각 목과 같다.
   가. 제1종 판매취급소는 건축물의 1층에 설치할 것
   나. 제1종 판매취급소에는 위험물제조소기준(별표 4) III제1호의 기준에 따라 보기 쉬운 곳에 "위험물 판매취급소(제1종)"라는 표시를 한 표지와 동표 III제2호의 기준에 따라 방화에 관하여 필요한 사항을 게시한 게시판을 설치하여야 한다.
   다. 제1종 판매취급소의 용도로 사용되는 건축물의 부분은 내화구조 또는 불연재료로 하고, 판매취급소로 사용되는 부분과 다른 부분과의 격벽은 내화구조로 할 것
   라. 제1종 판매취급소의 용도로 사용하는 건축물의 부분은 보를 불연재료로 하고, 천장을 설치하는 경우에는 천장을 불연재료로 할 것
   마. 제1종 판매취급소의 용도로 사용하는 부분에 상층이 있는 경우에 있어서는 그 상층의 바닥을 내화구조로 하고, 상층이 없는 경우에 있어서는 지붕을 내화구조로 또는 불연재료로 할 것
   바. 제1종 판매취급소의 용도로 사용하는 부분의 창 및 출입구에는 갑종방화문 또는 을종방화문을 설치할 것

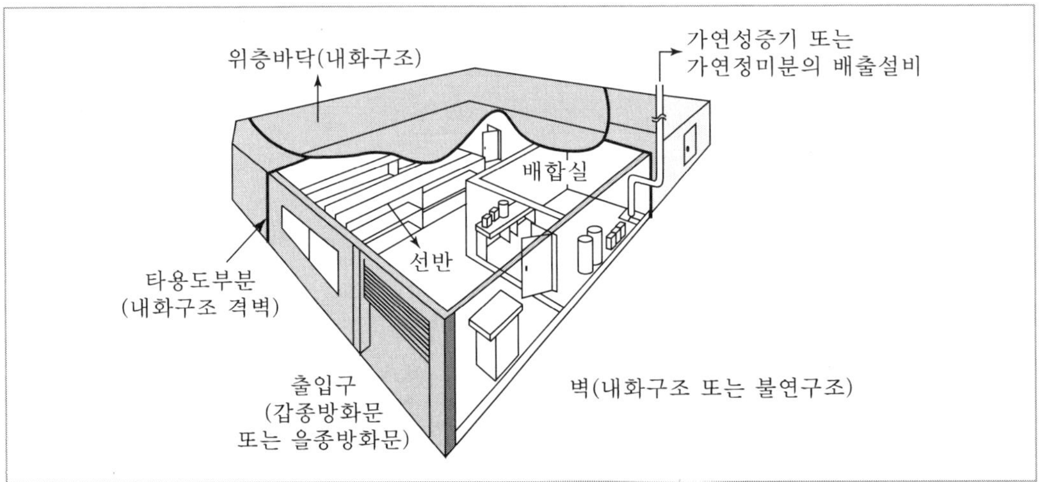

그림 4-26 제1종 판매취급소의 구조

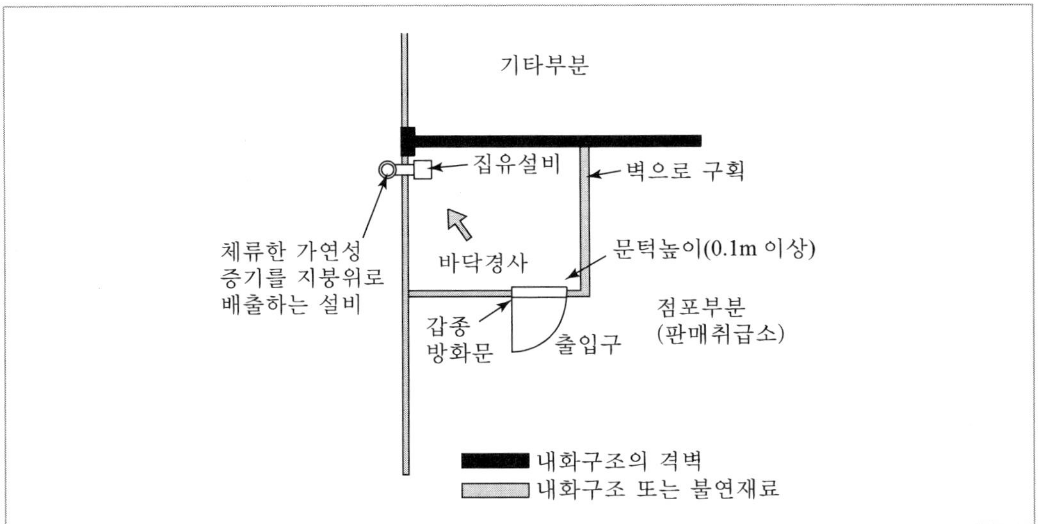

그림 4-27 배합실의 설치

사. 제1종 판매취급소의 용도로 사용하는 부분의 창 또는 출입구에 유리를 이용하는 경우에는 망입유리로 할 것

아. 제1종 판매취급소의 용도로 사용하는 건축물에 설치하는 전기설비는 전기사업법에 의한 전기설비기술기준에 의할 것

자. 위험물을 배합하는 실은 다음에 의할 것

1) 바닥면적은 $6m^2$ 이상 $15m^2$ 이하일 것

2) 내화구조 또는 불연재료로 된 벽으로 구획할 것

3) 바닥은 위험물이 침투하지 아니하는 구조로 하여 적당한 경사를 두고 집유설비를 할 것
4) 출입구에는 수시로 열 수 있는 자동폐쇄식의 갑종방화문을 설치할 것
5) 출입구 문턱의 높이는 바닥면으로부터 0.1m 이상으로 할 것
6) 내부에 체류한 가연성의 증기 또는 가연성의 미분을 지붕위로 방출하는 설비를 할 것

2. 저장 또는 취급하는 위험물의 수량이 지정수량의 40배 이하인 판매취급소(이하 "제2종 판매취급소"라 한다)의 위치·구조 및 설비의 기준은 제1호 가목·나목 및 사목 내지 자목의 규정을 준용하는 외에 다음 각 목의 기준에 의한다.
가. 제2종 판매취급소의 용도로 사용하는 부분은 벽·기둥·바닥 및 보를 내화구조 하고, 천장이 있는 경우에는 이를 불연재료로 하며, 판매취급소로 사용되는 부분과 다른 부분과의 격벽은 내화구조로 할 것
나. 제2종 판매취급소의 용도로 사용하는 부분에 상층이 있는 경우에 있어서는 상층의 바닥을 내화구조로 하는 동시에 상층으로의 연소를 방지하기 위한 조치를 강구하고, 상층이 없는 경우에는 지붕을 내화구조로 할 것
다. 제2종 판매취급소의 용도로 사용하는 부분 중 연소의 우려가 없는 부분에 한하여 창을 두되, 해당 창에는 갑종방화문 또는 을종방화문을 설치할 것
라. 제2종 판매취급소의 용도로 사용하는 부분의 출입구에는 갑종방화문 또는 을종방화문을 설치할 것. 다만, 해당 부분 중 연소의 우려가 있는 벽에 설치하는 출입구에는 수시로 열 수 있는 자동폐쇄식의 갑종방화문을 설치하여야 한다.

제3절 이송취급소

제1관 이송취급소 정의

이송취급소란 배관 및 이에 부속하는 설비에 의하여 위험물을 이송하는 취급소로서 일종의 파이프라인 시설을 말하며 외관상 이송취급소에 해당하나 위험물 안전관리법상 이송취급소에 해당하지 아니한 경우로서는

가. 송유관안전관리법에 의한 송유관에 의하여 위험물을 이송하는 경우
나. 제조소등에 관계된 시설(배관을 제외한다) 및 그 부지가 같은 사업소 안에 있고 당해 사업소 안에서만 위험물을 이송하는 경우

다. 사업소와 사업소의 사이에 도로(폭 2m 이상의 일반교통에 이용되는 도로로서 자동차의 통행이 가능한 것을 말한다)만 있고 사업소와 사업소 사이의 이송배관이 그 도로를 횡단하는 경우

라. 사업소와 사업소 사이의 이송배관이 제3자(당해 사업소와 관련이 있거나 유사한 사업을 하는 자에 한한다)의 토지만을 통과하는 경우로서 당해 배관의 길이가 100m 이하인 경우

마. 해상구조물에 설치된 배관(이송되는 위험물이 제4류 위험물 중 제1석유류인 경우에는 배관의 내경이 30cm 미만인 것에 한한다)으로서 당해 해상구조물에 설치된 배관의 길이가 30m 이하인 경우

바. 사업소와 사업소 사이의 이송배관이 다목 내지 마목의 규정에 의한 경우 중 2 이상에 해당하는 경우

사. 「농어촌 전기공급사업 촉진법」에 따라 설치된 자가발전시설에 사용되는 위험물을 이송하는 경우

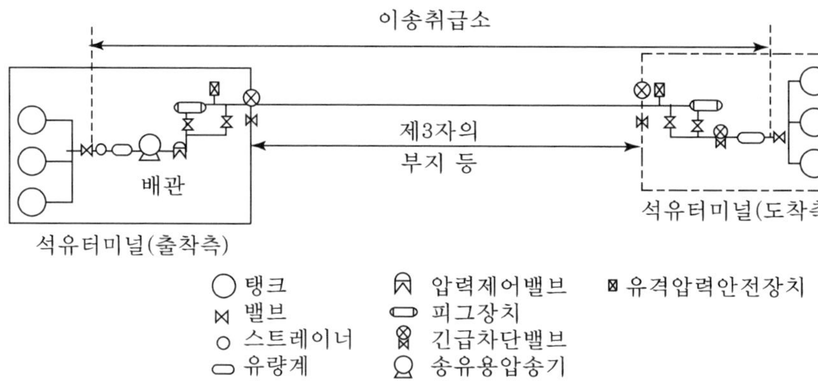

그림 4-28 이송취급소의 송유라인

■ **송유관에서 제외되는 시설** (송유관안전관리법 시행령 제2조)

① 송유관안전관리법(이하 "법"이라 한다) 제2조제2호에서 "대통령령이 정하는 시설"이라 함은 다음 각 호의 시설을 말한다.

1. 「항만법」 제2조제4호에 따른 항만구역 안에 설치된 석유수송시설
2. 「공항시설법」 제2조제3호에 따른 공항 안에 설치된 항공기 급유시설
3. 「어촌·어항법」 제2조제4호의 규정에 의한 어항구역안의 해상 및 육지에 설치된 어선 급유시설

4. 「철도법」 제78조의 규정에 의한 철도용지 안에 설치된 석유하역시설 및 당해시설과 연결하여 설치된 철도차량 급유시설
5. 「산업집적활성화 및 공장설립에 관한 법률」 제2조제7호의 규정에 의한 산업단지 안에 설치된 산업용원료인 석유를 공급하기 위한 급유시설
6. 저유소·석유비축기지·공장 등의 사업장 안에 설치된 급유시설
7. 정유공장 및 저유소에서 인근지역의 석유비축기지·저유소·발전소 및 공장 등에 연결되는 석유수송시설 또는 급유시설로서 그 길이가 15km 미만인 시설

② 제1항제1호 내지 제6호의 석유수송시설 또는 급유시설이 동호의 규정에 의한 구역·용지·단지 또는 사업장에서 그 외부지역으로 연결되어 있는 경우로서 그 길이가 15km 이상인 것은 제1항의 규정에 불구하고 이를 송유관으로 본다.

제2관 이송취급소의 위치·구조 및 설비의 기준

I. 설치장소

1. 이송취급소는 다음 각 목의 장소 외의 장소에 설치하여야 한다.
   가. 철도 및 도로의 터널 안
   나. 고속국도 및 자동차전용도로(「도로법」 제48조제1항에 따라 지정된 도로를 말한다)의 차도·갓길 및 중앙분리대
   다. 호수·저수지 등으로서 수리의 수원이 되는 곳
   라. 급경사지역으로서 붕괴의 위험이 있는 지역
2. 제1호의 규정에 불구하고 다음 각 목의 1에 해당하는 경우에는 제1호 각 목의 장소에 이송취급소를 설치할 수 있다.
   가. 지형상황 등 부득이한 사유가 있고 안전에 필요한 조치를 하는 경우
   나. 제1호 나목 또는 다목의 장소에 횡단하여 설치하는 경우

II. 배관등의 재료 및 구조

1. 배관·관이음쇠 및 밸브(이하 "배관등"이라 한다)의 재료는 다음 각 목의 규격에 적합한 것으로 하거나 이와 동등 이상의 기계적 성질이 있는 것으로 하여야 한다.
   가. 배관 : 고압배관용 탄소강관(KS D 3564), 압력배관용 탄소강관(KS D 3562), 고온배관용 탄소강관(KS D 3570) 또는 배관용 스테인리스강관(KS D 3576)
   나. 관이음쇠 : 배관용 강제 맞대기 용접식 관이음쇠(KS B 1541), 철강제 관플랜지 압력단계(KS B 1501), 관플랜지의 치수허용차(KS B 1502), 강제 용접식 관플랜지(KS

B 1503), 철강제 관플랜지의 기본치수(KS B 1511) 또는 관플랜지의 개스킷 자리치수(KS B 1519)

다. 밸브 : 주강 플랜지형 밸브(KS B 2361)

2. 배관등의 구조는 다음 각 목의 하중에 의하여 생기는 응력에 대한 안전성이 있어야 한다.
   가. 위험물의 중량, 배관등의 내압, 배관등과 그 부속설비의 자중, 토압, 수압, 열차하중, 자동차하중 및 부력 등의 주하중
   나. 풍하중, 설하중, 온도변화의 영향, 진동의 영향, 지진의 영향, 배의 닻에 의한 충격의 영향, 파도와 조류의 영향, 설치공정상의 영향 및 다른 공사에 의한 영향 등의 종하중
3. 교량에 설치하는 배관은 교량의 굴곡·신축·진동 등에 대하여 안전한 구조로 하여야 한다.
4. 배관의 두께는 배관의 외경에 따라 다음 표에 정한 것 이상으로 하여야 한다.

배관의 외경(단위 mm)	배관의 두께(단위 mm)
114.3 미만	4.5
114.3 이상 139.8 미만	4.9
139.8 이상 165.2 미만	5.1
165.2 이상 216.3 미만	5.5
216.3 이상 355.6 미만	6.4
355.6 이상 508.0 미만	7.9
508.0 이상	9.5

5. 제2호 내지 제4호에 규정한 것 외에 배관 등의 구조에 관하여 필요한 사항은 소방청장이 정하여 고시한다.
6. 배관의 안전에 영향을 미칠 수 있는 신축이 생길 우려가 있는 부분에는 그 신축을 흡수하는 조치를 강구하여야 한다.

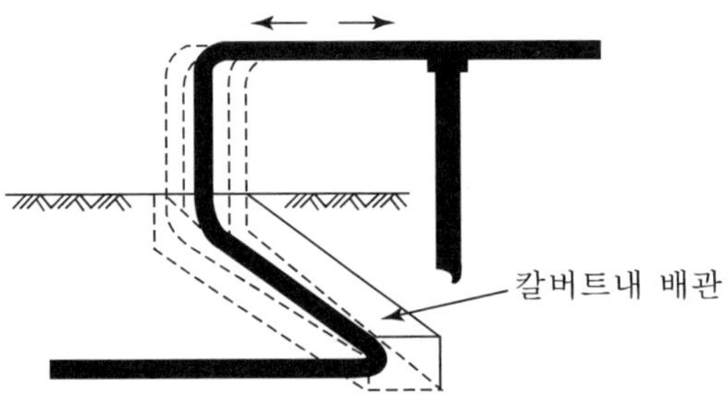

그림 4-29 굽은 관에 의한 신축흡수 조치

7. 배관 등의 이음은 아크용접(방전 시 발생하는 불꽃을 이용한 용접) 또는 이와 동등 이상의 효과를 갖는 용접방법에 의하여야 한다. 다만, 용접에 의하는 것이 적당하지 아니한 경우는 안전상 필요한 강도가 있는 플랜지이음으로 할 수 있다.
8. 플랜지이음을 하는 경우에는 당해 이음부분의 점검을 하고 위험물의 누설확산을 방지하기 위한 조치를 하여야 한다. 다만, 해저 입하배관의 경우에는 누설확산방지조치를 아니할 수 있다.
9. 지하 또는 해저에 설치한 배관 등에 다음의 각 목의 기준에 내구성이 있고 전기전열차단 저항이 큰 도장·복장 재료를 사용하여 외면부식을 방지하기 위한 조치를 하여야 한다.
   가. 도장재(塗裝材) 및 복장재(覆裝材)는 다음의 기준 또는 이와 동등 이상의 방식효과를 갖는 것으로 할 것
      1) 도장재는 수도용 강관 아스팔트 도복장 방법(KS D 8306)에 정한 아스팔트에나멜, 수도용 강관 콜타르에나멜 도복장 방법(KS D 8307)에 정한 콜타르에나멜
      2) 복장재는 수도용 강관 아스팔트 도복장 방법(KS D 8306)에 정한 비닐론크로즈, 글라스크로즈, 글라스매트 또는 폴리에틸렌, 헤시안크로즈, 타르에폭시, 페트로라튬테이프, 경질염화비닐라이닝강관, 폴리에틸렌열수축튜브, 나일론12수지
   나. 방식피복의 방법은 수도용 강관 아스팔트 도복장 방법(KS D 8306)에 정한 방법, 수도용 강관 콜타르에나멜 도복장 방법(KS D 8307)에 정한 방법 또는 이와 동등 이상의 부식방지효과가 있는 방법에 의할 것.
10. 지상 또는 해상에 설치한 배관 등에는 외면부식을 방지하기 위한 도장을 실시하여야 한다.
11. 지하 또는 해저에 설치한 배관 등에는 다음의 각 목의 기준에 의하여 전기방식조치를 하여야 한다. 이 경우 근접한 매설물 그 밖의 구조물에 대하여 영향을 미치지 아니하도록 필요한 조치를 하여야 한다.
   가. 방식전위(부식 방지에 필요한 최소 전위)는 포화황산동전극 기준으로 마이너스 0.8V 이하로 할 것
   나. 적절한 간격(200m 내지 500m)으로 전위측정단자를 설치할 것
   다. 전기철로 부지 등 전류의 영향을 받는 장소에 배관 등을 매설하는 경우에는 강제배류법(지하에 매설된 금속에서 누설된 전류로부터 부식을 방지하는 전기 방식법) 등에 의한 조치를 할 것
12. 배관 등에 가열 또는 보온하기 위한 설비를 설치하는 경우에는 화재예방상 안전하고 다른 시설물에 영향을 주지 아니하는 구조로 하여야 한다.

III. 배관설치의 기준

1. 지하 매설

배관을 지하에 매설하는 경우에는 다음 각 목의 기준에 의하여야 한다.

가. 배관은 그 외면으로부터 건축물·지하가·터널 또는 수도시설까지 각각 다음의 규정에 의한 안전거리를 둘 것. 다만, 2) 또는 3)의 공작물에 있어서는 적절한 누설확산방지조치를 하는 경우에 그 안전거리를 2분의 1의 범위 안에서 단축할 수 있다.

1) 건축물(지하가 내의 건축물을 제외한다) : 1.5m 이상

2) 지하가 및 터널 : 10m 이상

3) 「수도법」에 의한 수도시설(위험물의 유입우려가 있는 것에 한한다) : 300m 이상

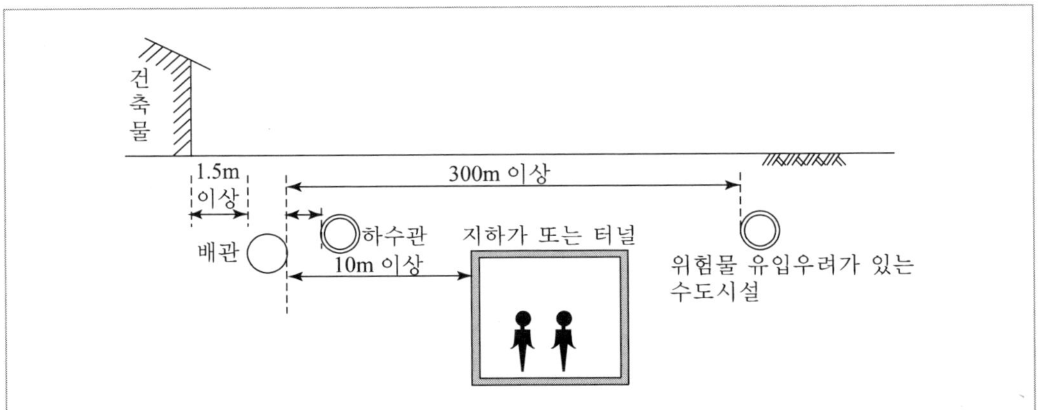

그림 4-30 배관과 건축물등과의 수평거리

나. 배관은 그 외면으로부터 다른 공작물에 대하여 0.3m 이상의 거리를 보유할 것. 다만, 0.3m 이상의 거리를 보유하기 곤란한 경우로서 당해 공작물의 보전을 위하여 필요한 조치를 하는 경우에는 그러하지 아니하다.

다. 배관의 외면과 지표면과의 거리는 산이나 들에 있어서는 0.9m 이상, 그 밖의 지역에 있어서는 1.2m 이상으로 할 것. 다만, 당해 배관을 각각의 깊이로 매설하는 경우와 동등 이상의 안전성이 확보되는 견고하고 내구성이 있는 구조물(이하 "방호구조물"이라 한다) 안에 설치하는 경우에는 그러하지 아니하다.

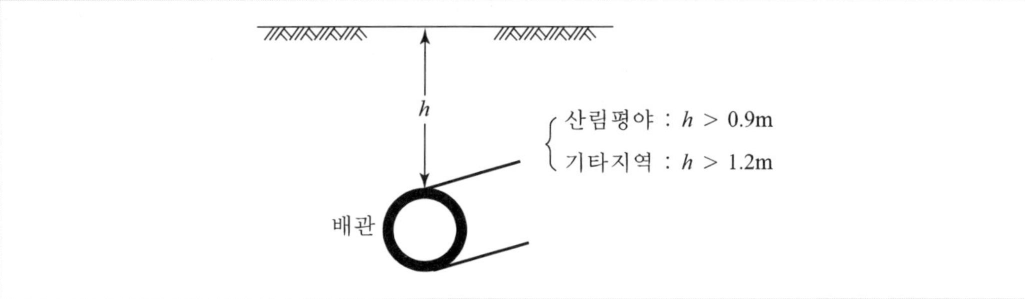

그림 4-31 지하배관과 지표면과의 거리

라. 배관은 지반의 동결로 인한 손상을 받지 아니하는 적절한 깊이로 매설할 것

마. 성토 또는 절토를 한 경사면의 부근에 배관을 매설하는 경우에는 경사면의 붕괴에 의한 피해가 발생하지 아니하도록 매설할 것

바. 배관의 입상부, 지반의 급변부 등 지지조건이 급변하는 장소에 있어서는 굽은 관을 사용하거나 지반개량 그 밖에 필요한 조치를 강구할 것

사. 배관의 하부에는 사질토 또는 모래로 20cm(자동차 등의 하중이 없는 경우에는 10cm) 이상, 배관의 상부에는 사질토 또는 모래로 30cm(자동차 등의 하중이 없는 경우에는 20cm) 이상 채울 것

2. 도로 밑 매설

배관을 도로 밑에 매설하는 경우에는 제1호(나목 및 다목을 제외한다)의 규정에 의하는 외에 다음 각 목의 기준에 의하여야 한다.

가. 배관은 원칙적으로 자동차하중의 영향이 적은 장소에 매설할 것

나. 배관은 그 외면으로부터 도로의 경계에 대하여 1m 이상의 안전거리를 둘 것

다. 시가지(「국토의 계획 및 이용에 관한 법률」 제6조제1호의 규정에 의한 도시지역을 말한다. 다만, 동법 제36조제1항제1호다목의 규정에 의한 공업지역을 제외한다. 이하 같다) 도로의 밑에 매설하는 경우에는 배관의 외경보다 10cm 이상 넓은 견고하고 내구성이 있는 재질의 판(이하 "보호판"이라 한다)을 배관의 상부로부터 30cm 이상 위에 설치할 것. 다만, 방호구조물 안에 설치하는 경우에는 그러하지 아니하다.

라. 배관(보호판 또는 방호구조물에 의하여 배관을 보호하는 경우에는 당해 보호판 또는 방호구조물을 말한다. 이하 바목 및 사목에서 같다)은 그 외면으로부터 다른 공작물에 대하여 0.3m 이상의 거리를 보유할 것. 다만, 배관의 외면에서 다른 공작물에 대하여 0.3m 이상의 거리를 보유하기 곤란한 경우로서 당해 공작물의 보전을 위하여 필요한 조치를 하는 경우에는 그러하지 아니하다.

마. 시가지 도로의 노면 아래에 매설하는 경우에는 배관(방호구조물의 안에 설치된 것을 제외한다)의 외면과 노면과의 거리는 1.5m 이상, 보호판 또는 방호구조물의 외면과 노면과의 거리는 1.2m 이상으로 할 것

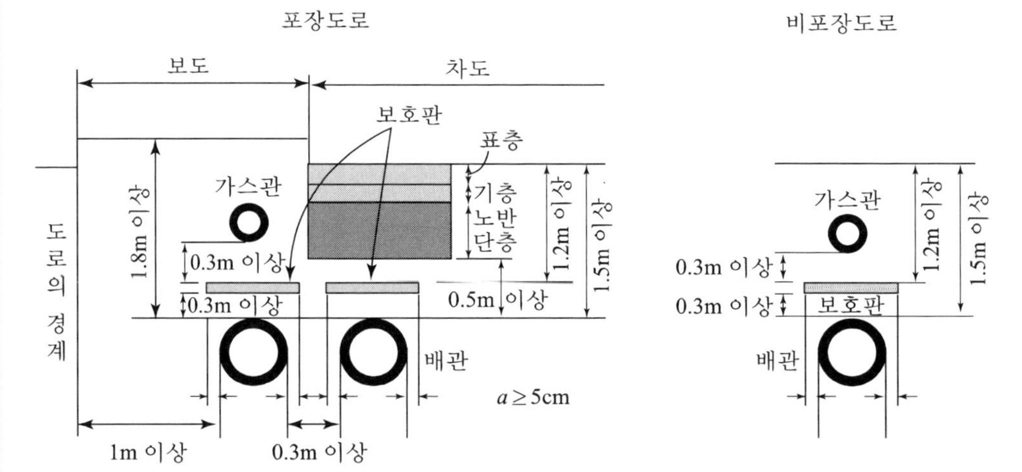

그림 4-32 시가지 도로의 노면밑에 매설

바. 시가지 외의 도로의 노면아래에 매설하는 경우에는 배관의 외면과 노면과의 거리는 1.2m 이상으로 할 것

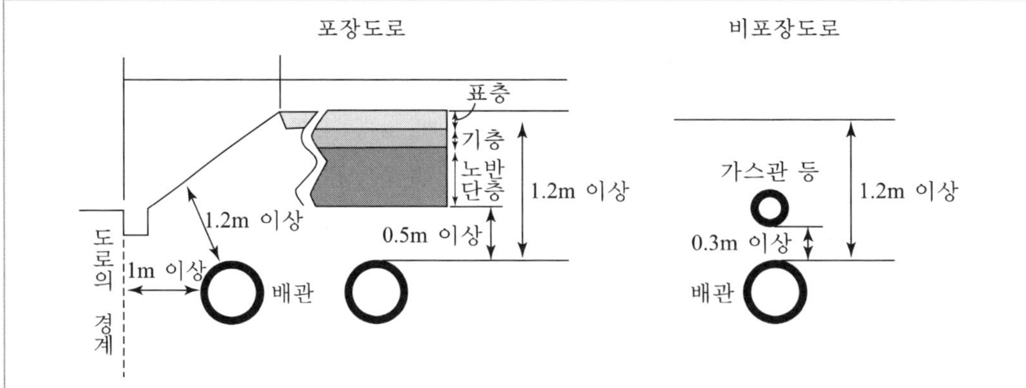

그림 4-33 시가지 외의 도로 노면밑에 매설

사. 포장된 차도에 매설하는 경우에는 포장부분의 토대(차단층이 있는 경우는 당해 차단층을 말한다. 이하 같다)의 밑에 매설하고, 배관의 외면과 토대의 최하부와의 거

리는 0.5m 이상으로 할 것

아. 노면 밑 외의 도로 밑에 매설하는 경우에는 배관의 외면과 지표면과의 거리는 1.2m[보호판 또는 방호구조물에 의하여 보호된 배관에 있어서는 0.6m(시가지의 도로 밑에 매설하는 경우에는 0.9m)] 이상으로 할 것

자. 전선·수도관·하수도관·가스관 또는 이와 유사한 것이 매설되어 있거나 매설할 계획이 있는 도로에 매설하는 경우에는 이들의 상부에 매설하지 아니할 것. 다만, 다른 매설물의 깊이가 2m 이상인 때에는 그러하지 아니하다.

3. 철도부지 밑 매설

배관을 철도부지(철도차량을 운행하기 위한 궤도와 이를 받치는 토대 또는 공작물로 구성된 시설을 설치하거나 설치하기 위한 용지를 말한다. 이하 같다)에 인접하여 매설하는 경우에는 제1호(다목을 제외한다)의 규정에 의하는 외에 다음 각 목의 기준에 의하여야 한다.

가. 배관은 그 외면으로부터 철도 중심선에 대하여는 4m 이상, 당해 철도부지(도로에 인접한 경우를 제외한다)의 용지경계에 대하여는 1m 이상의 거리를 유지할 것. 다만, 열차하중의 영향을 받지 아니하도록 매설하거나 배관의 구조가 열차하중에 견딜 수 있도록 된 경우에는 그러하지 아니하다.

나. 배관의 외면과 지표면과의 거리는 1.2m 이상으로 할 것

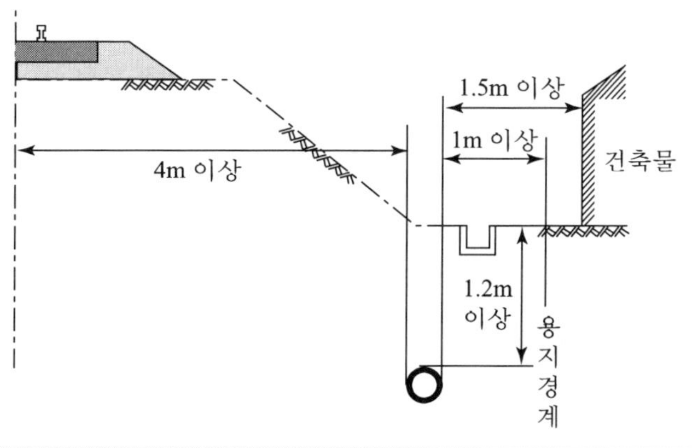

그림 4-34 철도부지밑에 매설

4. 하천 홍수관리구역 내 매설

배관을 「하천법」 제12조에 따라 지정된 홍수관리구역 내에 매설하는 경우에는 제1호의 규정을 준용하는 것 외에 둑 또는 호안(기슭·둑 침식 방지시설)이 하천 홍수관리구역의 지반면과 접하는 부분으로부터 하천관리상 필요한 거리를 유지하여야 한다.

5. 지상설치

배관을 지상에 설치하는 경우에는 다음 각 목의 기준에 의하여야 한다.

가. 배관이 지표면에 접하지 아니하도록 할 것

나. 배관[이송기지(펌프에 의하여 위험물을 보내거나 받는 작업을 행하는 장소를 말한다. 이하 같다)의 구내에 설치되어진 것을 제외한다]은 다음의 기준에 의한 안전거리를 둘 것

1) 철도(화물수송용으로만 쓰이는 것을 제외한다) 또는 도로(「국토의 계획 및 이용에 관한 법률」에 의한 공업지역 또는 전용공업지역에 있는 것을 제외한다)의 경계선으로부터 25m 이상
2) 위험물제조소기준(별표 4) I 제1호나목 1)·2)·3) 또는 4)의 규정에 의한 시설로부터 45m 이상
3) 위험물제조소기준(별표 4) I 제1호다목의 규정에 의한 시설로부터 65m 이상
4) 위험물제조소기준(별표 4) I 제1호라목 1)·2)·3)·4) 또는 5)의 규정에 의한 시설로부터 35m 이상
5) 「국토의 계획 및 이용에 관한 법률」에 의한 공공공지 또는 「도시공원법」에 의한 도시공원으로부터 45m 이상
6) 판매시설·숙박시설·위락시설 등 불특정다중을 수용하는 시설 중 연면적 1,000m^2 이상인 것으로부터 45m 이상
7) 1일 평균 20,000명 이상 이용하는 기차역 또는 버스터미널로부터 45m 이상
8) 「수도법」에 의한 수도시설 중 위험물이 유입될 가능성이 있는 것으로부터 300m 이상
9) 주택 또는 1) 내지 8)과 유사한 시설 중 다수의 사람이 출입하거나 근무하는 것으로부터 25m 이상

다. 배관(이송기지의 구내에 설치된 것을 제외한다)의 양측면으로부터 당해 배관의 최대상용압력에 따라 다음 표에 의한 너비(「국토의 계획 및 이용에 관한 법률」에 의한 공업지역 또는 전용공업지역에 설치한 배관에 있어서는 그 너비의 3분의 1)의 공지를 보유할 것. 다만, 양단을 폐쇄한 밀폐구조의 방호구조물 안에 배관을 설치하거나 위험물의 유출확산을 방지할 수 있는 방화상 유효한 담을 설치하는 등 안전상 필요한 조치를 하는 경우에는 그러하지 아니하다.

배관의 최대상용압력	공지의 너비
0.3MPa 미만	5m 이상
0.3MPa 이상 1MPa 미만	9m 이상
1MPa 이상	15m 이상

라. 배관은 지진·풍압·지반침하·온도변화에 의한 신축 등에 대하여 안전성이 있는 철근콘크리트조 또는 이와 동등 이상의 내화성이 있는 지지물에 의하여 지지되도록 할 것. 다만, 화재에 의하여 당해 구조물이 변형될 우려가 없는 지지물에 의하여 지지되는 경우에는 그러하지 아니하다.

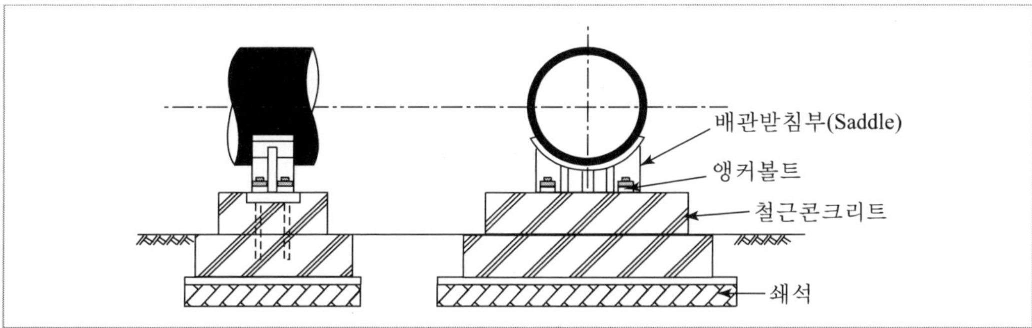

그림 4-35 배관 지지

마. 자동차·선박 등의 충돌에 의하여 배관 또는 그 지지물이 손상을 받을 우려가 있는 경우에는 견고하고 내구성이 있는 보호설비를 설치할 것

바. 배관은 다른 공작물(당해 배관의 지지물을 제외한다)에 대하여 배관의 유지관리상 필요한 간격을 가질 것

사. 단열재 등으로 배관을 감싸는 경우에는 일정구간마다 점검구를 두거나 단열재 등을 쉽게 떼고 붙일 수 있도록 하는 등 점검이 쉬운 구조로 할 것

6. 해저설치

배관을 해저에 설치하는 경우에는 다음 각 목의 기준에 의하여야 한다.

가. 배관은 해저면 밑에 매설할 것. 다만, 선박의 닻 내림 등에 의하여 배관이 손상을 받을 우려가 없거나 그 밖에 부득이한 경우에는 그러하지 아니하다.

나. 배관은 이미 설치된 배관과 교차하지 말 것. 다만, 교차가 불가피한 경우로서 배관의 손상을 방지하기 위한 방호조치를 하는 경우에는 그러하지 아니하다.

다. 배관은 원칙적으로 이미 설치된 배관에 대하여 30m 이상의 안전거리를 둘 것

라. 2본 이상의 배관을 동시에 설치하는 경우에는 배관이 상호 접촉하지 아니하도록 필요한 조치를 할 것

마. 배관의 입상부에는 방호시설물을 설치할 것. 다만, 계선부표(繫船浮標)에 도달하는 입상배관이 강제 외의 재질인 경우에는 그러하지 아니하다.

바. 배관을 매설하는 경우에는 배관외면과 해저면(당해 배관을 매설하는 해저에 대한

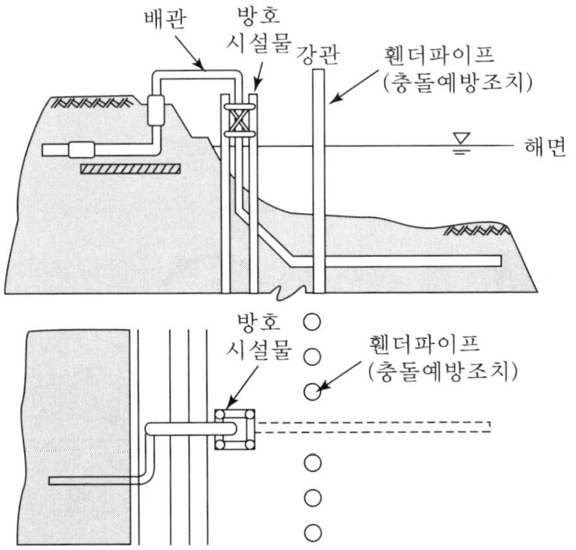

그림 4-36 해저배관 입상부

준설계획이 있는 경우에는 그 계획에 의한 준설 후 해저면의 0.6m 아래를 말한다)과의 거리는 닻 내림의 충격, 토질, 매설하는 재료, 선박교통사정 등을 고려하여 안전한 거리로 할 것

사. 패일 우려가 있는 해저면 아래에 매설하는 경우에는 배관의 노출을 방지하기 위한 조치를 할 것

아. 배관을 매설하지 아니하고 설치하는 경우에는 배관이 연속적으로 지지되도록 해저면을 고를 것

자. 배관이 부양 또는 이동할 우려가 있는 경우에는 이를 방지하기 위한 조치를 할 것

7. 해상설치

배관을 해상에 설치하는 경우에는 다음 각 목의 기준에 의하여야 한다.

가. 배관은 지진·풍압·파도 등에 대하여 안전한 구조의 지지물에 의하여 지지할 것

나. 배관은 선박 등의 항해에 의하여 손상을 받지 아니하도록 해면과의 사이에 필요한 공간을 확보하여 설치할 것

다. 선박의 충돌 등에 의해서 배관 또는 그 지지물이 손상을 받을 우려가 있는 경우에는 견고하고 내구력이 있는 보호설비를 설치할 것

라. 배관은 다른 공작물(당해 배관의 지지물을 제외한다)에 대하여 배관의 유지관리상 필요한 간격을 보유할 것

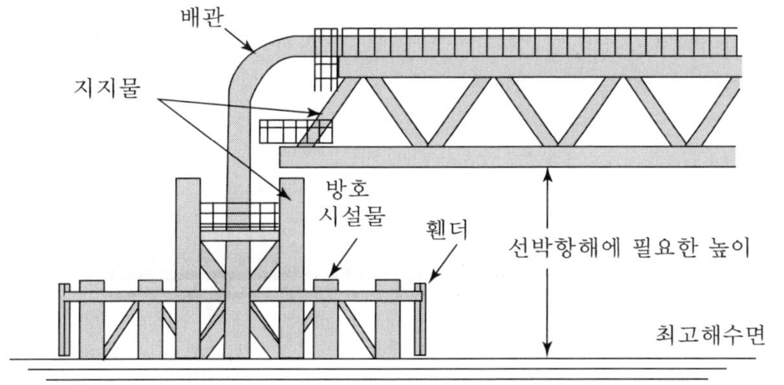

그림 4-37 배관의 해상설치 예

8. 도로 횡단설치

도로를 횡단하여 배관을 설치하는 경우에는 다음 각 목의 기준에 의하여야 한다.

가. 배관을 도로 아래에 매설할 것. 다만, 지형의 상황 그 밖에 특별한 사유에 의하여 도로 상공 외의 적당한 장소가 없는 경우에는 안전상 적절한 조치를 강구하여 도로상공을 횡단하여 설치할 수 있다.

나. 배관을 매설하는 경우에는 제2호(가목 및 나목을 제외한다)의 규정을 준용하되, 배관을 금속관 또는 방호구조물 안에 설치할 것

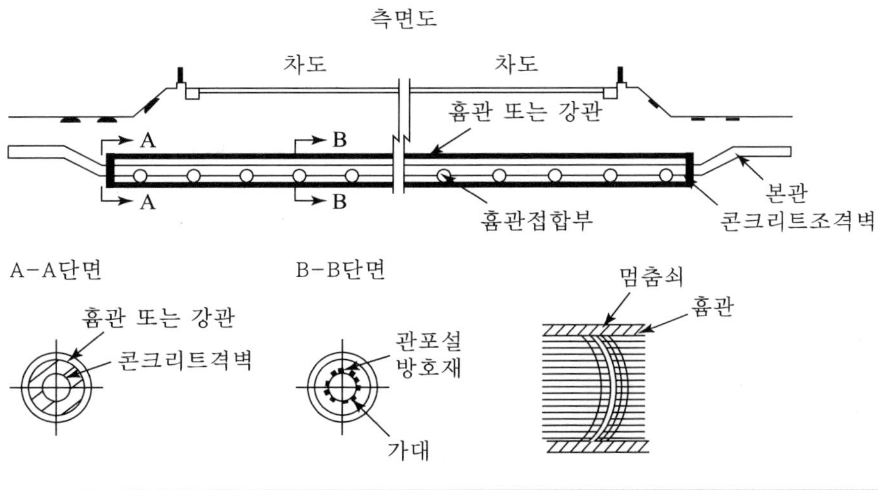

그림 4-38 도로밑에 횡단매설

다. 배관을 도로 상공을 횡단하여 설치하는 경우에는 제5호(가목을 제외한다)의 규정을 준용하되, 배관 및 당해 배관에 관계된 부속설비는 그 아래의 노면과 5m 이상의 수직거리를 유지할 것

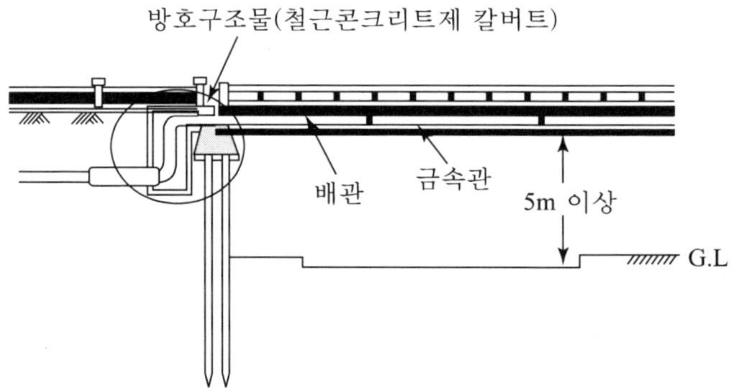

그림 4-39 도로 상공 횡단설치

9. 철도 밑 횡단매설

철도부지를 횡단하여 배관을 매설하는 경우에는 제3호(가목을 제외한다) 및 제8호나목의 규정을 준용한다.

10. 하천 등 횡단설치

하천 또는 수로를 횡단하여 배관을 설치하는 경우에는 다음 각 목의 기준에 의하여야 한다.

가. 하천 또는 수로를 횡단하여 배관을 설치하는 경우에는 배관에 과대한 응력이 생기지 아니하도록 필요한 조치를 하여 교량에 설치할 것. 다만, 교량에 설치하는 것이 적당하지 아니한 경우에는 하천 또는 수로의 밑에 매설할 수 있다.

나. 하천 또는 수로를 횡단하여 배관을 매설하는 경우에는 배관을 금속관 또는 방호구조물 안에 설치하고, 당해 금속관 또는 방호구조물의 부양이나 선박의 닻 내림 등에 의한 손상을 방지하기 위한 조치를 할 것

다. 하천 또는 수로의 밑에 배관을 매설하는 경우에는 배관의 외면과 계획하상[계획하상이 최심하상(하천의 가장 깊은 곳)보다 높은 경우에는 최심하상]과의 거리는 다음의 규정에 의한 거리 이상으로 하되, 호안 그 밖에 하천관리시설의 기초에 영향을 주지 아니하고 하천바닥의 변동·패임 등에 의한 영향을 받지 아니하는 깊이로 매설하여야 한다.

1) 하천을 횡단하는 경우 : 4.0m

2) 수로를 횡단하는 경우

가) 「하수도법」 제2조제3호에 따른 하수도(상부가 개방되는 구조로 된 것에 한한다) 또는 운하 : 2.5m

나) 가)의 규정에 의한 수로에 해당하지 아니하는 좁은 수로(용수로 그 밖에 유사한 것을 제외한다) : 1.2m

라. 하천 또는 수로를 횡단하여 배관을 설치하는 경우에는 가목 내지 다목의 규정에 의하는 외에 제2호(나목·다목 및 사목을 제외한다) 및 제5호(가목을 제외한다)의 규정을 준용할 것

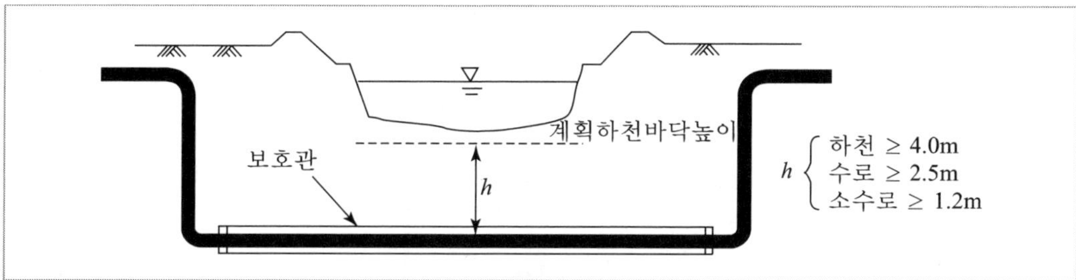

그림 4-40 하천밑 횡단매설

Ⅳ. 기타 설비 등

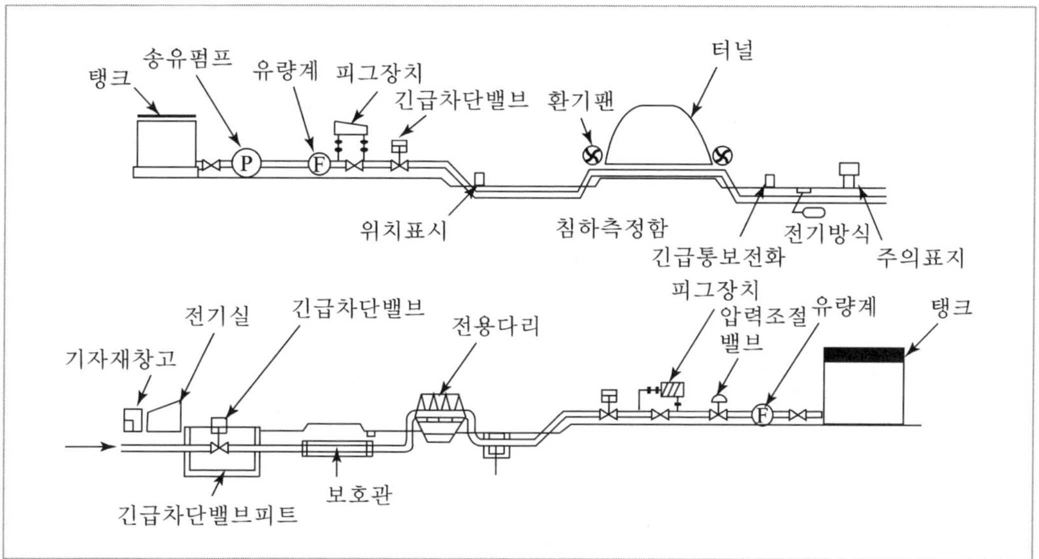

그림 4-41 이송취급소의 기타 설비개요

1. 누설확산방지조치

배관을 시가지·하천·수로·터널·도로·철도 또는 투수성(透水性) 지반에 설치하는 경우에는 누설된 위험물의 확산을 방지할 수 있는 강철제의 관·철근콘크리트조의 방호구조물 등 견고하고 내구성이 있는 구조물의 안에 설치하여야 한다.

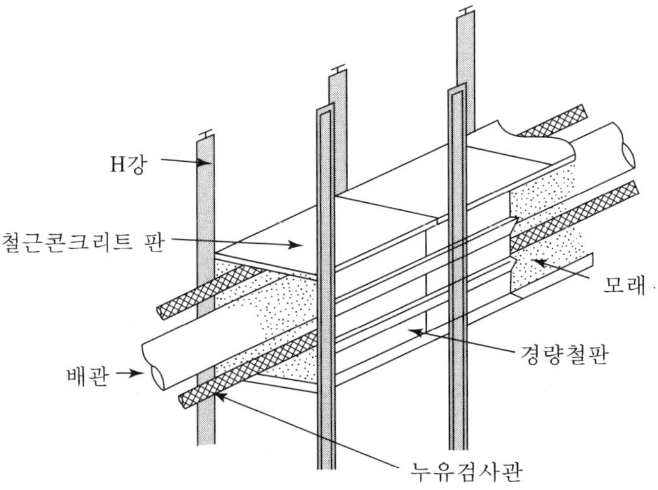

그림 4-42 누설확산방지조치

2. 가연성증기의 체류방지조치

배관을 설치하기 위하여 설치하는 터널(높이 1.5m 이상인 것에 한한다)에는 가연성 증기의 체류를 방지하는 조치를 하여야 한다.

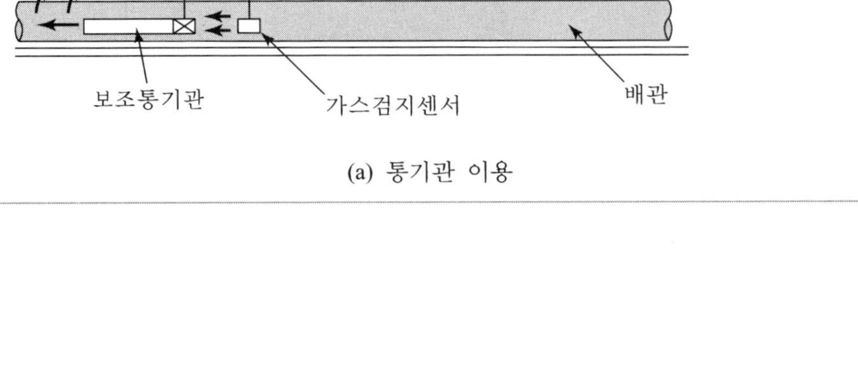

(a) 통기관 이용

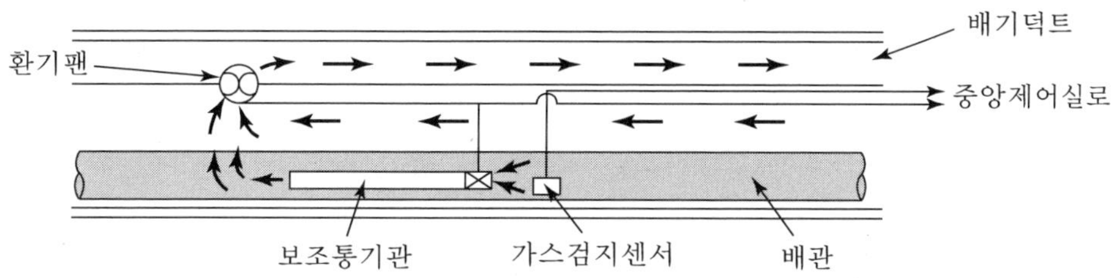

(b) 배기닥트 이용

그림 4-43 가연성증기의 체류방지조치

3. 부동침하 등의 우려가 있는 장소에 설치하는 배관

부동침하 등 지반의 변동이 발생할 우려가 있는 장소에 배관을 설치하는 경우에는 배관이 손상을 받지 아니하도록 필요한 조치를 하여야 한다.

4. 굴착(땅파기)에 의하여 주위가 노출된 배관의 보호

굴착(땅파기)에 의하여 주위가 일시 노출되는 배관은 손상되지 아니하도록 적절한 보호조치를 하여야 한다.

5. 비파괴시험

가. 배관등의 용접부는 비파괴시험을 실시하여 합격할 것. 이 경우 이송기지 내의 지상에 설치된 배관등은 전체 용접부의 20% 이상을 발췌하여 시험할 수 있다.

나. 가목의 규정에 의한 비파괴시험의 방법, 판정기준 등은 소방청장이 정하여 고시하는 바에 의할 것

6. 내압시험

가. 배관등은 최대상용압력의 1.25배 이상의 압력으로 4시간 이상 수압을 가하여 누설 그 밖의 이상이 없을 것. 다만, 수압시험을 실시한 배관등의 시험구간 상호간을 연결하는 부분 또는 수압시험을 위하여 배관등의 내부공기를 뽑아낸 후 폐쇄한 곳의 용접부는 제5호의 비파괴시험으로 갈음할 수 있다.

나. 가목의 규정에 의한 내압시험의 방법, 판정기준 등은 소방청장이 정하여 고시하는 바에 의할 것

7. 운전상태의 감시장치

가. 배관계(배관등 및 위험물 이송에 사용되는 일체의 부속설비를 말한다. 이하 같다)에는 펌프 및 밸브의 작동상황 등 배관계의 운전상태를 감시하는 장치를 설치할 것

나. 배관계에는 압력 또는 유량의 이상변동 등 이상한 상태가 발생하는 경우에 그 상황을 경보하는 장치를 설치할 것

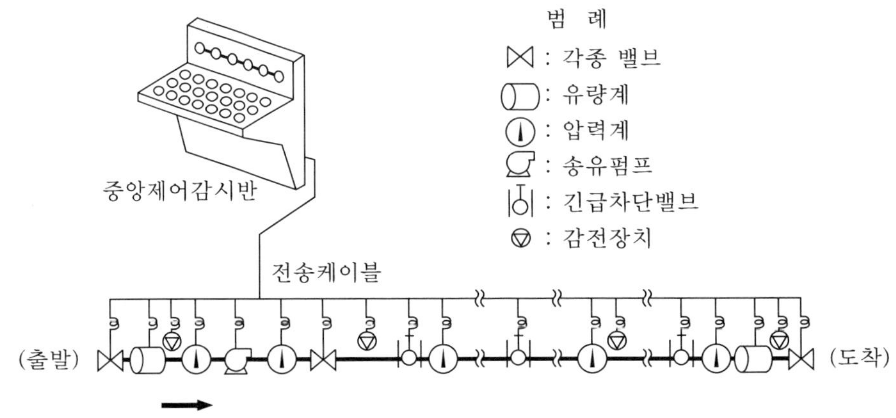

그림 4-44 배관내의 감시장치 개념도

8. 안전제어장치

배관계에는 다음 각 목에 정한 제어기능이 있는 안전제어장치를 설치하여야 한다.

가. 압력안전장치·누설검지장치·긴급차단밸브 그 밖의 안전설비의 제어회로가 정상으로 있지 아니하면 펌프가 작동하지 아니하도록 하는 제어기능

나. 안전상 이상상태가 발생한 경우에 펌프·긴급차단밸브 등이 자동 또는 수동으로 연동하여 신속히 정지 또는 폐쇄되도록 하는 제어기능

9. 압력안전장치

가. 배관계에는 배관내의 압력이 최대상용압력을 초과하거나 유격작용 등에 의하여 생긴 압력이 최대상용압력의 1.1배를 초과하지 아니하도록 제어하는 장치(이하 "압력안전장치"라 한다)를 설치할 것

나. 압력안전장치의 재료 및 구조는 Ⅱ제1호 내지 제5호의 기준에 의할 것

다. 압력안전장치는 배관계의 압력변동을 충분히 흡수할 수 있는 용량을 가질 것

10. 누설검지장치 등

가. 배관계에는 다음의 기준에 적합한 누설검지장치를 설치할 것

1) 가연성증기를 발생하는 위험물을 이송하는 배관계의 점검상자에는 가연성증기를 검지하는 장치

2) 배관계 내의 위험물의 양을 측정하는 방법에 의하여 자동적으로 위험물의 누설

을 검지하는 장치 또는 이와 동등 이상의 성능이 있는 장치

3) 배관계 내의 압력을 측정하는 방법에 의하여 위험물의 누설을 자동적으로 검지하는 장치 또는 이와 동등 이상의 성능이 있는 장치

4) 배관계 내의 압력을 일정하게 정지시키고 당해 압력을 측정하는 방법에 의하여 위험물의 누설을 검지하는 장치 또는 이와 동등 이상의 성능이 있는 장치

나. 배관을 지하에 매설한 경우에는 안전상 필요한 장소(하천 등의 아래에 매설한 경우에는 금속관 또는 방호구조물의 안을 말한다)에 누설검지구를 설치할 것. 다만, 배관을 따라 일정한 간격으로 누설을 검지할 수 있는 장치를 설치하는 경우에는 그러하지 아니하다.

11. 긴급차단밸브

가. 배관에는 다음의 기준에 의하여 긴급차단밸브를 설치할 것. 다만, 2) 또는 3)에 해당하는 경우로서 당해 지역을 횡단하는 부분의 양단의 높이 차이로 인하여 하류측으로부터 상류측으로 역류될 우려가 없는 때에는 하류측에는 설치하지 아니할 수 있으며, 4) 또는 5)에 해당하는 경우로서 방호구조물을 설치하는 등 안전상 필요한 조치를 하는 경우에는 설치하지 아니할 수 있다.

1) 시가지에 설치하는 경우에는 약 4km의 간격

2) 하천·호소 등을 횡단하여 설치하는 경우에는 횡단하는 부분의 양 끝

3) 해상 또는 해저를 통과하여 설치하는 경우에는 통과하는 부분의 양 끝

4) 산림지역에 설치하는 경우에는 약 10km의 간격

5) 도로 또는 철도를 횡단하여 설치하는 경우에는 횡단하는 부분의 양 끝

나. 긴급차단밸브는 다음의 기능이 있을 것

1) 원격조작 및 현지조작에 의하여 폐쇄되는 기능

2) 제10호의 규정에 의한 누설검지장치에 의하여 이상이 검지된 경우에 자동으로 폐쇄되는 기능

다. 긴급차단밸브는 그 개폐상태가 당해 긴급차단밸브의 설치장소에서 용이하게 확인될 수 있을 것

라. 긴급차단밸브를 지하에 설치하는 경우에는 긴급차단밸브를 점검상자 안에 유지할 것. 다만, 긴급차단밸브를 도로 외의 장소에 설치하고 당해 긴급차단밸브의 점검이 가능하도록 조치하는 경우에는 그러하지 아니하다.

마. 긴급차단밸브는 당해 긴급차단밸브의 관리에 관계하는 자 외의 자가 수동으로 개폐할 수 없도록 할 것

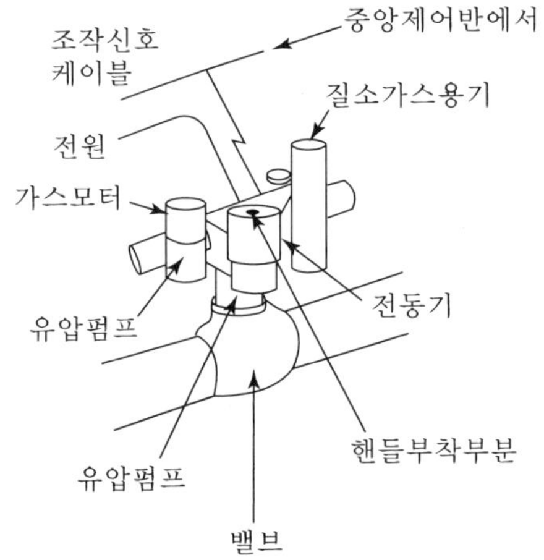

그림 4-45 긴급차단밸브의 설치

12. 위험물 제거조치

배관에는 서로 인접하는 2개의 긴급차단밸브 사이의 구간마다 당해 배관 안의 위험물을 안전하게 물 또는 불연성기체로 치환할 수 있는 조치를 하여야 한다.

13. 지진감지장치 등

배관의 경로에는 안전상 필요한 장소와 25km의 거리마다 지진감지장치 및 강진계를 설치하여야 한다.

14. 경보설비

이송취급소에는 다음 각 목의 기준에 의하여 경보설비를 설치하여야 한다.

가. 이송기지에는 비상벨장치 및 확성장치를 설치할 것

나. 가연성증기를 발생하는 위험물을 취급하는 펌프실등에는 가연성증기 경보설비를 설치할 것

15. 순찰차 등

배관의 경로에는 다음 각 목의 기준에 따라 순찰차를 배치하고 기자재창고를 설치하여야 한다.

가. 순찰차

1) 배관계의 안전관리상 필요한 장소에 둘 것
2) 평면도·종횡단면도 그 밖에 배관등의 설치상황을 표시한 도면, 가스탐지기, 통신장비, 휴대용조명기구, 응급누설방지기구, 확성기, 방화복(또는 방열복), 소화기, 경계로프, 삽, 곡괭이 등 점검·정비에 필요한 기자재를 비치할 것

나. 기자재창고

1) 이송기지, 배관경로(5km 이하인 것을 제외한다)의 5km 이내마다의 방재상 유효한 장소 및 주요한 하천·호소·해상·해저를 횡단하는 장소의 근처에 각각 설치할 것. 다만, 특정이송취급소 외의 이송취급소에 있어서는 배관경로에는 설치하지 아니할 수 있다.

2) 기자재창고에는 다음의 기자재를 비치할 것

가) 3%로 희석하여 사용하는 포소화약제 400ℓ 이상, 방화복(또는 방열복) 5벌 이상, 삽 및 곡괭이 각 5개 이상

나) 유출한 위험물을 처리하기 위한 기자재 및 응급조치를 위한 기자재

16. 비상전원

운전상태의 감시장치·안전제어장치·압력안전장치·누설검지장치·긴급차단밸브·소화설비 및 경보설비에는 상용전원이 고장인 경우에 자동적으로 작동할 수 있는 비상전원을 설치하여야 한다.

17. 접지 등

가. 배관계에는 안전상 필요에 따라 접지 등의 설비를 할 것

나. 배관계는 안전상 필요에 따라 지지물 그 밖의 구조물로부터 절연을 차단할 것

다. 배관계에는 안전상 필요에 따라 전열차단용 접속을 할 것

라. 피뢰설비의 접지장소에 근접하여 배관을 설치하는 경우에는 전열차단을 위하여 필요한 조치를 할 것

18. 피뢰설비

이송취급소(위험물을 이송하는 배관등의 부분을 제외한다)에는 피뢰설비를 설치하여야 한다. 다만, 주위의 상황에 의하여 안전상 지장이 없는 경우에는 그러하지 아니하다.

19. 전기설비

이송취급소에 설치하는 전기설비는 「전기사업법」에 의한 전기설비기술기준에 의하여야 한다.

20. 표지 및 게시판

가. 이송취급소(위험물을 이송하는 배관등의 부분을 제외한다)에는 위험물제조소기준(별표 4) III 제1호의 기준에 따라 보기 쉬운 곳에 “위험물 이송취급소”라는 표시를 한 표지와 동표 III제2호의 기준에 따라 방화에 관하여 필요한 사항을 게시한 게시판을 설치하여야 한다.

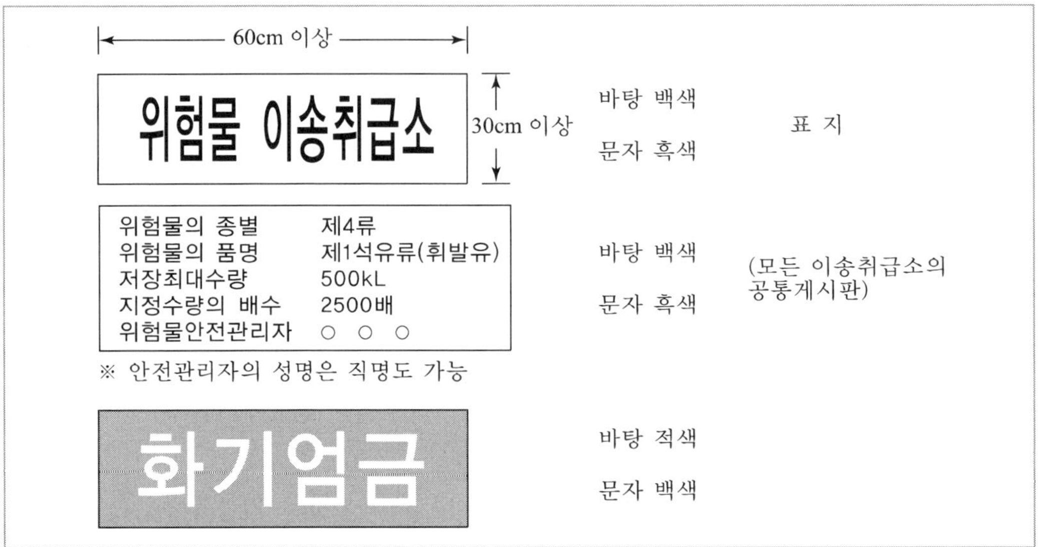

그림 4-46 표지 및 게시판

나. 배관의 경로에는 소방청장이 정하여 고시하는 바에 따라 위치표지·주의표시 및 주의표지를 설치하여야 한다.

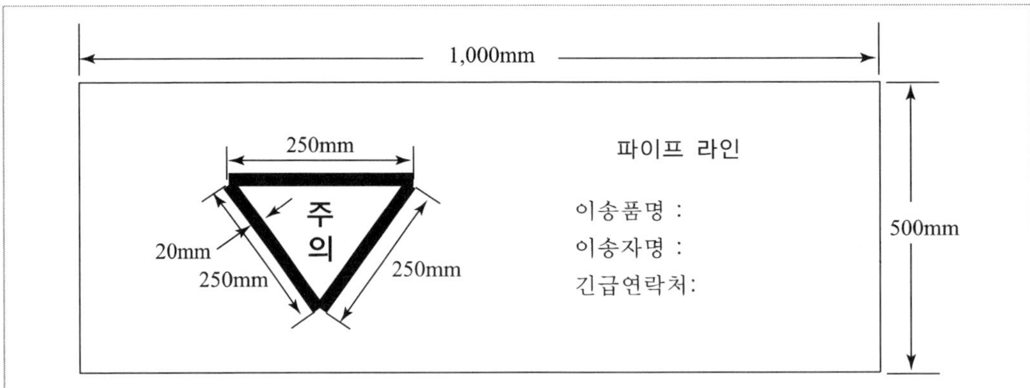

그림 4-47 지상배관의 주의표지

21. 안전설비의 작동시험

안전설비로서 소방청장이 정하여 고시하는 것은 소방청장이 정하여 고시하는 방법에 따라 시험을 실시하여 정상으로 작동하는 것이어야 한다.

22. 선박에 관계된 배관계의 안전설비 등

위험물을 선박으로부터 이송하거나 선박에 이송하는 경우의 배관계의 안전설비 등에 있어서 제7호 내지 제21호의 규정에 의하는 것이 현저히 곤란한 경우에는 다른 안전조치를 강구할 수 있다.

23. 펌프등

펌프 및 그 부속설비(이하 "펌프등"이라 한다)를 설치하는 경우에는 다음 각 목의 기준에 의하여야 한다.

가. 펌프등(펌프를 펌프실 내에 설치한 경우에는 당해 펌프실을 말한다. 이하 나목에서 같다)은 그 주위에 다음 표에 의한 공지를 보유할 것. 다만, 벽·기둥 및 보를 내화구조로 하고 지붕을 폭발력이 위로 방출될 정도의 가벼운 불연재료로 한 펌프실에 펌프를 설치한 경우에는 다음 표에 의한 공지의 너비의 3분의 1로 할 수 있다.

펌프등의 최대상용압력	공지의 너비
1MPa 미만	3m 이상
1MPa 이상 3MPa 미만	5m 이상
3MPa 이상	15m 이상

나. 펌프등은 III제5호나목의 규정에 준하여 그 주변에 안전거리를 둘 것. 다만, 위험물의 유출확산을 방지할 수 있는 방화상 유효한 담 등의 공작물을 주위상황에 따라 설치하는 등 안전상 필요한 조치를 하는 경우에는 그러하지 아니하다.

다. 펌프는 견고한 기초위에 고정하여 설치할 것

라. 펌프를 설치하는 펌프실은 다음의 기준에 적합하게 할 것

1) 불연재료의 구조로 할 것. 이 경우 지붕은 폭발력이 위로 방출될 정도의 가벼운 불연재료이어야 한다.
2) 창 또는 출입구를 설치하는 경우에는 갑종방화문 또는 을종방화문으로 할 것
3) 창 또는 출입구에 유리를 이용하는 경우에는 망입유리로 할 것
4) 바닥은 위험물이 침투하지 아니하는 구조로 하고 그 주변에 높이 20cm 이상의 턱을 설치할 것
5) 누설한 위험물이 외부로 유출되지 아니하도록 바닥은 적당한 경사를 두고 그 최저부에 집유설비를 할 것
6) 가연성증기가 체류할 우려가 있는 펌프실에는 배출설비를 할 것
7) 펌프실에는 위험물을 취급하는데 필요한 채광·조명 및 환기 설비를 할 것

마. 펌프등을 옥외에 설치하는 경우에는 다음의 기준에 의할 것

1) 펌프등을 설치하는 부분의 지반은 위험물이 침투하지 아니하는 구조로 하고 그 주위에는 높이 15cm 이상의 턱을 설치할 것
2) 누설한 위험물이 외부로 유출되지 아니하도록 배수구 및 집유설비를 설치할 것

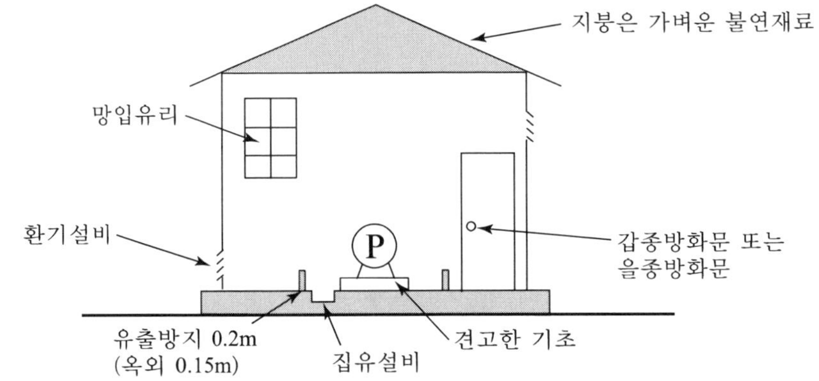

그림 4-48 펌프실의 구조

24. 피그장치[3)]

피그장치를 설치하는 경우에는 다음 각 목의 기준에 의하여야 한다.

가. 피그장치는 배관의 강도와 동등 이상의 강도를 가질 것

나. 피그장치는 당해 장치의 내부압력을 안전하게 방출할 수 있고 내부압력을 방출한 후가 아니면 피그를 삽입하거나 배출할 수 없는 구조로 할 것

다. 피그장치는 배관 내에 이상응력이 발생하지 아니하도록 설치할 것

라. 피그장치를 설치한 장소의 바닥은 위험물이 침투하지 아니하는 구조로 하고 누설한 위험물이 외부로 유출되지 아니하도록 배수구 및 집유설비를 설치할 것

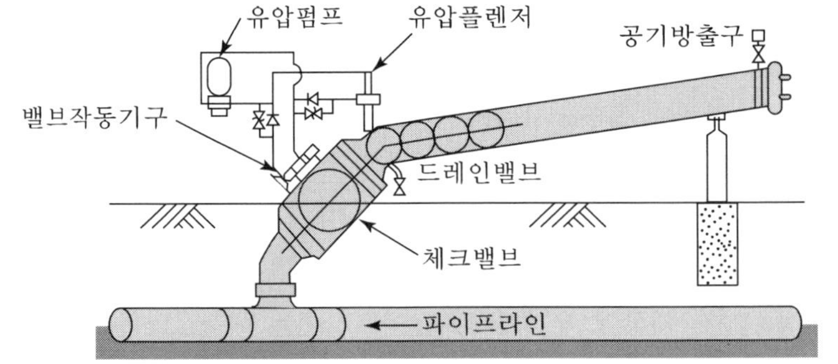

그림 4-49 체크밸브 타입의 피그장치

3) 피그장치 : 배관 내의 유체의 흐름을 이용하여 피그를 진행시켜 배관 내의 상태를 파악하는 장비 또는 널리 사용하는 기술로 배관 내부를 청소하는 피그, 유류혼합을 억제하는 피그, 위험물 제거조치용 피그 등을 보내거나 받는 장치. 최근 비파괴장비, 컴퓨터 발달로 이 기술에 피그를 부착하여 배관의 상태를 파악한다.

마. 피그장치의 주변에는 너비 3m 이상의 공지를 보유할 것. 다만, 펌프실내에 설치하는 경우에는 그러하지 아니하다.

25. 밸브

교체밸브·제어밸브 등은 다음 각 목의 기준에 의하여 설치하여야 한다.

가. 밸브는 원칙적으로 이송기지 또는 전용부지 내에 설치할 것

나. 밸브는 그 개폐상태가 당해 밸브의 설치장소에서 쉽게 확인할 수 있도록 할 것

다. 밸브를 지하에 설치하는 경우에는 점검상자 안에 설치할 것

라. 밸브는 당해 밸브의 관리에 관계하는 자가 아니면 수동으로 개폐할 수 없도록 할 것

26. 위험물의 주입구 및 토출구

위험물의 주입구 및 토출구는 다음 각 목의 기준에 의하여야 한다.

가. 위험물의 주입구 및 토출구는 화재예방상 지장이 없는 장소에 설치할 것

나. 위험물의 주입구 및 토출구는 위험물을 주입하거나 토출하는 호스 또는 배관과 결합이 가능하고 위험물의 유출이 없도록 할 것

다. 위험물의 주입구 및 토출구에는 위험물의 주입구 또는 토출구가 있다는 내용과 화재예방과 관련된 주의사항을 표시한 게시판을 설치할 것

라. 위험물의 주입구 및 토출구에는 개폐가 가능한 밸브를 설치할 것

27. 이송기지의 안전조치

가. 이송기지의 구내에는 관계자 외의 자가 함부로 출입할 수 없도록 경계표시를 할 것. 다만, 주위의 상황에 의하여 관계자 외의 자가 출입할 우려가 없는 경우에는 그러하지 아니하다.

나. 이송기지에는 다음의 기준에 의하여 당해 이송기지 밖으로 위험물이 유출되는 것을 방지할 수 있는 조치를 할 것

1) 위험물을 취급하는 시설(지하에 설치된 것을 제외한다)은 이송기지의 부지경계선으로부터 당해 배관의 최대상용압력에 따라 다음 표에 정한 거리(「국토의 계획 및 이용에 관한 법률」에 의한 전용공업지역 또는 공업지역에 설치하는 경우에는 당해 거리의 3분의 1의 거리)를 둘 것

배관의 최대상용압력	공지의 너비
0.3MPa 미만	5m 이상
0.3MPa 이상 1MPa 미만	9m 이상
1MPa 이상	15m 이상

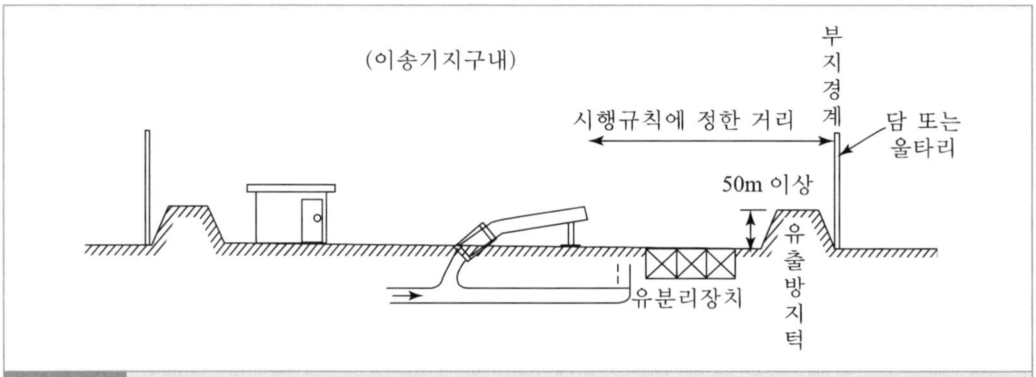

그림 4-50 이송기지

2) 제4류 위험물(온도 20℃의 물 100g에 용해되는 양이 1g 미만인 것에 한한다)을 취급하는 장소에는 누설한 위험물이 외부로 유출되지 아니하도록 유분리장치를 설치할 것

3) 이송기지의 부지경계선에 높이 50cm 이상의 방유제를 설치할 것

V. 이송취급소의 기준의 특례

1. 위험물을 이송하기 위한 배관의 연장(당해 배관의 기점 또는 종점이 2 이상인 경우에는 임의의 기점에서 임의의 종점까지의 당해 배관의 연장 중 최대의 것을 말한다. 이하 같다)이 15km를 초과하거나 위험물을 이송하기 위한 배관에 관계된 최대상용압력이 950kPa 이상이고 위험물을 이송하기 위한 배관의 연장이 7km 이상인 것(이하 "특정이송취급소"라 한다)이 아닌 이송취급소에 대하여는 IV제7호가목, IV제8호가목, IV제10호가목 2) 및 3)과 제13호의 규정은 적용하지 아니한다.
2. IV제9호가목의 규정은 유격작용 등에 의하여 배관에 생긴 응력이 주하중에 대한 허용응력도를 초과하지 아니하는 배관계로서 특정이송취급소 외의 이송취급소에 관계된 것에는 적용하지 아니한다.
3. IV제10호나목의 규정은 위험물을 이송하기 위한 배관에 관계된 최대상용압력이 1MPa 미만이고 내경이 100mm 이하인 배관으로서 특정이송취급소 외의 이송취급소에 관계된 것에는 적용하지 아니한다.
4. 특정이송취급소 외의 이송취급소에 설치된 배관의 긴급차단밸브는 IV제11호나목1)의 규정에 불구하고 현지조작에 의하여 폐쇄하는 기능이 있는 것으로 할 수 있다. 다만, 긴급차단밸브가 다음 각 목의 1에 해당하는 배관에 설치된 경우에는 그러하지 아니하다.

   가. 「하천법」 제7조제2항에 따른 국가하천·하류부근에 「수도법」 제3조제17호에 따른

수도시설(취수시설에 한한다)이 있는 하천 또는 계획하폭이 50m 이상인 하천으로서 위험물이 유입될 우려가 있는 하천을 횡단하여 설치된 배관

나. 해상·해저·호수 등을 횡단하여 설치된 배관

다. 산 등 경사가 있는 지역에 설치된 배관

라. 철도 또는 도로 중 산이나 언덕을 절개하여 만든 부분을 횡단하여 설치된 배관

5. 제1호 내지 제4호에 규정하지 아니한 것으로서 특정이송취급소가 아닌 이송취급소의 기준의 특례에 관하여 필요한 사항은 소방청장이 정하여 고시할 수 있다.

제4절 일반취급소

제1관 일반취급소의 정의

일반취급소란 위험물을 취급하기 위한 시설을 설치한 주유취급소, 판매취급소, 이송취급소 외의 장소(「석유 및 석유대체연료 사업법」 제26조 규정에 의한 가짜석유제품에 해당하는 위험물을 취급하는 장소 제외)를 말한다. 일반적으로 제품을 생산하는 공정 중에 위험물을 이용하여 제품을 가공하거나 세척 또는 버너 등을 이용하여 소비하는 취급소가 여기에 해당한다. 제조공정을 가지고 있다고 하더라도 생산제품이 위험물이 아닌 점에서 제조소와 구별된다.

제2관 일반취급소의 위치·구조 및 설비의 기준

I. 일반취급소의 기준

1. 위험물제조소기준(별표 4) I 내지 X의 규정은 일반취급소의 위치·구조 및 설비의 기술기준에 대하여 준용한다.
2. 제1호의 규정에 불구하고 다음 각 목에 정하는 일반취급소에 대하여는 각각 II부터 X까지의 규정 및 X의 2에서 정한 특례에 의할 수 있다.

가. 도장, 인쇄 또는 도포를 위하여 제2류 위험물 또는 제4류 위험물(특수인화물을 제외한다)을 취급하는 일반취급소로서 지정수량의 30배 미만의 것(위험물을 취급하는 설비를 건축물에 설치하는 것에 한하며, 이하 "분무도장작업 등의 일반취급소"라 한다)

나. 세정을 위하여 위험물(인화점이 40℃ 이상인 제4류 위험물에 한한다)을 취급하는

일반취급소로서 지정수량의 30배 미만의 것(위험물을 취급하는 설비를 건축물에 설치하는 것에 한하며, 이하 "세정작업의 일반취급소"라 한다)

다. 열처리작업 또는 방전가공을 위하여 위험물(인화점이 70℃ 이상인 제4류 위험물에 한한다)을 취급하는 일반취급소로서 지정수량의 30배 미만의 것(위험물을 취급하는 설비를 건축물에 설치하는 것에 한하며, 이하 "열처리작업 등의 일반취급소"라 한다)

라. 보일러, 버너 그 밖의 이와 유사한 장치로 위험물(인화점이 38℃ 이상인 제4류 위험물에 한한다)을 소비하는 일반취급소로서 지정수량의 30배 미만의 것(위험물을 취급하는 설비를 건축물에 설치하는 것에 한하며, 이하 "보일러 등으로 위험물을 소비하는 일반취급소"라 한다)

마. 이동저장탱크에 액체위험물(알킬알루미늄 등, 아세트알데히드 등 및 히드록실아민 등을 제외한다. 이하 이 호에서 같다)을 주입하는 일반취급소(액체위험물을 용기에 옮겨 담는 취급소를 포함하며, 이하 "충전하는 일반취급소"라 한다)

바. 고정급유설비에 의하여 위험물(인화점이 38℃ 이상인 제4류 위험물에 한한다)을 용기에 옮겨 담거나 4,000ℓ 이하의 이동저장탱크(용량이 2,000ℓ를 넘는 탱크에 있어서는 그 내부를 2,000ℓ 이하마다 구획한 것에 한한다)에 주입하는 일반취급소로서 지정수량의 40배 미만인 것(이하 "옮겨 담는 일반취급소"라 한다)

사. 위험물을 이용한 유압장치 또는 윤활유 순환장치를 설치하는 일반취급소(고인화점 위험물만을 100℃ 미만의 온도로 취급하는 것에 한한다)로서 지정수량의 50배 미만의 것(위험물을 취급하는 설비를 건축물에 설치하는 것에 한하며, 이하 "유압장치등을 설치하는 일반취급소"라 한다)

아. 절삭유의 위험물을 이용한 절삭장치, 연삭장치 그 밖의 이와 유사한 장치를 설치하는 일반취급소(고인화점 위험물만을 100℃ 미만의 온도로 취급하는 것에 한한다)로서 지정수량의 30배 미만의 것(위험물을 취급하는 설비를 건축물에 설치하는 것에 한하며, 이하 "절삭장치 등을 설치하는 일반취급소"라 한다)

자. 위험물 외의 물건을 가열하기 위하여 위험물(고인화점 위험물에 한한다)을 이용한 열매체유(열전달에 이용하는 합성유) 순환장치를 설치하는 일반취급소로서 지정수량의 30배 미만의 것(위험물을 취급하는 설비를 건축물에 설치하는 것에 한하며, 이하 "열매체유 순환장치를 설치하는 일반취급소"라 한다)

차. 화학실험을 위하여 위험물을 취급하는 일반취급소로서 지정수량의 30배 미만의 것(위험물을 취급하는 설비를 건축물에 설치하는 것만 해당하며, 이하 "화학실험의 일반취급소"라 한다)

3. 제1호 및 제2호의 규정에 불구하고 고인화점 위험물만을 XI의 규정에 의한 바에 따라 취급하는 일반취급소에 있어서는 XI에 정하는 특례에 의할 수 있다.
4. 알킬알루미늄 등, 아세트알데히드 등 또는 히드록실아민 등을 취급하는 일반취급소는 제1호의 규정에 의하되, 당해 위험물의 성질에 따라 강화되는 기준은 XII의 규정에 의하여야 한다.
5. 제1호의 규정에 불구하고 발전소·변전소·개폐소 그 밖에 이에 준하는 장소(이하 이 호에서 "발전소 등"이라 한다)에 설치되는 일반취급소에 대하여는 I 제1호의 규정에 의하여 준용되는 별표 4 I·II·IV 및 VII의 규정을 적용하지 아니하며, 발전소 등에 설치되는 변압기, 반응기, 전압조정기, 유입개폐기, 차단기, 유입(油入)콘덴서, 유입(油入)케이블 및 이에 부속된 장치로서 기기의 냉각 또는 전열차단을 위한 유류를 내장하여 사용하는 것에 대하여는 I 제1호의 규정에 의하여 준용되는 별표4의 규정을 적용하지 아니한다.

II. 분무도장작업등의 일반취급소의 특례

I 제2호가목의 일반취급소 중 그 위치·구조 및 설비가 다음 각 호의 규정에 의한 기준에 적합한 것에 대하여는 I 제1호의 규정에 의하여 준용되는 위험물제조소기준(별표 4) I·II·IV·V 및 VI의 규정은 적용하지 아니한다.

1. 건축물 중 일반취급소의 용도로 사용하는 부분에 지하층이 없을 것
2. 건축물 중 일반취급소의 용도로 사용하는 부분은 벽·기둥·바닥·보 및 지붕(상층이 있는 경우에는 상층의 바닥)을 내화구조로 하고, 출입구 외의 개구부가 없는 두께 70mm 이상의 철근콘크리트조 또는 이와 동등 이상의 강도가 있는 구조의 바닥 또는 벽으로 당해 건축물의 다른 부분과 구획될 것
3. 건축물 중 일반취급소의 용도로 사용하는 부분에는 창을 설치하지 아니할 것
4. 건축물 중 일반취급소의 용도로 사용하는 부분의 출입구에는 갑종방화문을 설치하되, 연소의 우려가 있는 외벽 및 당해 부분 외의 부분과의 격벽에 있는 출입구에는 수시로 열 수 있는 자동폐쇄식의 것으로 할 것
5. 액상의 위험물을 취급하는 건축물 중 일반취급소의 용도로 사용하는 부분의 바닥은 위험물이 침투하지 아니하는 구조로 하고, 적당한 경사를 두어 집유설비를 설치할 것
6. 건축물 중 일반취급소의 용도로 사용하는 부분에는 위험물을 취급하는데 필요한 채광·조명 및 환기의 설비를 설치할 것
7. 가연성의 증기 또는 가연성의 미분이 체류할 우려가 있는 일반취급소의 용도로 사용하는 부분에는 그 증기 또는 미분을 옥외의 높은 곳으로 배출하는 설비를 설치할 것

8. 환기설비 및 배출설비에는 방화상 유효한 댐퍼 등을 설치할 것

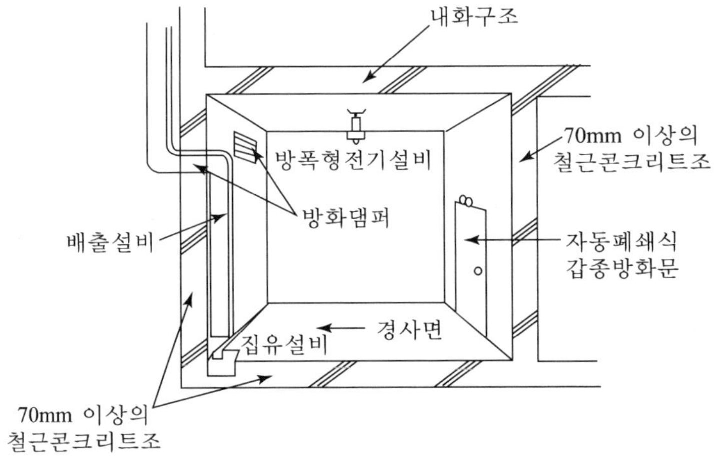

그림 4-51 분무도장작업등의 일반취급소의 건축물 구조

Ⅲ. 세정작업의 일반취급소의 특례

1. Ⅰ제2호나목의 일반취급소 중 그 위치·구조 및 설비가 다음 각 목에 정하는 기준에 적합한 것에 대하여는 Ⅰ제1호의 규정에 의하여 준용되는 위험물제조소기준(별표 4) Ⅰ·Ⅱ·Ⅳ·Ⅴ 및 Ⅵ의 규정은 적용하지 아니한다.
   가. 위험물을 취급하는 탱크(용량이 지정수량의 5분의 1 미만인 것을 제외한다)의 주위에는 위험물제조소기준(별표 4) Ⅸ제1호나목1)의 규정을 준용하여 방유턱을 설치할 것
   나. 위험물을 가열하는 설비에는 위험물의 과열을 방지할 수 있는 장치를 설치할 것
   다. Ⅱ 각 호의 기준에 적합할 것.
2. Ⅰ제2호나목의 일반취급소 중 지정수량의 10배 미만의 것으로서 그 위치·구조 및 설비가 다음 각 목에 정하는 기준에 적합한 것에 대하여는 Ⅰ제1호의 규정에 의하여 준용되는 위험물제조소기준(별표 4) Ⅰ·Ⅱ·Ⅳ·Ⅴ 및 Ⅵ의 규정은 적용하지 아니한다.
   가. 일반취급소는 벽·기둥·바닥·보 및 지붕이 불연재료로 되어 있고, 천장이 없는 단층 건축물에 설치할 것

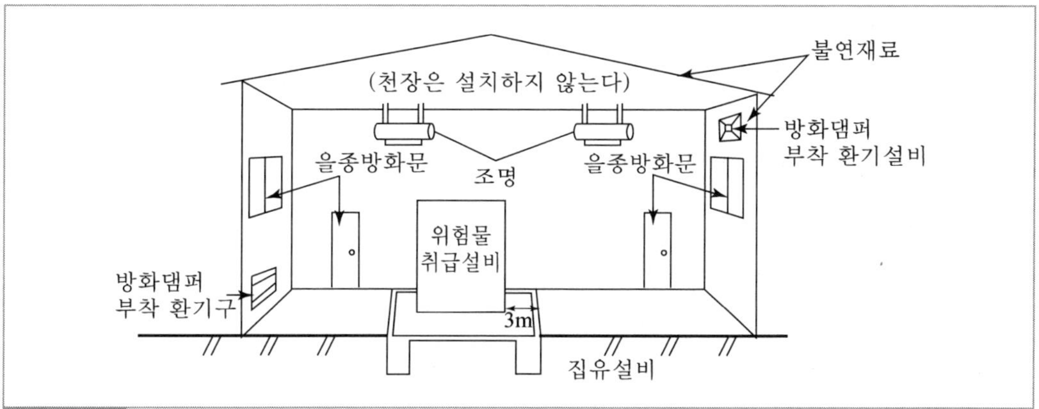

그림 4-52 세정작업의 일반취급소

나. 위험물을 취급하는 설비(위험물을 이송하기 위한 배관을 제외한다)는 바닥에 고정하고, 당해 설비의 주위에 너비 3m 이상의 공지를 보유할 것. 다만, 당해 설비로부터 3m 미만의 거리에 있는 건축물의 벽(수시로 열 수 있는 자동폐쇄식의 갑종방화문이 달려 있는 출입구 외의 개구부가 없는 것에 한한다) 및 기둥이 내화구조인 경우에는 당해 설비에서 당해 벽 및 기둥까지의 공지를 보유하는 것으로 할 수 있다.

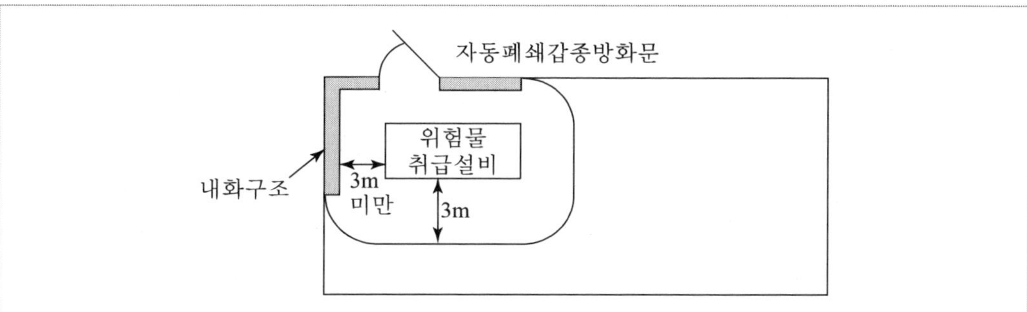

그림 4-53 보유공지

다. 건축물 중 일반취급소의 용도로 사용하는 부분(나목의 공지를 포함한다. 이하 바목에서 같다)의 바닥은 위험물이 침투하지 아니하는 구조로 하고 적당한 경사를 두어 집유설비를 설치하는 한편, 집유설비 및 당해 바닥의 주위에 배수구를 설치할 것

라. 위험물을 취급하는 설비는 당해 설비의 내부에서 발생한 가연성의 증기 또는 가연성의 미분이 당해 설비의 외부에 확산하지 아니하는 구조로 할 것. 다만, 그 증기 또는 미분을 직접 옥외의 높은 곳으로 유효하게 배출할 수 있는 설비를 설치하는 경우에는 그러하지 아니하다.

마. 라목 단서의 설비에는 방화상 유효한 댐퍼 등을 설치할 것
바. II제6호 내지 제8호, 제1호 가목 및 나목의 기준에 적합할 것

IV. 열처리작업등의 일반취급소의 특례

1. I 제2호다목의 일반취급소 중 그 위치·구조 및 설비가 다음 각 목에 정하는 기준에 적합한 것에 대하여는 I 제1호의 규정에 의하여 준용되는 위험물제조소기준(별표 4) I·II·IV·V 및 VI의 규정은 적용하지 아니한다.
   가. 건축물 중 일반취급소의 용도로 사용하는 부분은 벽·기둥·바닥 및 보를 내화구조로 하고, 출입구 외의 개구부가 없는 두께 70mm 이상의 철근콘크리트조 또는 이와 동등 이상의 강도가 있는 구조의 바닥 또는 벽으로 당해 건축물의 다른 부분과 구획될 것
   나. 건축물 중 일반취급소의 용도로 사용하는 부분은 상층이 있는 경우에 있어서는 상층의 바닥을 내화구조로 하고, 상층이 없는 경우에 있어서는 지붕을 불연재료로 할 것
   다. 건축물 중 일반취급소의 용도로 사용하는 부분에는 위험물이 위험한 온도에 이르는 것을 경보할 수 있는 장치를 설치할 것
   라. II(제2호를 제외한다)의 기준에 적합할 것
2. I 제2호다목의 일반취급소 중 지정수량의 10배 미만의 것으로서 그 위치·구조 및 설비가 다음 각 목에 정하는 기준에 적합한 것에 대하여는 I 제1호의 규정에 의하여 준용되는 위험물제조소기준(별표 4) I·II·IV·V 및 VI의 규정은 적용하지 아니한다.
   가. 위험물을 취급하는 설비(위험물을 이송하기 위한 배관을 제외한다)는 바닥에 고정하고, 당해 설비의 주위에 너비 3m 이상의 공지를 보유할 것. 다만, 당해 설비로부터 3m 미만의 거리에 있는 건축물의 벽(수시로 열 수 있는 자동폐쇄식의 갑종방화문이 달려 있는 출입구 외의 개구부가 없는 것에 한한다) 및 기둥이 내화구조인 경우에는 당해 설비에서 당해 벽 및 기둥까지의 공지를 보유하는 것으로 할 수 있다.
   나. 건축물 중 일반취급소의 용도로 사용하는 부분(가목의 공지를 포함한다. 이하 다목에서 같다)의 바닥은 위험물이 침투하지 아니하는 구조로 하고 적당한 경사를 두어 집유설비를 설치하는 한편, 집유설비 및 당해 바닥의 주위에 배수구를 설치할 것
   다. II제6호 내지 제8호, III제2호가목 및 제1호다목의 기준에 적합할 것

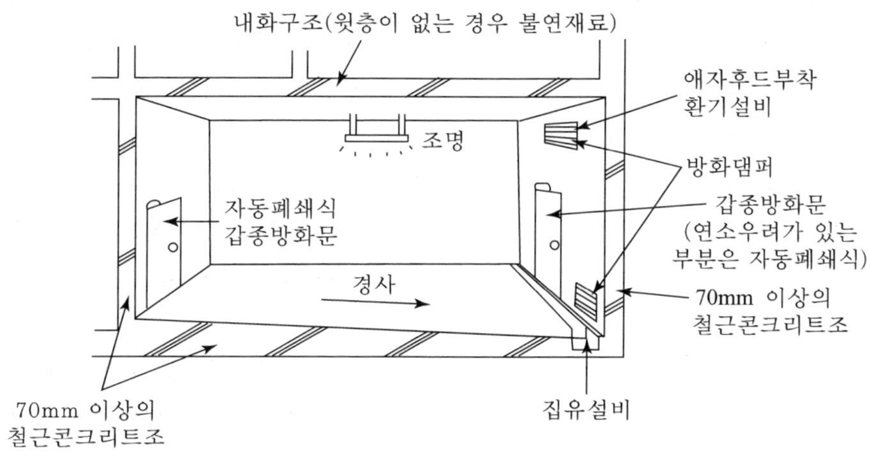

그림 4-54 열처리작업등의 일반취급소

V. 보일러등으로 위험물을 소비하는 일반취급소의 특례

1. I 제2호라목의 일반취급소 중 그 위치·구조 및 설비가 다음 각 목에 정하는 기준에 적합한 것에 대하여는 I 제1호의 규정에 의하여 준용되는 위험물제조소기준(별표 4) I·II·IV·V 및 VI의 규정은 적용하지 아니한다.
   가. II제3호 내지 제8호 및 IV제1호 가목 및 나목의 규정에 의한 기준에 적합할 것
   나. 건축물 중 일반취급소의 용도로 제공하는 부분에는 지진시 및 정전시 등의 긴급시에 보일러, 버너 그 밖에 이와 유사한 장치(비상용전원과 관련되는 것을 제외한다)에 대한 위험물의 공급을 자동적으로 차단하는 장치를 설치할 것
   다. 위험물을 취급하는 탱크는 그 용량의 총계를 지정수량 미만으로 하고, 당해 탱크(용량이 지정수량의 5분의 1 미만의 것을 제외한다)의 주위에 위험물제조소기준(별표 4) IX제1호나목1)의 규정을 준용하여 방유턱을 설치할 것
2. I 제2호라목의 일반취급소 중 지정수량의 10배 미만의 것으로서 그 위치·구조 및 설비가 다음 각 목에 정하는 기준에 적합한 것에 대하여는 I 제1호의 규정에 의하여 준용되는 위험물제조소기준(별표 4) I·II·IV·V 및 VI의 규정은 적용하지 아니한다.
   가. 위험물을 취급하는 설비(위험물을 이송하기 위한 배관을 제외한다)는 바닥에 고정하고, 당해 설비의 주위에 너비 3m 이상의 공지를 보유할 것. 다만, 당해 설비로부터 3m 미만의 거리에 있는 건축물의 벽(수시로 열 수 있는 자동폐쇄식의 갑종방화문이 달려 있는 출입구 외의 개구부가 없는 것에 한한다) 및 기둥이 내화구조인 경우에는 당해 설비에서 당해 벽 및 기둥까지의 공지를 보유하는 것으로 할 수 있다.

나. 건축물 중 일반취급소의 용도로 사용하는 부분(가목의 공지를 포함한다. 이하 다목에서 같다)의 바닥은 위험물이 침투하지 아니하는 구조로 하고 적당한 경사를 두는 한편, 집유설비 및 당해 바닥의 주위에 배수구를 설치할 것

다. II제6호 내지 제8호, III제2호가목, 제1호 나목 및 다목의 기준에 적합할 것

3. I 제2호라목의 일반취급소 중 지정수량의 10배 미만의 것으로서 그 위치·구조 및 설비가 다음 각 목의 규정에 의한 기준에 적합한 것에 대하여는 I 제1호의 규정에 의하여 준용되는 위험물제조소기준(별표 4) I·II·IV·V·VI·VII 및 IX 제1호나목의 규정은 적용하지 아니한다.

가. 일반취급소는 벽·기둥·바닥·보 및 지붕이 내화구조인 건축물의 옥상에 설치할 것

나. 위험물을 취급하는 설비(위험물을 이송하기 위한 배관을 제외한다)는 옥상에 고정할 것

다. 위험물을 취급하는 설비(위험물을 취급하는 탱크 및 위험물을 이송하기 위한 배관을 제외한다)는 큐비클식(강판으로 만들어진 보호상자에 수납되어 있는 방식을 말한다)의 것으로 하고, 당해 설비의 주위에 높이 0.15m 이상의 방유턱을 설치할 것

라. 다목의 설비의 내부에는 위험물을 취급하는데 필요한 채광·조명 및 환기의 설비를 설치할 것

마. 위험물을 취급하는 탱크는 그 용량의 총계를 지정수량 미만으로 할 것

바. 옥외에 있는 위험물을 취급하는 탱크의 주위에는 위험물제조소기준(별표 4) IX제1호나목1)의 규정을 준용하여 높이 0.15m 이상의 방유턱을 설치할 것

사. 다목 및 바목의 방유턱의 주위에 너비 3m 이상의 공지를 보유할 것. 다만, 당해 설비로부터 3m 미만의 거리에 있는 건축물의 벽(수시로 열 수 있는 자동폐쇄식의 갑종방화문이 달려 있는 출입구 외의 개구부가 없는 것에 한한다) 및 기둥이 내화구조인 경우에는 당해 설비에서 당해 벽 및 기둥까지의 공지를 보유하는 것으로 할 수 있다.

아. 다목 및 바목의 방유턱의 내부는 위험물이 침투하지 아니하는 구조로 하고, 적당한 경사를 두어 집유설비를 설치할 것. 이 경우 위험물이 직접 배수구에 유입하지 아니하도록 집유설비에 유분리장치를 설치하여야 한다.

자. 옥내에 있는 위험물을 취급하는 탱크는 다음의 기준에 적합한 탱크전용실에 설치할 것

1) 옥내탱크저장소기준(별표 7) I 제1호 너목 내지 머목의 기준을 준용할 것

2) 탱크전용실은 바닥을 내화구조로 하고, 벽·기둥 및 보를 불연재료로 할 것

3) 탱크전용실에는 위험물을 취급하는데 필요한 채광·조명 및 환기의 설비를 설치

할 것

4) 가연성의 증기 또는 가연성의 미분이 체류할 우려가 있는 탱크전용실에는 그 증기 또는 미분을 옥외의 높은 곳으로 배출하는 설비를 설치할 것

5) 위험물을 취급하는 탱크의 주위에는 위험물제조소기준(별표 4) IX제1호나목1)의 규정을 준용하여 방유턱을 설치하거나 탱크전용실의 출입구의 턱의 높이를 높게 할 것

차. 환기설비 및 배출설비에는 방화상 유효한 댐퍼 등을 설치할 것

카. 제1호나목의 기준에 적합할 것

VI. 충전하는 일반취급소의 특례

I 제2호마목의 일반취급소 중 그 위치·구조 및 설비가 다음 각 호의 규정에 의한 기준에 적합한 것에 대하여는 I 제1호의 규정에 의하여 준용되는 위험물제조소기준(별표 4) IV 제2호 내지 제6호, V·VI 및 VII의 규정은 적용하지 아니한다.

1. 건축물을 설치하는 경우에 있어서 당해 건축물은 벽·기둥·바닥·보 및 지붕을 내화구조 또는 불연재료로 하고, 창 및 출입구에 갑종방화문 또는 을종방화문을 설치하여야 한다.
2. 제1호의 건축물의 창 또는 출입구에 유리를 설치하는 경우에는 망입유리로 하여야 한다.
3. 제1호의 건축물의 2방향 이상은 통풍을 위하여 벽을 설치하지 아니하여야 한다.
4. 위험물을 이동저장탱크에 주입하기 위한 설비(위험물을 이송하는 배관을 제외한다)의 주위에 필요한 공지를 보유하여야 한다.
5. 위험물을 용기에 옮겨 담기 위한 설비를 설치하는 경우에는 당해 설비(위험물을 이송하는 배관을 제외한다)의 주위에 필요한 공지를 제4호의 공지 외의 장소에 보유하여야 한다.
6. 제4호 및 제5호의 공지는 그 지반면을 주위의 지반면보다 높게 하고, 그 표면에 적당한 경사를 두며, 콘크리트 등으로 포장하여야 한다.
7. 제4호 및 제5호의 공지에는 누설한 위험물 그 밖의 액체가 당해 공지 외의 부분에 유출하지 아니 하도록 집유설비 및 주위에 배수구를 설치하여야 한다. 이 경우 제4류 위험물(온도 20℃의 물 100g에 용해되는 양이 1g 미만인 것에 한한다)을 취급하는 공지에 있어서는 집유설비에 유분리장치를 설치하여야 한다.

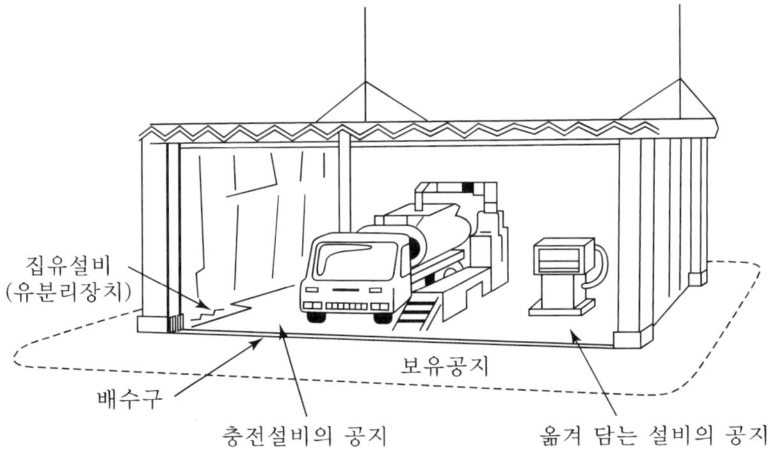

그림 4-55 충전하는 일반취급소

Ⅶ. 옮겨 담는 일반취급소의 특례

I 제2호바목의 일반취급소 중 그 위치·구조 및 설비가 다음 각 호의 규정에 의한 기준에 적합한 것에 대하여는 I 제1호의 규정에 의하여 준용되는 위험물제조소기준(별표 4) I·II·IV·V 내지 VII·VIII(제5호를 제외한다) 및 IX의 규정은 적용하지 아니한다.

1. 일반취급소에는 고정급유설비 중 호스기기의 주위(현수식의 고정급유설비에 있어서는 호스기기의 아래)에 용기에 옮겨 담거나 탱크에 주입하는데 필요한 공지를 보유하여야 한다.
2. 제1호의 공지는 그 지반면을 주위의 지반면보다 높게 하고, 그 표면에 적당한 경사를 두며, 콘크리트 등으로 포장하여야 한다.
3. 제1호의 공지에는 누설한 위험물 그 밖의 액체가 당해 공지 외의 부분에 유출하지 아니하도록 배수구 및 유분리장치를 설치하여야 한다.
4. 일반취급소에는 고정급유설비에 접속하는 용량 40,000ℓ 이하의 지하의 전용탱크(이하 "지하전용탱크"라 한다)를 지반면하에 매설하는 경우 외에는 위험물을 취급하는 탱크를 설치하지 아니하여야 한다.
5. 지하전용탱크의 위치·구조 및 설비는 지하탱크저장소기준(별표 8) I [제5호·제10호(게시판에 관한 부분에 한한다)·제11호·제14호를 제외한다]·지하탱크저장소기준(별표 8) II[지하탱크저장소기준 I 제5호·제10호(게시판에 관한 부분에 한한다)·제11호·제14호를 제외한다] 또는 지하탱크저장소기준(별표 8) III[지하탱크저장소기준(별표 8) I 제5호·제10호(게시판에 관한 부분에 한한다)·제11호·제14호를 제외한다]의 규정에 의한 지

하저장탱크의 위치·구조 및 설비의 기준을 준용하여야 한다.

6. 고정급유설비에 위험물을 주입하기 위한 배관은 당해 고정급유설비에 접속하는 지하전용탱크로부터의 배관만으로 하여야 한다.
7. 고정급유설비는 주유취급소기준(별표 13) IV(제4호를 제외한다)의 규정에 의한 주유취급소의 고정주유설비 또는 고정급유설비의 기준을 준용하여야 한다.
8. 고정급유설비는 도로경계선으로부터 다음 표에 정하는 거리 이상, 건축물의 벽으로부터 2m(일반취급소의 건축물의 벽에 개구부가 없는 경우에는 당해 벽으로부터 1m) 이상, 부지경계선으로부터 1m 이상의 간격을 유지하여야 한다. 다만, 호스기기와 분리하여 주유취급소기준(별표 13) IX의 기준에 적합하고 벽·기둥·바닥·보 및 지붕(상층이 있는 경우에는 상층의 바닥)이 내화구조인 펌프실에 설치하는 펌프기기 또는 액중펌프기기에 있어서는 그러하지 아니하다.

고정급유설비의 구분		거 리
현수식의 고정급유설비		4m
그 밖의 고정 급유 설비	고정급유설비에 접속되는 급유호스 중 그 전체길이가 최대인 것의 전체길이(이하 이 표에서 "최대급유호스길이"라 한다)가 3m 이하의 것	4m
	최대급유호스길이가 3m 초과 4m 이하의 것	5m
	최대급유호스길이가 4m 초과 5m 이하의 것	6m

9. 현수식의 고정급유설비를 설치하는 일반취급소에는 당해 고정급유설비의 펌프기기를 정지하는 등에 의하여 지하전용탱크로부터의 위험물의 이송을 긴급히 중단할 수 있는 장치를 설치하여야 한다.
10. 일반취급소의 주위에는 높이 2m 이상의 내화구조 또는 불연재료로 된 담 또는 벽을 설치하여야 한다. 이 경우 당해 일반취급소에 인접하여 연소의 우려가 있는 건축물이 있을 때에는 담 또는 벽을 주유취급소기준(별표 13) VII. 담 또는 벽의 제1호의 규정에 준하여 방화상 안전한 높이로 하여야 한다.
11. 일반취급소의 출입구에는 갑종방화문 또는 을종방화문을 설치하여야 한다.
12. 펌프실 그 밖에 위험물을 취급하는 실은 주유취급소기준(별표 13) IX의 규정에 의한 주유취급소의 펌프실 그 밖에 위험물을 취급하는 실의 기준을 준용하여야 한다.
13. 일반취급소에 지붕, 캐노피 그 밖에 위험물을 옮겨 담는데 필요한 건축물(이하 이 호 및 제14호에서 "지붕 등"이라 한다)을 설치하는 경우에는 지붕 등은 불연재료로 하여야 한다.
14. 지붕 등의 수평투영면적은 일반취급소의 부지면적의 3분의 1 이하이어야 한다.

VIII. 유압장치등을 설치하는 일반취급소의 특례

1. I 제2호사목의 일반취급소 중 그 위치·구조 및 설비가 다음 각 목의 규정에 의한 기준에 적합한 것에 대하여는 I 제1호의 규정에 의하여 준용되는 위험물제조소기준(별표 4) I·II·IV·V·VI 및 VIII제6호·제7호의 규정은 적용하지 아니한다.
   가. 일반취급소는 벽·기둥·바닥·보 및 지붕이 불연재료로 만들어진 단층의 건축물에 설치할 것
   나. 건축물 중 일반취급소의 용도로 사용하는 부분은 벽·기둥·바닥·보 및 지붕을 불연재료로 하고, 연소의 우려가 있는 외벽은 출입구 외의 개구부가 없는 내화구조의 벽으로 할 것
   다. 건축물 중 일반취급소의 용도로 사용하는 부분의 창 및 출입구에는 갑종방화문 또는 을종방화문을 설치하고, 연소의 우려가 있는 외벽에 있는 출입구에는 수시로 열 수 있는 자동폐쇄식의 갑종방화문을 설치할 것
   라. 건축물 중 일반취급소의 용도로 사용하는 부분의 창 또는 출입구에 유리를 이용하는 경우에는 망입유리로 할 것
   마. 위험물을 취급하는 설비(위험물을 이송하기 위한 배관을 제외한다. 이하 제3호에서 같다)는 건축물 중 일반취급소의 용도로 사용하는 부분의 바닥에 견고하게 고정할 것
   바. 위험물을 취급하는 탱크(용량이 지정수량의 5분의 1 미만인 것을 제외한다)의 직하에는 위험물제조소기준(별표 4) IX제1호나목1)의 규정을 준용하여 방유턱을 설치하거나 건축물 중 일반취급소의 용도로 사용하는 부분의 문턱의 높이를 높게 할 것
   사. II 제5호 내지 제8호의 기준에 적합할 것
2. I 제2호사목의 일반취급소 중 그 위치·구조 및 설비가 다음의 각 목의 규정에 의한 기준에 적합한 것에 대하여는 I 제1호의 규정에 의하여 준용되는 위험물제조소기준(별표 4) I·I·IV·V·VI 및 VII 제6호·제7호의 규정은 적용하지 아니한다.
   가. 건축물 중 일반취급소의 용도로 사용하는 부분은 벽·기둥·바닥 및 보를 내화구조로 할 것
   나. II제3호 내지 제8호, IV제1호 나목 및 바목의 기준에 적합할 것
3. I 제2호사목의 일반취급소 중 지정수량의 30배 미만의 것으로서 그 위치·구조 및 설비가 다음 각 목의 규정에 의한 기준에 적합한 것에 대하여는 I 제1호의 규정에 의하여 준용되는 위험물제조소기준(별표 4) I·I·IV·V·VI 및 VIII 제6호·제7호의 규정은 적용하지 아니한다.
   가. 위험물을 취급하는 설비는 바닥에 고정하고, 당해 설비의 주위에 너비 3m 이상의

공지를 보유할 것. 다만, 당해 설비로부터 3m 미만의 거리에 있는 건축물의 벽(수시로 열 수 있는 자동폐쇄식의 갑종방화문이 달려 있는 출입구 외의 개구부가 없는 것에 한한다) 및 기둥이 내화구조인 경우에는 당해 설비에서 당해 벽 및 기둥까지의 공지를 보유하는 것으로 할 수 있다.

나. 건축물 중 일반취급소의 용도로 사용하는 부분(가목의 공지를 포함한다. 이하 라목에서 같다)의 바닥은 위험물이 침투하지 아니하는 구조로 하고, 적당한 경사를 두어 집유설비 및 당해 바닥의 주위에 배수구를 설치할 것

다. 위험물을 취급하는 탱크(용량이 지정수량의 5분의 1 미만의 것을 제외한다)의 직하에는 위험물제조소기준(별표 4) IX제1호나목1)의 규정을 준용하여 방유턱을 설치할 것

라. II제6호 내지 제8호 및 III제2호가목의 기준에 적합할 것

IX. 절삭장치등을 설치하는 일반취급소의 특례

1. I 제2호아목의 일반취급소 중 그 위치·구조 및 설비가 II제1호 및 제3호 내지 제8호, IV제1호나목 및 VIII제1호바목·제2호가목의 규정에 의한 기준에 적합한 것에 대하여는 I 제1호의 규정에 의하여 준용되는 위험물제조소기준(별표 4) I·II·IV 및 VIII제6호·제7호의 규정은 적용하지 아니한다.

2. I 제2호아목의 일반취급소 중 지정수량의 10배 미만의 것으로서 그 위치·구조 및 설비가 다음 각 목의 규정에 의한 기준에 적합한 것에 대하여는 I 제1호의 규정에 의하여 준용되는 위험물제조소기준 I·II·IV제1호·제6호 및 VIII제6호·제7호의 규정은 적용하지 아니한다.

   가. 위험물을 취급하는 설비(위험물을 이송하기 위한 배관을 제외한다)는 바닥에 고정하고, 당해 설비의 주위에 너비 3m 이상의 공지를 보유할 것. 다만, 당해 설비로부터 3m 미만의 거리에 있는 건축물의 벽(수시로 열 수 있는 자동폐쇄식의 갑종방화문이 달려 있는 출입구 외의 개구부가 없는 것에 한한다) 및 기둥이 내화구조인 경우에는 당해 설비에서 당해 벽 및 기둥까지의 공지를 보유하는 것으로 할 수 있다.

   나. 건축물 중 일반취급소의 용도로 사용하는 부분(가목의 공지를 포함한다. 이하 다목에서 같다)의 바닥은 위험물이 침투하지 아니하는 구조로 하고, 적당한 경사를 두어 집유설비 및 당해 바닥의 주위에 배수구를 설치할 것

   다. II 제6호 내지 제8호, III제2호가목 및 VIII제3호다목의 기준에 적합할 것

X. 열매체유 순환장치를 설치하는 일반취급소의 특례

I 제2호자목의 일반취급소 중 그 위치·구조 및 설비가 다음 각 호의 규정에 의한 기준에 적합한 것에 대하여는 I 제1호의 규정에 의하여 준용되는 위험물제조소기준(별표 4) I·II·IV·V 및 VI의 규정은 적용하지 아니한다.

1. 위험물을 취급하는 설비는 위험물의 체적팽창에 의한 위험물의 누설을 방지할 수 있는 구조의 것으로 하여야 한다.
2. II제1호·제3호 내지 제8호, III제1호가목·나목 및 IV제1호가목·나목의 규정에 의한 기준에 적합하여야 한다.

X의2. 화학실험의 일반취급소의 특례

I 제2호차목의 화학실험의 일반취급소 중 그 위치·구조 및 설비가 다음 각 호에 정한 기준에 적합한 것에 대해서는 I 제1호에 따라 준용되는 규정 중 별표 4 I·II·IV·V·VI·VII·VIII (제5호는 제외한다)·IX 및 X의 규정은 준용하지 아니한다.

1. 화학실험의 일반취급소는 벽·기둥·바닥 및 보가 내화구조인 건축물의 지하층 외의 층에 설치할 것
2. 건축물 중 화학실험의 일반취급소의 용도로 사용하는 부분은 벽·기둥·바닥·보 및 지붕(상층이 있는 경우에는 상층의 바닥)을 내화구조로 하고, 벽에 설치하는 창 또는 출입구에 관한 기준은 다음 각 목의 기준에 모두 적합할 것
   가. 해당 건축물의 다른 용도 부분(복도를 제외한다)과 구획하는 벽에는 창 또는 출입구를 설치하지 않을 것
   나. 해당 건축물의 복도 또는 외부와 구획하는 벽에 설치하는 창은 망입유리 또는 방화유리로 하고, 출입구에는 수시로 열 수 있는 자동폐쇄식의 갑종방화문을 설치할 것
3. 건축물 중 화학실험의 일반취급소의 용도로 사용하는 부분에는 위험물을 취급하는데 필요한 채광·조명 및 환기를 위한 설비를 설치할 것
4. 가연성의 증기 또는 가연성의 미분이 체류할 우려가 있는 화학실험의 일반취급소의 용도로 사용하는 부분에는 그 증기 또는 미분을 옥외의 높은 곳으로 배출하는 설비를 설치하고, 배출닥트가 관통하는 벽부분의 바로 가까이에 화재 시 자동으로 폐쇄되는 방화댐퍼를 설치할 것
5. 위험물을 보관하는 설비는 외장을 불연재료로 하되, 제3류 위험물 중 자연발화성물질 또는 제5류 위험물을 보관하는 설비는 다음 각 목의 기준에 모두 적합한 것으로 할 것
   가. 외장을 금속재질로 할 것

나. 보냉장치를 갖출 것

다. 밀폐형 구조로 할 것

라. 문에 유리를 부착하는 경우에는 망입유리 또는 방화유리로 할 것

XI. 고인화점 위험물의 일반취급소의 특례

1. I 제3호의 일반취급소 중 그 위치 및 구조가 위험물제조소기준(별표 4) XI 각 호의 규정에 의한 기준에 적합한 것에 대하여는 I 제1호의 규정에 의하여 준용되는 위험물제조소기준(별표 4) I · II · IV제1호 · 제3호 내지 제5호, VIII제6호 · 제7호 및 IX제1호나목2)에 의하여 준용하는 옥외탱크저장소기준(별표 6) IX제1호나목의 규정은 적용하지 아니한다.
2. I 제3호의 일반취급소 중 충전하는 일반취급소로서 그 위치 · 구조 및 설비가 다음 각 목의 규정에 의한 기준에 적합한 것에 대하여는 I 제1호의 규정에 의하여 준용되는 위험물제조소기준(별표 4) I · II · IV · V 내지 VII · VIII제6호 · 제7호 및 IX제1호나목2)에 의하여 준용하는 옥외탱크저장소기준(별표 6) IX제1호나목의 규정은 적용하지 아니한다.
   가. 위험물제조소기준(별표 4) XI제1호 · 제2호 및 VI제3호 내지 제7호의 규정에 의한 기준에 적합할 것
   나. 건축물을 설치하는 경우에 있어서는 당해 건축물은 벽 · 기둥 · 바닥 · 보 및 지붕을 내화구조 또는 불연재료로 하고, 창 및 출입구에는 갑종방화문 · 을종방화문 또는 불연재료나 유리로 된 문을 설치할 것

XII. 위험물의 성질에 따른 일반취급소의 특례

1. 위험물제조소기준(별표 4) XII제2호의 규정은 알킬알루미늄 등을 취급하는 일반취급소에 대하여 강화되는 기준에 있어서 준용한다.
2. 위험물제조소기준(별표 4) XII제3호의 규정은 아세트알데히드 등을 취급하는 일반취급소에 대하여 강화되는 기준에 있어서 준용한다.
3. 위험물제조소기준(별표 4) XII제4호의 규정은 히드록실아민 등을 취급하는 일반취급소에 대하여 강화되는 기준에 있어서 준용한다.

5

위험물제조소등 소방시설

Chapter

05 위험물제조소등 소방시설

제1절 소화설비

제2절 경보설비

제3절 피난설비

위험물제조소등에 설치해야 하는 소방시설은 소화설비, 경보설비 및 피난시설비이다. 위험물의 화재 위험성은 당해 위험물제조소등에서 저장 또는 취급하는 위험물질의 종류 및 저장·취급량에 따라 다르고, 위험물 저장 및 취급시설의 종류 및 위험물제조소등의 규모 등에 따라서도 다르다. 또한 일반적으로 제4류 위험물의 경우에는 일반적으로 사용하는 소화약제인 물을 사용하면 화재가 더욱 확산될 수 있을 뿐만 아니라, 제3류 위험물(금수성물질)의 경우에는 물과 반응하여 폭발성 가스를 발생시켜 더욱 위험한 분위기를 생성하게 할 수도 있다.

따라서 위험물제조소등에서의 소방시설 적용은 일반 건축물에서의 소방시설 적용 예와는 달리 저장·취급하는 위험물질의 종류, 저장·취급하는 양, 저장 및 취급시설의 종류·규모, 소화시설의 적응성 등 여러 가지를 경우들을 감안하여야 한다.

위험물제조소등의 소방설비는 소화난이도 등급I, 소화난이도 등급II, 소화난이도 등급III의 소화가 곤란한 정도의 구분에 따라 설치하며 소방설비의 종류별로 제1류 위험물에서 제6류 위험물까지 소화적응성이 있는 소방시설을 한다.

제1절 소화설비

제1관 소화난이도 등급Ⅰ의 제조소등 및 소화설비

Ⅰ. 소화난이도 등급Ⅰ에 해당하는 제조소등

제조소등의 구분	제조소등의 규모, 저장 또는 취급하는 위험물의 품명 및 최대수량 등
제조소 일반취급소	연면적 1,000m^2 이상인 것
	지정수량의 100배 이상인 것(고인화점 위험물만을 100℃ 미만의 온도에서 취급하는 것 및 제48조[1])의 위험물을 취급하는 것은 제외)
	지반면으로 부터 6m 이상의 높이에 위험물 취급설비가 있는 것(고인화점 위험물만을 100℃ 미만의 온도에서 취급하는 것은 제외)
	일반취급소로 사용되는 부분 외의 부분을 갖는 건축물에 설치된 것(내화구조로 개구부 없이 구획된 것 및 고인화점 위험물만을 100℃ 미만의 온도에서 취급하는 것은 제외)
주유취급소	별표 13 V제2호[2])에 따른 면적의 합이 500m^2를 초과하는 것

1) 위험물안전관리법 시행규칙 제48조 : 화약류에 해당하는 위험물로서 염소산염류, 과염소산염류, 질산염류, 유황, 철분, 금속분, 마그네슘, 질산에스테르류, 니트로화합물 등을 말함.

제조소등의 구분	제조소등의 규모, 저장 또는 취급하는 위험물의 품명 및 최대수량 등
옥내저장소	지정수량의 150배 이상인 것(고인화점 위험물만을 저장하는 것 및 제48조의 위험물을 저장하는 것은 제외)
	연면적 150m^{2}을 초과하는 것(150m^2 이내마다 불연재료로 개구부 없이 구획 된 것 및 인화성고체 외의 제2류 위험물 또는 인화점 70℃ 이상의 제4류 위험물만을 저장하는 것은 제외)
	처마높이가 6m 이상인 단층건물의 것
	옥내저장소로 사용되는 부분 외의 부분이 있는 건축물에 설치된 것(내화구조로 개구부 없이 구획된 것 및 인화성고체 외의 제2류 위험물 또는 인화점 70℃ 이상의 제4류 위험물만을 저장하는 것은 제외)
옥외 탱크저장소	액표면적이 40m^2 이상인 것(제6류 위험물을 저장하는 것 및 고인화점 위험물만을 100℃ 미만의 온도에서 저장하는 것은 제외)
	지반면으로부터 탱크 옆판의 상단까지 높이가 6m 이상인 것(제6류 위험물을 저장하는 것 및 고인화점 위험물만을 100℃ 미만의 온도에서 저장하는 것은 제외)
	지중탱크 또는 해상탱크로서 지정수량의 100배 이상인 것(제6류 위험물을 저장하는 것 및 고인화점 위험물만을 100℃ 미만의 온도에서 저장하는 것은 제외)
	고체위험물을 저장하는 것으로서 지정수량의 100배 이상인 것
옥내 탱크저장소	액표면적이 40m^2 이상인 것(제6류 위험물을 저장하는 것 및 고인화점 위험물만을 100℃ 미만의 온도에서 저장하는 것은 제외)
	바닥면으로부터 탱크 옆판의 상단까지 높이가 6m 이상인 것(제6류 위험물을 저장하는 것 및 고인화점 위험물만을 100℃ 미만의 온도에서 저장하는 것은 제외)
	탱크전용실이 단층건물 외의 건축물에 있는 것으로서 인화점 38℃ 이상 70℃ 미만의 위험물을 지정수량의 5배 이상 저장하는 것(내화구조로 개구부 없이 구획된 것은 제외한다.)
옥외저장소	덩어리 상태의 유황 등을 저장하는 것으로서 경계표시 내부의 면적(2 이상의 경계표시가 있는 경우에는 각 경계표시의 내부의 면적을 합한 면적)이 100m^2 이상인 것
	옥외저장소 III의 위험물을 저장하는 것으로서 지정수량의 100배 이상인 것
암반 탱크저장소	액표면적이 40m^2 이상인 것(제6류 위험물을 저장하는 것 및 고인화점 위험물만을 100℃ 미만의 온도에서 저장하는 것은 제외)
	고체위험물을 저장하는 것으로서 지정수량의 100배 이상인 것
이송취급소	모든 대상

비고)
제조소등의 구분별로 오른쪽란에 정한 제조소등의 규모, 저장 또는 취급하는 위험물의 수량 및 최대수량 등의 어느 하나에 해당하는 제조소등은 소화난이도 등급 I에 해당하는 것으로 한다.

---

2) 별표 13 V제2호 : 주유취급소의 업무를 행하기 위한 사무소, 자동차 등의 점검 및 간이정비를 위한 작업장, 주유취급소에 출입하는 사람을 대상으로 한 점포·휴게음식점 또는 전시장 면적의 합이 500m^2 초과하는 것

Ⅱ. 소화난이도 등급 Ⅰ의 제조소등에 설치하여야 하는 소화설비

<table>
<tr><th colspan="3">제조소등의 구분</th><th>소화설비</th></tr>
<tr><td colspan="3">제조소 및 일반취급소</td><td>옥내소화전설비, 옥외소화전설비, 스프링클러설비 또는 물분무등소화설비(화재발생시 연기가 충만할 우려가 있는 장소에는 스프링클러설비 또는 이동식 외의 물분무등소화설비에 한한다)</td></tr>
<tr><td colspan="3">주유취급소</td><td>스프링클러설비(건축물에 한정한다), 소형수동식소화기등(능력단위의 수치가 건축물 그 밖의 공작물 및 위험물의 소요단위의 수치에 이르도록 설치할 것)</td></tr>
<tr><td rowspan="2">옥내 저장소</td><td colspan="2">처마높이가 6m 이상인 단층건물 또는 다른 용도의 부분이 있는 건축물에 설치한 옥내저장소</td><td>스프링클러설비 또는 이동식 외의 물분무등소화설비</td></tr>
<tr><td colspan="2">그 밖의 것</td><td>옥외소화전설비, 스프링클러설비, 이동식 외의 물분무등소화설비 또는 이동식 포소화설비(포소화전을 옥외에 설치하는 것에 한한다)</td></tr>
<tr><td rowspan="5">옥외 탱크 저장소</td><td rowspan="3">지중 탱크 또는 해상 탱크 외의 것</td><td>유황만을 저장·취급하는 것</td><td>물분무소화설비</td></tr>
<tr><td>인화점 70℃ 이상의 제4류 위험물만을 저장·취급하는 것</td><td>물분무소화설비 또는 고정식 포소화설비</td></tr>
<tr><td>그 밖의 것</td><td>고정식 포소화설비(포소화설비가 적응성이 없는 경우에는 분말소화설비)</td></tr>
<tr><td colspan="2">지중탱크</td><td>고정식 포소화설비, 이동식 이외의 불활성가스소화설비 또는 이동식 이외의 할로겐화합물소화설비</td></tr>
<tr><td colspan="2">해상탱크</td><td>고정식 포소화설비, 물분무소화설비, 이동식 이외의 불활성가스소화설비 또는 이동식 이외의 할로겐화합물소화설비</td></tr>
<tr><td rowspan="3">옥내 탱크 저장소</td><td colspan="2">유황등만을 저장·취급하는 것</td><td>물분무소화설비</td></tr>
<tr><td colspan="2">인화점 70℃ 이상의 제4류 위험물만을 저장·취급하는 것</td><td>물분무소화설비, 고정식 포소화설비, 이동식 이외의 불활성가스소화설비, 이동식 이외의 할로겐화합물소화설비 또는 이동식 이외의 분말소화설비</td></tr>
<tr><td colspan="2">그 밖의 것</td><td>고정식 포소화설비, 이동식 이외의 불활성가스소화설비, 이동식 이외의 할론겐화합물소화설비 또는 이동식 이외의 분말소화설비</td></tr>
</table>

제조소등의 구분		소화설비
옥외저장소 및 이송취급소		옥내소화전설비, 옥외소화전설비, 스프링클러설비 또는 물분무등소화설비(화재발생시 연기가 충만할 우려가 있는 장소에는 스프링클러설비 또는 이동식 이외의 물분무등소화설비에 한한다)
암반탱크저장소	유황등만을 저장·취급하는 것	물분무소화설비
	인화점 70℃ 이상의 제4류 위험물만을 저장·취급하는 것	물분무소화설비 또는 고정식 포소화설비
	그 밖의 것	고정식 포소화설비(포소화설비가 적응성이 없는 경우에는 분말소화설비)

비고)

1. 위 표 오른쪽란의 소화설비를 설치함에 있어서는 당해 소화설비의 방사범위가 당해 제조소, 일반취급소, 옥내저장소, 옥외탱크저장소, 옥내탱크저장소, 옥외저장소, 암반탱크저장소(암반탱크에 관계되는 부분을 제외한다) 또는 이송취급소(이송기지 내에 한한다)의 건축물, 그 밖의 공작물 및 위험물을 포함하도록 하여야 한다. 다만, 고인화점 위험물만을 100℃ 미만의 온도에서 취급하는 제조소 또는 일반취급소의 경우에는 당해 제조소 또는 일반취급소의 건축물 및 그 밖의 공작물만 포함하도록 할 수 있다.
2. 고인화점 위험물만을 100℃ 미만의 온도에서 취급하는 제조소 또는 일반취급소의 위험물에 대해서는 대형수동식소화기 1개 이상과 당해 위험물의 소요단위에 해당하는 능력단위의 소형수동식소화기를 설치하여야 한다. 다만, 당해 제조소 또는 일반취급소에 옥내·외소화전설비, 스프링클러설비 또는 물분무등소화설비를 설치한 경우에는 당해 소화설비의 방사능력범위 내에는 대형수동식소화기를 설치하지 아니할 수 있다.
3. 가연성증기 또는 가연성미분이 체류할 우려가 있는 건축물 또는 실내에는 대형수동식소화기 1개 이상과 당해 건축물, 그 밖의 공작물 및 위험물의 소요단위에 해당하는 능력단위의 소형수동식소화기 등을 추가로 설치하여야 한다.
4. 제4류 위험물을 저장 또는 취급하는 옥외탱크저장소 또는 옥내탱크저장소에는 소형수동식소화기 등을 2개 이상 설치하여야 한다.
5. 제조소, 옥내탱크저장소, 이송취급소, 또는 일반취급소의 작업공정상 소화설비의 방사능력범위 내에 당해 제조소등에서 저장 또는 취급하는 위험물의 전부가 포함되지 아니하는 경우에는 당해 위험물에 대하여 대형수동식소화기 1개 이상과 당해 위험물의 소요단위에 해당하는 능력단위의 소형수동식소화기 등을 추가로 설치하여야 한다.

제2관 소화난이도 등급 II의 제조소등 및 소화설비

I. 소화난이도 등급 II에 해당하는 제조소등

제조소등의 구분	제조소등의 규모, 저장 또는 취급하는 위험물의 품명 및 최대수량 등
제조소 일반취급소	연면적 $600m^2$ 이상인 것
	지정수량의 10배 이상인 것(고인화점 위험물만을 100℃ 미만의 온도에서 취급하는 것 및 제48조의 위험물을 취급하는 것은 제외)
	일반취급소기준 II · III · IV · V · VIII · IX · X 또는 X의2 일반취급소로서의 소화난이도 등급 I의 제조소 등에 해당하지 아니하는 것(고인화점 위험물만을 100℃ 미만의 온도에서 취급하는 것은 제외)
옥내 저장소	단층건물 이외의 것
	옥내저장소기준 II 또는 IV제1호의 옥내저장소
	지정수량의 10배 이상인 것(고인화점 위험물만을 저장하는 것 및 제48조의 위험물을 저장하는 것은 제외)
	연면적 $150m^2$ 초과인 것
	옥내저장소기준 III의 옥내저장소로서 소화난이도 등급 I의 제조소등에 해당하지 아니하는 것
옥외 탱크저장소 옥내 탱크저장소	소화난이도 등급 I의 제조소등 외의 것(고인화점 위험물만을 100℃ 미만의 온도로 저장하는 것 및 제6류 위험물만을 저장하는 것은 제외)
옥외 저장소	덩어리 상태의 유황 등을 저장하는 것으로서 경계표시 내부의 면적(2 이상의 경계표시가 있는 경우에는 각 경계표시의 내부의 면적을 합한 면적)이 $5m^2$ 이상 $100m^2$ 미만인 것
	옥외저장소기준 III의 위험물을 저장하는 것으로서 지정수량의 10배 이상 100배 미만인 것
	지정수량의 100배 이상인 것(덩어리 상태의 유황 등 또는 고인화점 위험물을 저장하는 것은 제외)
주유 취급소	옥내주유취급소로서 소화난이도 등급 I의 제조소등에 해당하지 아니하는 것
판매 취급소	제2종 판매취급소

비고)
제조소등의 구분별로 오른쪽란에 정한 제조소등의 규모, 저장 또는 취급하는 위험물의 수량 및 최대수량 등의 어느 하나에 해당하는 제조소등은 소화난이도 등급 II 에 해당하는 것으로 한다.

II. 소화난이도 등급 II의 제조소등에 설치하여야 하는 소화설비

제조소 등의 구분	소화설비
제조소 옥내저장소 옥외저장소 주유취급소 판매취급소 일반취급소	방사능력범위 내에 당해 건축물, 그 밖의 공작물 및 위험물이 포함되도록 대형수동식소화기를 설치하고, 당해 위험물의 소요단위의 1/5 이상에 해당하는 능력단위의 소형수동식소화기등을 설치할 것
옥외탱크저장소 옥내탱크저장소	대형수동식소화기 및 소형수동식소화기등을 각각 1개 이상 설치할 것

비고)
1. 옥내소화전설비, 옥외소화전설비, 스프링클러설비 또는 물분무등소화설비를 설치한 경우에는 당해 소화설비의 방사능력범위 내의 부분에 대해서는 대형수동식소화기를 설치하지 아니할 수 있다.
2. 소형수동식소화기등이란 제4호의 규정에 의한 소형수동식소화기 또는 기타 소화설비를 말한다. 이하 같다.

제3관 소화난이도 등급 III의 제조소등 및 소화설비

I. 소화난이도 등급 III에 해당하는 제조소등

제조소등의 구분	제조소등의 규모, 저장 또는 취급하는 위험물의 품명 및 최대수량 등
제조소 일반취급소	제48조의 위험물을 취급하는 것
	제48조의 위험물 외의 것을 취급하는 것으로서 소화난이도 등급I 또는 소화난이도 등급II의 제조소등에 해당하지 아니하는 것
옥내저장소	제48조의 위험물을 취급하는 것
	제48조의 위험물 외의 것을 취급하는 것으로서 소화난이도 등급I 또는 소화난이도 등급II의 제조소등에 해당하지 아니하는 것
지하탱크저장소 간이탱크저장소 이동탱크저장소	모든 대상
옥외저장소	덩어리 상태의 유황을 저장하는 것으로서 경계표시 내부의 면적(2 이상의 경계표시가 있는 경우에는 각 경계표시의 내부의 면적을 합한 면적)이 $5m^2$ 미만인 것
	덩어리 상태의 유황 외의 것을 저장하는 것으로서 소화난이도 등급I 또는 소화난이도 등급II의 제조소등에 해당하지 아니하는 것

제조소등의 구분	제조소등의 규모, 저장 또는 취급하는 위험물의 품명 및 최대수량 등
주유취급소	옥내주유취급소 외의 것으로서 소화난이도 등급Ⅰ 제조소등에 해당하지 아니하는 것
제1종 판매취급소	모든 대상

비고)
제조소등의 구분별로 오른쪽란에 정한 제조소등의 규모, 저장 또는 취급하는 위험물의 수량 및 최대수량 등의 어느 하나에 해당하는 제조소등은 소화난이도 등급Ⅲ에 해당하는 것으로 한다.

Ⅱ. 소화난이도 등급 Ⅲ의 제조소등에 설치하여야 하는 소화설비

<table>
<tr><th>제조소등의 구분</th><th>소화설비</th><th colspan="2">설치기준</th></tr>
<tr><td>지하탱크 저장소</td><td>소형수동식 소화기 등</td><td>능력단위의 수치가 3 이상</td><td>2개 이상</td></tr>
<tr><td rowspan="8">이동탱크 저장소</td><td rowspan="6">자동차용 소화기</td><td>무상의 강화액 8ℓ 이상</td><td rowspan="6">2개 이상</td></tr>
<tr><td>이산화탄소 3.2kg 이상</td></tr>
<tr><td>일브롬화일염화이플루오르화메탄(CF_2ClBr) 2ℓ 이상</td></tr>
<tr><td>일브롬화삼플루오르화메탄(CF_3Br) 2ℓ 이상</td></tr>
<tr><td>이브롬화사플루오르화에탄($C_2F_4Br_2$) 1ℓ 이상</td></tr>
<tr><td>소화분말 3.3kg 이상</td></tr>
<tr><td rowspan="2">마른 모래 및 팽창질석 또는 팽창진주암</td><td colspan="2">마른 모래 150ℓ 이상</td></tr>
<tr><td colspan="2">팽창질석 또는 팽창진주암 640ℓ 이상</td></tr>
<tr><td>그 밖의 제조소등</td><td>소형수동식 소화기 등</td><td colspan="2">능력단위의 수치가 건축물 그 밖의 공작물 및 위험물의 소요단위의 수치에 이르도록 설치할 것. 다만, 옥내소화전설비, 옥외소화전설비, 스프링클러설비, 물분무등소화설비 또는 대형수동식소화기를 설치한 경우에는 당해 소화설비의 방사능력범위 내의 부분에 대하여는 수동식소화기 등을 그 능력단위의 수치가 당해 소요단위의 수치의 1/5 이상이 되도록 하는 것으로 족하다.</td></tr>
</table>

비고)
알킬알루미늄 등을 저장 또는 취급하는 이동탱크저장소에 있어서는 자동차용소화기를 설치하는 외에 마른모래나 팽창질석 또는 팽창진주암을 추가로 설치하여야 한다.

제4관 소화설비의 적응성

소화설비의 구분			대상물 구분											
			건축물·그 밖의 공작물	전기설비	제1류 위험물		제2류 위험물			제3류 위험물		제4류 위험물	제5류 위험물	제6류 위험물
					알칼리금속과산화물등	그 밖의 것	철분·금속분·마그네슘등	인화성고체	그 밖의 것	금수성물품	그 밖의 것			
옥내소화전설비 또는 옥외소화전설비			○			○		○	○		○		○	○
스프링클러설비			○			○		○	○		○	△	○	○
물분무등소화설비	물분무소화설비		○	○		○		○	○		○	○	○	○
	포소화설비		○			○		○	○		○	○	○	○
	불활성가스소화설비			○				○				○		
	할로겐화물소화설비			○				○				○		
	분말소화설비	인산염류등	○	○		○		○	○			○		○
		탄산수소염류등		○	○		○	○		○		○		
		그 밖의 것			○		○			○				
대형·소형수동식소화기	봉상수(棒狀水)소화기		○			○		○	○		○		○	○
	무상수(霧狀水)소화기		○	○		○		○	○		○		○	○
	봉상강화액소화기		○			○		○	○		○		○	○
	무상강화액소화기		○	○		○		○	○		○	○	○	○
	포소화기		○			○		○	○		○	○	○	○
	이산화탄소소화기			○				○				○		△
	할로겐화물소화기			○				○				○		
	분말소화기	인산염류소화기	○	○		○		○	○			○		○
		탄산수소염류소화기		○	○		○	○		○		○		
		그 밖의 것			○		○			○				
기타	물통 또는 수조		○			○		○	○		○		○	○
	건조사				○	○	○	○	○	○	○	○	○	○
	팽창질석 또는 팽창진주암				○	○	○	○	○	○	○	○	○	○

비고)
1. "◯"표시는 당해 소방대상물 및 위험물에 대하여 소화설비가 적응성이 있음을 표시하고, "△"표시는 제4류 위험물을 저장 또는 취급하는 장소의 살수기준면적에 따라 스프링클러설비의 살수밀도가 다음 표에 정하는 기준 이상인 경우에는 당해 스프링클러설비가 제4류 위험물에 대하여 적응성이 있음을, 제6류 위험물을 저장 또는 취급하는 장소로서 폭발의 위험이 없는 장소에 한하여 이산화탄소소화기가 제6류 위험물에 대하여 적응성이 있음을 각각 표시한다.

살수기준 면적(m^2)	방사밀도(ℓ/m^2분)		비 고
	인화점 38℃ 미만	인화점 38℃ 이상	
279 미만 279 이상 372 미만 372 이상 465 미만 465 이상	16.3 이상 15.5 이상 13.9 이상 12.2 이상	12.2 이상 11.8 이상 9.8 이상 8.1 이상	살수기준면적은 내화구조의 벽 및 바닥으로 구획된 하나의 실의 바닥면적을 말하고, 하나의 실의 바닥면적이 465m^2 이상인 경우의 살수기준면적은 465m^2로 한다. 다만, 위험물의 취급을 주된 작업내용으로 하지 아니하고 소량의 위험물을 취급하는 설비 또는 부분이 넓게 분산되어 있는 경우에는 방사밀도는 8.2ℓ/m^2분 이상, 살수기준면적은 279m^2 이상으로 할 수 있다.

2. 인산염류 등은 인산염류, 황산염류 그 밖에 방염성이 있는 약제를 말한다.
3. 탄산수소염류 등은 탄산수소염류 및 탄산수소염류와 요소의 반응생성물을 말한다.
4. 알칼리금속과산화물 등은 알칼리금속의 과산화물 및 알칼리금속의 과산화물을 함유한 것을 말한다.
5. 철분·금속분·마그네슘 등은 철분·금속분·마그네슘과 철분·금속분 또는 마그네슘을 함유한 것을 말한다.

제5관 소화설비의 설치기준

가. 전기설비의 소화설비

제조소등에 전기설비(전기배선, 조명기구 등은 제외한다)가 설치된 경우에는 당해 장소의 면적 100m^2마다 소형수동식소화기를 1개 이상 설치할 것

나. 소요단위 및 능력단위

1) 소요단위 : 소화설비의 설치대상이 되는 건축물 그 밖의 공작물의 규모 또는 위험물의 양의 기준단위

2) 능력단위 : 1)의 소요단위에 대응하는 소화설비의 소화능력의 기준단위

다. 소요단위의 계산방법

건축물 그 밖의 공작물 또는 위험물의 소요단위의 계산방법은 다음의 기준에 의할 것

1) 제조소 또는 취급소의 건축물은 외벽이 내화구조인 것은 연면적(제조소등의 용도로 사용되는 부분 외의 부분이 있는 건축물에 설치된 제조소등에 있어서는 당해 건축물 중 제조소등에 사용되는 부분의 바닥면적의 합계를 말한다. 이하 같다) 100m^2를 1소요단위로 하며, 외벽이 내화구조가 아닌 것은 연면적 50m^2를

1소요단위로 할 것

2) 저장소의 건축물은 외벽이 내화구조인 것은 연면적 150m^{2}를 1소요단위로 하고, 외벽이 내화구조가 아닌 것은 연면적 75m^{2}를 1소요단위로 할 것

3) 제조소등의 옥외에 설치된 공작물은 외벽이 내화구조인 것으로 간주하고 공작물의 최대수평투영면적을 연면적으로 간주하여 1) 및 2)의 규정에 의하여 소요단위를 산정할 것

4) 위험물은 지정수량의 10배를 1소요단위로 할 것

라. 소화설비의 능력단위

1) 수동식소화기의 능력단위는 수동식소화기의 형식승인 및 검정기술기준에 의하여 형식승인 받은 수치로 할 것

2) 기타 소화설비의 능력단위는 다음의 표에 의할 것

소화설비	용량	능력단위
소화전용(專用)물통	8ℓ	0.3
수조(소화전용물통 3개 포함)	80ℓ	1.5
수조(소화전용물통 6개 포함)	190ℓ	2.5
마른 모래(삽 1개 포함)	50ℓ	0.5
팽창질석 또는 팽창진주암(삽 1개 포함)	160ℓ	1.0

마. 옥내소화전설비의 설치기준은 다음의 기준에 의할 것

1) 옥내소화전은 제조소등의 건축물의 층마다 당해 층의 각 부분에서 하나의 호스 접속구까지의 수평거리가 25m 이하가 되도록 설치할 것. 이 경우 옥내소화전은 각층의 출입구 부근에 1개 이상 설치하여야 한다.

2) 수원의 수량은 옥내소화전이 가장 많이 설치된 층의 옥내소화전 설치개수(설치개수가 5개 이상인 경우는 5개)에 7.8m^{3}를 곱한 양 이상이 되도록 설치할 것

3) 옥내소화전설비는 각층을 기준으로 하여 당해 층의 모든 옥내소화전(설치개수가 5개 이상인 경우는 5개의 옥내소화전)을 동시에 사용할 경우에 각 노즐 끝부분의 방수압력이 350kPa 이상이고 방수량이 1분당 260ℓ 이상의 성능이 되도록 할 것

4) 옥내소화전설비에는 비상전원을 설치할 것

바. 옥외소화전설비의 설치기준은 다음의 기준에 의할 것

1) 옥외소화전은 방호대상물(당해 소화설비에 의하여 소화하여야 할 제조소등의 건축물, 그 밖의 공작물 및 위험물을 말한다. 이하 같다)의 각 부분(건축물의 경우에는 당해 건축물의 1층 및 2층의 부분에 한한다)에서 하나의 호스접속구까

지의 수평거리가 40m 이하가 되도록 설치할 것. 이 경우 그 설치개수가 1개일 때는 2개로 하여야 한다.

2) 수원의 수량은 옥외소화전의 설치개수(설치개수가 4개 이상인 경우는 4개의 옥외소화전)에 13.5m^3를 곱한 양 이상이 되도록 설치할 것

3) 옥외소화전설비는 모든 옥외소화전(설치개수가 4개 이상인 경우는 4개의 옥외소화전)을 동시에 사용할 경우에 각 노즐 끝부분의 방수압력이 350kPa 이상이고, 방수량이 1분당 450ℓ 이상의 성능이 되도록 할 것

4) 옥외소화전설비에는 비상전원을 설치할 것

사. 스프링클러설비의 설치기준은 다음의 기준에 의할 것

1) 스프링클러헤드는 방호대상물의 천장 또는 건축물의 최상부 부근(반자가 설치되지 아니한 경우)에 설치하되, 방호대상물의 각 부분에서 하나의 스프링클러헤드까지의 수평거리가 1.7m 이하가 되도록 설치할 것

2) 개방형 스프링클러헤드를 이용한 스프링클러설비의 방사구역(하나의 일제개방밸브에 의하여 동시에 방사되는 구역을 말한다. 이하 같다)은 150m^2 이상(방호대상물의 바닥면적이 150m^2 미만인 경우에는 당해 바닥면적)으로 할 것

3) 수원의 수량은 폐쇄형 스프링클러헤드를 사용하는 것은 30(헤드의 설치개수가 30 미만인 방호대상물인 경우에는 당해 설치개수), 개방형 스프링클러헤드를 사용하는 것은 스프링클러헤드가 가장 많이 설치된 방사구역의 스프링클러헤드 설치개수에 2.4m^3를 곱한 양 이상이 되도록 설치할 것

4) 스프링클러설비는 3)의 규정에 의한 개수의 스프링클러헤드를 동시에 사용할 경우에 각 끝부분의 방사압력이 100kPa 이상이고, 방수량이 1분당 80ℓ 이상의 성능이 되도록 할 것

5) 스프링클러설비에는 비상전원을 설치할 것

아. 물분무소화설비의 설치기준은 다음의 기준에 의할 것

1) 분무헤드의 개수 및 배치는 다음 각 목에 의할 것

가) 분무헤드로부터 방사되는 물분무에 의하여 방호대상물의 모든 표면을 유효하게 소화할 수 있도록 설치할 것

나) 방호대상물의 표면적(건축물에 있어서는 바닥면적. 이하 이 목에서 같다) 1m^2당 3)의 규정에 의한 양의 비율로 계산한 수량을 표준방사량(당해 소화설비의 헤드의 설계압력에 의한 방사량을 말한다. 이하 같다)으로 방사할 수 있도록 설치할 것

2) 물분무소화설비의 방사구역은 150m^2 이상(방호대상물의 표면적이 150m^2 미만인 경우에는 당해 표면적)으로 할 것
3) 수원의 수량은 분무헤드가 가장 많이 설치된 방사구역의 모든 분무헤드를 동시에 사용할 경우에 당해 방사구역의 표면적 1m^2당 1분당 20ℓ의 비율로 계산한 양으로 30분간 방사할 수 있는 양 이상이 되도록 설치할 것
4) 물분무소화설비는 3)의 규정에 의한 분무헤드를 동시에 사용할 경우에 각 끝부분의 방사압력이 350kPa 이상으로 표준방사량을 방사할 수 있는 성능이 되도록 할 것
5) 물분무소화설비에는 비상전원을 설치할 것

자. 포소화설비의 설치기준은 다음의 기준에 의할 것
1) 고정식 포소화설비의 포방출구등은 방호대상물의 형상, 구조, 성질, 수량 또는 취급방법에 따라 표준방사량으로 당해 방호대상물의 화재를 유효하게 소화할 수 있도록 필요한 개수를 적당한 위치에 설치할 것
2) 이동식 포소화설비(포소화전 등 고정된 포수용액 공급장치로부터 호스를 통하여 포수용액을 공급받아 이동식 노즐에 의하여 방사하도록 된 소화설비를 말한다. 이하 같다)의 포소화전은 옥내에 설치하는 것은 마목1), 옥외에 설치하는 것은 바목1)의 규정을 준용할 것
3) 수원의 수량 및 포소화약제의 저장량은 방호대상물의 화재를 유효하게 소화할 수 있는 양 이상이 되도록 할 것
4) 포소화설비에는 비상전원을 설치할 것

차. 불활성가스소화설비의 설치기준은 다음의 기준에 의할 것
1) 전역방출방식 불활성가스소화설비의 분사헤드는 불연재료의 벽·기둥·바닥·보 및 지붕(천장이 있는 경우에는 천장)으로 구획되고 개구부에 자동폐쇄장치(갑종방화문, 을종방화문 또는 불연재료의 문으로 이산화탄소소화약제가 방사되기 직전에 개구부를 자동적으로 폐쇄하는 장치를 말한다)가 설치되어 있는 부분(이하 "방호구역"이라 한다)에 당해 부분의 용적 및 방호대상물의 성질에 따라 표준방사량으로 방호대상물의 화재를 유효하게 소화할 수 있도록 필요한 개수를 적당한 위치에 설치할 것. 다만, 당해 부분에서 외부로 누설되는 양 이상의 불활성가스소화약제를 유효하게 추가하여 방출할 수 있는 설비가 있는 경우는 당해 개구부의 자동폐쇄장치를 설치하지 아니할 수 있다.

2) 국소방출방식 불활성가스소화설비의 분사헤드는 방호대상물의 형상, 구조, 성질, 수량 또는 취급방법에 따라 방호대상물에 이산화탄소소화약제를 직접 방사하여 표준방사량으로 방호대상물의 화재를 유효하게 소화할 수 있도록 필요한 개수를 적당한 위치에 설치할 것

3) 이동식 불활성가스소화설비(고정된 이산화탄소소화약제 공급장치로부터 호스를 통하여 이산화탄소소화약제를 공급받아 이동식 노즐에 의하여 방사하도록 된 소화설비를 말한다. 이하 같다)의 호스접속구는 모든 방호대상물에 대하여 당해 방호대상물의 각 부분으로부터 하나의 호스접속구까지의 수평거리가 15m 이하가 되도록 설치할 것

4) 불활성가스소화약제용기에 저장하는 불활성가스소화약제의 양은 방호대상물의 화재를 유효하게 소화할 수 있는 양 이상이 되도록 할 것

5) 전역방출방식 또는 국소방출방식의 불활성가스소화설비에는 비상전원을 설치할 것

카. 할로겐화물소화설비의 설치기준은 차목의 불활성가스소화설비의 기준을 준용할 것

타. 분말소화설비의 설치기준은 차목의 불활성가스소화설비의 기준을 준용할 것

파. 대형수동식소화기의 설치기준은 방호대상물의 각 부분으로부터 하나의 대형수동식소화기까지의 보행거리가 30m 이하가 되도록 설치할 것. 다만, 옥내소화전설비, 옥외소화전설비, 스프링클러설비 또는 물분무등소화설비와 함께 설치하는 경우에는 그러하지 아니하다.

하. 소형수동식소화기등의 설치기준은 소형수동식소화기 또는 그 밖의 소화설비는 지하탱크저장소, 간이탱크저장소, 이동탱크저장소, 주유취급소 또는 판매취급소에서는 유효하게 소화할 수 있는 위치에 설치하여야 하며, 그 밖의 제조소등에서는 방호대상물의 각 부분으로부터 하나의 소형수동식소화기까지의 보행거리가 20m 이하가 되도록 설치할 것. 다만, 옥내소화전설비, 옥외소화전설비, 스프링클러설비, 물분무등소화설비 또는 대형수동식소화기와 함께 설치하는 경우에는 그러하지 아니하다.

제2절 경보설비

I. 제조소등별로 설치하여야 하는 경보설비의 종류

제조소등의 구분	제조소등의 규모, 저장 또는 취급하는 위험물의 종류 및 최대수량 등	경보설비
1. 제조소 및 일반취급소	· 연면적 500m² 이상인 것 · 옥내에서 지정수량의 100배 이상을 취급하는 것(고인화점 위험물만을 100℃ 미만의 온도에서만 취급하는 것을 제외한다) · 일반취급소로 사용되는 부분 외의 부분이 있는 건축물에 설치된 일반취급소(일반취급소와 일반취급소 외의 부분이 내화구조의 바닥 또는 벽으로 개구부 없이 구획된 것을 제외한다)	자동화재 탐지설비
2. 옥내저장소	· 지정수량의 100배 이상을 저장 또는 취급하는 것(고인화점 위험물만을 저장 또는 취급하는 것을 제외한다) · 저장창고의 연면적이 150m²를 초과하는 것[당해 저장창고가 연면적 150m² 이내마다 불연재료의 격벽으로 개구부 없이 완전히 구획된 것과 제2류 위험물(인화성 고체는 제외한다) 또는 제4류 위험물(인화점70℃ 미만인 것은 제외한다)만을 저장 또는 취급하는 것에 있어서는 저장창고의 연면적이 500m² 이상의 것에 한한다] · 처마높이가 6m 이상인 단층건물의 것 · 옥내저장소로 사용되는 부분 외의 부분이 있는 건축물에 설치된 옥내저장소[옥내저장소와 옥내저장소 외의 부분이 내화구조의 바닥 또는 벽으로 개구부 없이 구획된 것과 제2류 위험물(인화성 고체는 제외한다) 또는 제4류 위험물(인화점 70℃ 미만인 것은 제외한다)만을 저장 또는 취급하는 것을 제외한다]	
3. 옥내탱크 저장소	단층 건물 외의 건축물에 설치된 옥내탱크저장소로서 소화난이도 등급 I에 해당하는 것	
4. 주유취급소	옥내주유취급소	
5. 옥외탱크 저장소	특수인화물, 제1석유류 및 알코올류를 저장 또는 취급하는 탱크의 용량이 1,000만리터 이상인 것	자동화재탐지설비, 자동화재속보설비
6. 제1호 내지 제4호의 자동화재탐지설비 설치대상에 해당하지 아니하는 제조소등	지정수량의 10배 이상을 저장 또는 취급하는 것	자동화재탐지설비, 비상경보설비, 확성장치 또는 비상방송설비 중 1종 이상

비고) 이송취급소의 경보설비는 이송취급소기준 IV제14호의 규정에 의한다.

II. 자동화재탐지설비의 설치기준

1. 자동화재탐지설비의 경계구역(화재가 발생한 구역을 다른 구역과 구분하여 식별할 수 있는 최소단위의 구역을 말한다. 이하 이 호에서 같다)은 건축물 그 밖의 공작물의 2 이상의 층에 걸치지 아니하도록 할 것. 다만, 하나의 경계구역의 면적이 500m^2 이하이면서 당해 경계구역이 두 개의 층에 걸치는 경우이거나 계단·경사로·승강기의 승강로 그 밖에 이와 유사한 장소에 연기감지기를 설치하는 경우에는 그러하지 아니하다.
2. 하나의 경계구역의 면적은 600m^2 이하로 하고 그 한 변의 길이는 50m(광전식분리형 감지기를 설치할 경우에는 100m) 이하로 할 것. 다만, 당해 건축물 그 밖의 공작물의 주요한 출입구에서 그 내부의 전체를 볼 수 있는 경우에 있어서는 그 면적을 1,000m^2 이하로 할 수 있다.
3. 자동화재탐지설비의 감지기(옥외탱크저장소에 설치하는 자동화재탐지설비의 감지기는 제외한다)는 감지기는 지붕(상층이 있는 경우에는 상층의 바닥) 또는 벽의 옥내에 면한 부분(천장이 있는 경우에는 천장 또는 벽의 옥내에 면한 부분 및 천장의 뒷부분)에 유효하게 화재의 발생을 감지할 수 있도록 설치할 것
4. 옥외탱크저장소에 설치하는 자동화재탐지설비의 감지기 설치기준
   1) 불꽃감지기를 설치할 것. 다만, 불꽃을 감지하는 기능이 있는 지능형 폐쇄회로텔레비전(CCTV)을 설치한 경우 불꽃감지기를 설치한 것으로 본다.
   2) 옥외저장탱크 외측과 별표6 II에 따른 보유공지 내에서 발생하는 화재를 유효하게 감지할 수 있는 위치에 설치할 것
   3) 지지대를 설치하고 그 곳에 감지기를 설치하는 경우 지지대는 벼락에 영향을 받지 않도록 설치할 것
5. 자동화재탐지설비에는 비상전원을 설치할 것
6. 옥외탱크저장소가 다음의 어느 하나에 해당하는 경우에는 자동화재탐지설비를 설치하지 않을 수 있다.
   1) 옥외탱크저장소의 방유제와 옥외저장탱크사이의 지표면을 불연성 및 불침윤성(수분에 젖지 않는 성질)이 있는 철근콘크리트구조 등으로 한 경우
   2) 화학물질관리법 시행규칙 별표5 제6호의 화학물질안전원장이 정하는 고시에 따라 가스검지기를 설치한 경우

III. 옥외탱크저장소가 다음 각 목의 어느 하나에 해당하는 경우에는 자동화재속보설비를 설치하지 않을 수 있다.

1. 제2호 바목1) 또는 2)에 해당하는 경우
2. 법 제19조에 따른 자체소방대를 설치한 경우
3. 안전관리자가 해당 사업소에 24시간 상주하는 경우

제3절 피난설비

1. 주유취급소 중 건축물의 2층의 부분을 점포·휴게음식점 또는 전시장의 용도로 사용하는 것에 있어서는 당해 건축물의 2층으로부터 주유취급소의 부지 밖으로 통하는 출입구와 당해 출입구로 통하는 통로·계단 및 출입구에 유도등을 설치하여야 한다.
2. 옥내주유취급소에 있어서는 당해 사무소 등의 출입구 및 피난구와 당해 피난구로 통하는 통로·계단 및 출입구에 유도등을 설치하여야 한다.
3. 유도등에는 비상전원을 설치하여야 한다.

6

위험물의 저장 및 취급기준

Chapter

06 위험물의 저장 및 취급기준

제1절 개요

위험물 저장·취급에 있어서 중요기준은 화재등의 위해의 예방과 응급조치에 있어서 큰 영향을 미치거나 그 기준을 위반하는 경우 직접적으로 화재를 일으킬 가능성이 큰 것으로 I 내지 V의 저장 또는 취급기준 중 "중요기준"이라 표기한 것이고, 세부기준은 화재등 위해의 예방과 응급조치에 있어서 중요기준보다 상대적으로 적은 영향을 미치거나 그 기준을 위반하는 경우 간접적으로 화재를 일으킬 수 있는 기준 및 위험물의 안전관리에 필요한 표시와 서류·기구 등의 비치에 관한 기준으로서 중요기준 이외의 것을 말한다.

제2절 저장 및 취급기준

Ⅰ. 저장·취급의 공통기준

1. 제조소등에서 「위험물안전관리법」 제6조제1항의 규정에 의한 허가 및 법 제6조제2항의 규정에 의한 신고와 관련되는 품명 외의 위험물 또는 이러한 허가 및 신고와 관련되는 수량 또는 지정수량의 배수를 초과하는 위험물을 저장 또는 취급하지 아니하여야 한다(중요기준).
2. ~ 6. 삭제 <2009.3.17>
7. 위험물을 저장 또는 취급하는 건축물 그 밖의 공작물 또는 설비는 당해 위험물의 성질에 따라 차광 또는 환기를 실시하여야 한다.
8. 위험물은 온도계, 습도계, 압력계 그 밖의 계기를 감시하여 당해 위험물의 성질에 맞는 적정한 온도, 습도 또는 압력을 유지하도록 저장 또는 취급하여야 한다.
9. 삭제 <2009.3.17>
10. 위험물을 저장 또는 취급하는 경우에는 위험물의 변질, 이물의 혼입 등에 의하여 당해 위험물의 위험성이 증대되지 아니하도록 필요한 조치를 강구하여야 한다.
11. 위험물이 남아 있거나 남아 있을 우려가 있는 설비, 기계·기구, 용기 등을 수리하는 경우에는 안전한 장소에서 위험물을 완전하게 제거한 후에 실시하여야 한다.
12. 위험물을 용기에 수납하여 저장 또는 취급할 때에는 그 용기는 당해 위험물의 성질에 적응하고 파손·부식·균열 등이 없는 것으로 하여야 한다.
13. 삭제 <2009.3.17>

14. 가연성의 액체·증기 또는 가스가 새거나 체류할 우려가 있는 장소 또는 가연성의 미분이 현저하게 부유할 우려가 있는 장소에서는 전선과 전기기구를 완전히 접속하고 불꽃을 발하는 기계·기구·공구·신발 등을 사용하지 아니하여야 한다.
15. 위험물을 보호액 중에 보존하는 경우에는 당해 위험물이 보호액으로부터 노출되지 아니하도록 하여야 한다.

II. 위험물의 유별 저장·취급의 공통기준(중요기준)

1. 제1류 위험물은 가연물과의 접촉·혼합이나 분해를 촉진하는 물품과의 접근 또는 과열·충격·마찰등을 피하는 한편, 알칼리금속의 과산화물 및 이를 함유한 것에 있어서는 물과의 접촉을 피하여야 한다.
2. 제2류 위험물은 산화제와의 접촉·혼합이나 불티·불꽃·고온체와의 접근 또는 과열을 피하는 한편, 철분·금속분·마그네슘 및 이를 함유한 것에 있어서는 물이나 산과의 접촉을 피하고 인화성고체에 있어서는 함부로 증기를 발생시키지 아니하여야 한다.
3. 제3류 위험물 중 자연발화성물질에 있어서는 불티·불꽃 또는 고온체와의 접근·과열 또는 공기와의 접촉을 피하고, 금수성물질에 있어서는 물과의 접촉을 피하여야 한다.
4. 제4류 위험물은 불티·불꽃·고온체와의 접근 또는 과열을 피하고, 함부로 증기를 발생시키지 아니하여야 한다.
5. 제5류 위험물은 불티·불꽃·고온체와의 접근이나 과열·충격 또는 마찰을 피하여야 한다.
6. 제6류 위험물은 가연물과의 접촉·혼합이나 분해를 촉진하는 물품과의 접근 또는 과열을 피하여야 한다.
7. 제1호 내지 제6호의 기준은 위험물을 저장 또는 취급함에 있어서 당해 각 호의 기준에 의하지 아니하는 것이 통상인 경우는 당해 각 호를 적용하지 아니한다. 이 경우 당해 저장 또는 취급에 대하여는 재해의 발생을 방지하기 위한 충분한 조치를 강구하여야 한다.

III. 저장의 기준

1. 저장소에는 위험물 외의 물품을 저장하지 아니하여야 한다. 다만, 다음 각 목의 1에 해당하는 경우에는 그러하지 아니하다(중요기준).
   가. 옥내저장소 또는 옥외저장소에서 다음의 규정에 의한 위험물과 위험물이 아닌 물품을 함께 저장하는 경우. 이 경우 위험물과 위험물이 아닌 물품은 각각 모아서 저장하고 상호간에는 1m 이상의 간격을 두어야 한다.
      1) 위험물(제2류 위험물 중 인화성고체와 제4류 위험물을 제외한다)과 「위험물안전

관리법 시행령」 별표 1의 위험물 및 지정수량에서 당해 위험물이 속하는 품명란에 정한 물품(동표 제1류의 품명란 제11호, 제2류의 품명란 제8호, 제3류의 품명란 제12호, 제5류의 품명란 제11호 및 제6류의 품명란 제5호의 규정에 의한 물품을 제외한다)을 주성분으로 함유한 것으로서 위험물에 해당하지 아니하는 물품

2) 제2류 위험물 중 인화성고체와 위험물에 해당하지 아니하는 고체 또는 액체로서 인화점을 갖는 것 또는 합성수지류(소방기본법시행령 별표 2 비고 제8호의 합성수지류를 말한다)(이하 III에서 "합성수지류등"이라 한다) 또는 이들 중 어느 하나 이상을 주성분으로 함유한 것으로서 위험물에 해당하지 아니하는 물품

3) 제4류 위험물과 합성수지류등 또는 영 별표 1의 제4류의 품명란에 정한 물품을 주성분으로 함유한 것으로서 위험물에 해당하지 아니하는 물품

4) 제4류 위험물 중 유기과산화물 또는 이를 함유한 것과 유기과산화물 또는 유기과산화물만을 함유한 것으로서 위험물에 해당하지 아니하는 물품

5) 「위험물안전관리법 시행규칙」 제48조의 규정에 의한 위험물과 위험물에 해당하지 아니하는 화약류(총포·도검·화약류등단속법에 의한 화약류에 해당하는 것을 말한다)

6) 위험물과 위험물에 해당하지 아니하는 불연성의 물품(저장하는 위험물 및 위험물외의 물품과 위험한 반응을 일으키지 아니하는 것에 한한다)

나. 옥외탱크저장소·옥내탱크저장소·지하탱크저장소 또는 이동탱크저장소(이하 이 목에서 "옥외탱크저장소등"이라 한다)에서 당해 옥외탱크저장소등의 구조 및 설비에 나쁜 영향을 주지 아니하면서 다음에서 정하는 위험물이 아닌 물품을 저장하는 경우

1) 제4류 위험물을 저장 또는 취급하는 옥외탱크저장소등 : 합성수지류등 또는 제4류의 품명란에 정한 물품을 주성분으로 함유한 것으로서 위험물에 해당하지 아니하는 물품 또는 위험물에 해당하지 아니하는 불연성물품(저장 또는 취급하는 위험물 및 위험물외의 물품과 위험한 반응을 일으키지 아니하는 것에 한한다)

2) 제6류 위험물을 저장 또는 취급하는 옥외탱크저장소등 : 제6류의 품명란에 정한 물품(제6류의 품명란 제5호의 규정에 의한 물품을 제외한다)을 주성분으로 함유한 것으로서 위험물에 해당하지 아니하는 물품 또는 위험물에 해당하지 아니하는 불연성물품(저장 또는 취급하는 위험물 및 위험물 외의 물품과 위험한 반응을 일으키지 아니하는 것에 한한다)

2. 영 별표 1의 유별을 달리하는 위험물은 동일한 저장소(내화구조의 격벽으로 완전히 구획된 실이 2 이상 있는 저장소에 있어서는 동일한 실. 이하 제3호에서 같다)에 저장하

지 아니하여야 한다. 다만, 옥내저장소 또는 옥외저장소에 있어서 다음의 각 목의 규정에 의한 위험물을 저장하는 경우로서 위험물을 유별로 정리하여 저장하는 한편, 서로 1m 이상의 간격을 두는 경우에는 그러하지 아니하다(중요기준).

가. 제1류 위험물(알칼리금속의 과산화물 또는 이를 함유한 것을 제외한다)과 제5류 위험물을 저장하는 경우

나. 제1류 위험물과 제6류 위험물을 저장하는 경우

다. 제1류 위험물과 자연발화성물품(황린 또는 이를 함유한 것에 한한다)을 저장하는 경우

라. 제2류 위험물 중 인화성고체와 제4류 위험물을 저장하는 경우

마. 제3류 위험물 중 알킬알루미늄등과 제4류 위험물(알킬알루미늄 또는 알킬리튬을 함유한 것에 한한다)을 저장하는 경우

바. 제4류 위험물 중 유기과산화물 또는 이를 함유하는 것과 제5류 위험물 중 유기과산화물 또는 이를 함유한 것을 저장하는 경우

3. 제3류 위험물 중 황린 그 밖에 물속에 저장하는 물품과 금수성물품은 동일한 저장소에서 저장하지 아니하여야 한다(중요기준).

4. 옥내저장소에 있어서 위험물은 V의 규정에 의한 바에 따라 용기에 수납하여 저장하여야 한다. 다만, 덩어리상태의 유황등과 「위험물안전관리법 시행규칙」 제48조의 규정에 의한 위험물에 있어서는 그러하지 아니하다(중요기준).

5. 옥내저장소에서 동일 품명의 위험물이더라도 자연발화할 우려가 있는 위험물 또는 재해가 현저하게 증대할 우려가 있는 위험물을 다량 저장하는 경우에는 지정수량의 10배 이하마다 구분하여 상호간 0.3m 이상의 간격을 두어 저장하여야 한다. 다만, 「위험물안전관리법 시행규칙」 제48조의 규정에 의한 위험물 또는 기계에 의하여 하역하는 구조로 된 용기에 수납한 위험물에 있어서는 그러하지 아니하다(중요기준).

6. 옥내저장소에서 위험물을 저장하는 경우에는 다음 각 목의 규정에 의한 높이를 초과하여 용기를 겹쳐 쌓지 아니하여야 한다.

가. 기계에 의하여 하역하는 구조로 된 용기만을 겹쳐 쌓는 경우에 있어서는 6m

나. 제4류 위험물 중 제3석유류, 제4석유류 및 동식물유류를 수납하는 용기만을 겹쳐 쌓는 경우에 있어서는 4m

다. 그 밖의 경우에 있어서는 3m

7. 옥내저장소에서는 용기에 수납하여 저장하는 위험물의 온도가 55℃를 넘지 아니하도록 필요한 조치를 강구하여야 한다(중요기준).

8. 삭제

9. 옥외저장탱크·옥내저장탱크 또는 지하저장탱크의 주된 밸브(액체의 위험물을 이송하기 위한 배관에 설치된 밸브 중 탱크의 바로 옆에 있는 것을 말한다) 및 주입구의 밸브 또는 뚜껑은 위험물을 넣거나 빼낼 때 외에는 폐쇄하여야 한다.
10. 옥외저장탱크의 주위에 방유제가 있는 경우에는 그 배수구를 평상시 폐쇄하여 두고, 당해 방유제의 내부에 유류 또는 물이 괴었을 때에는 지체 없이 이를 배출하여야 한다.
11. 이동저장탱크에는 당해 탱크에 저장 또는 취급하는 위험물의 위험성을 알리는 표지를 부착하고 잘 보일 수 있도록 관리하여야 한다.
12. 이동저장탱크 및 그 안전장치와 그 밖의 부속배관은 균열, 결합불량, 극단적인 변형, 주입호스의 손상 등에 의한 위험물의 누설이 일어나지 아니하도록 하고, 당해 탱크의 배출밸브는 사용시 외에는 완전하게 폐쇄하여야 한다.
13. 피견인자동차에 고정된 이동저장탱크에 위험물을 저장할 때에는 당해 피견인자동차에 견인자동차를 결합한 상태로 두어야 한다. 다만, 다음 각 목의 기준에 따라 피견인자동차를 철도·궤도상의 차량(이하 이 호에서 "차량"이라 한다)에 싣거나 차량으로부터 내리는 경우에는 그러하지 아니하다.
    가. 피견인자동차를 싣는 작업은 화재예방상 안전한 장소에서 실시하고, 화재가 발생하였을 경우에 그 피해의 확대를 방지할 수 있도록 필요한 조치를 강구할 것
    나. 피견인자동차를 실을 때에는 이동저장탱크에 변형 또는 손상을 주지 아니하도록 필요한 조치를 강구할 것
    다. 피견인자동차를 차량에 싣는 것은 견인자동차를 분리한 즉시 실시하고, 피견인자동차를 차량으로부터 내렸을 때에는 즉시 당해 피견인자동차를 견인자동차에 결합할 것
14. 컨테이너식 이동탱크저장소외의 이동탱크저장소에 있어서는 위험물을 저장한 상태로 이동저장탱크를 옮겨 싣지 아니하여야 한다(중요기준).
15. 이동탱크저장소에는 당해 이동탱크저장소의 완공검사필증 및 정기점검기록을 비치하여야 한다.
16. 알킬알루미늄등을 저장 또는 취급하는 이동탱크저장소에는 긴급시의 연락처, 응급조치에 관하여 필요한 사항을 기재한 서류, 방호복, 고무장갑, 밸브 등을 죄는 결합공구 및 휴대용 확성기를 비치하여야 한다.
17. 옥외저장소(제20호의 규정에 의한 경우를 제외한다)에 있어서 위험물은 V에 정하는 바에 따라 용기에 수납하여 저장하여야 한다(중요기준).
18. 옥외저장소에서 위험물을 저장하는 경우에 있어서는 제6호 각 목의 규정에 의한 높이를 초과하여 용기를 겹쳐 쌓지 아니하여야 한다.

19. 옥외저장소에서 위험물을 수납한 용기를 선반에 저장하는 경우에는 6m를 초과하여 저장하지 아니하여야 한다.
20. 유황등을 용기에 수납하지 아니하고 저장하는 옥외저장소에서는 유황등을 경계표시의 높이 이하로 저장하고, 유황등이 넘치거나 비산하는 것을 방지할 수 있도록 경계표시 내부의 전체를 난연성 또는 불연성의 천막 등으로 덮고 당해 천막 등을 경계표시에 고정하여야 한다.
21. 알킬알루미늄, 아세트알데히드등 및 디에틸에테르등(디에틸에테르 또는 이를 함유한 것을 말한다. 이하 같다)의 저장기준은 제1호 내지 제20호의 규정에 의한 것 외에 다음 각 목과 같다(중요기준).
   가. 옥외저장탱크 또는 옥내저장탱크 중 압력탱크(최대상용압력이 대기압을 초과하는 탱크를 말한다. 이하 이 호에서 같다)에 있어서는 알킬알루미늄등의 취출에 의하여 당해 탱크내의 압력이 상용압력 이하로 저하하지 아니하도록, 압력탱크 외의 탱크에 있어서는 알킬알루미늄등의 취출이나 온도의 저하에 의한 공기의 혼입을 방지할 수 있도록 불활성의 기체를 봉입할 것
   나. 옥외저장탱크·옥내저장탱크 또는 이동저장탱크에 새롭게 알킬알루미늄등을 주입하는 때에는 미리 당해 탱크안의 공기를 불활성 기체와 치환하여 둘 것
   다. 이동저장탱크에 알킬알루미늄등을 저장하는 경우에는 20kPa 이하의 압력으로 불활성의 기체를 봉입하여 둘 것
   라. 옥외저장탱크·옥내저장탱크 또는 지하저장탱크 중 압력탱크에 있어서는 아세트알데히드등의 취출에 의하여 당해 탱크내의 압력이 상용압력 이하로 저하하지 아니하도록, 압력탱크 외의 탱크에 있어서는 아세트알데히드등의 취출이나 온도의 저하에 의한 공기의 혼입을 방지할 수 있도록 불활성 기체를 봉입할 것
   마. 옥외저장탱크·옥내저장탱크·지하저장탱크 또는 이동저장탱크에 새롭게 아세트알데히드등을 주입하는 때에는 미리 당해 탱크안의 공기를 불활성 기체와 치환하여 둘 것
   바. 이동저장탱크에 아세트알데히드등을 저장하는 경우에는 항상 불활성의 기체를 봉입하여 둘 것
   사. 옥외저장탱크·옥내저장탱크 또는 지하저장탱크 중 압력탱크 외의 탱크에 저장하는 디에틸에테르등 또는 아세트알데히드등의 온도는 산화프로필렌과 이를 함유한 것 또는 디에틸에테르등에 있어서는 30℃ 이하로, 아세트알데히드 또는 이를 함유한 것에 있어서는 15℃ 이하로 각각 유지할 것
   아. 옥외저장탱크·옥내저장탱크 또는 지하저장탱크 중 압력탱크에 저장하는 아세트알

데히드등 또는 디에틸에테르등의 온도는 40℃ 이하로 유지할 것

자. 보냉장치가 있는 이동저장탱크에 저장하는 아세트알데히드등 또는 디에틸에테르등의 온도는 당해 위험물의 비점 이하로 유지할 것

차. 보냉장치가 없는 이동저장탱크에 저장하는 아세트알데히드등 또는 디에틸에테르등의 온도는 40℃ 이하로 유지할 것

Ⅳ. 취급의 기준

1. 위험물의 취급 중 제조에 관한 기준은 다음 각 목과 같다(중요기준).
   가. 증류공정에 있어서는 위험물을 취급하는 설비의 내부압력의 변동 등에 의하여 액체 또는 증기가 새지 아니하도록 할 것
   나. 추출공정에 있어서는 추출관의 내부압력이 비정상으로 상승하지 아니하도록 할 것
   다. 건조공정에 있어서는 위험물의 온도가 국부적으로 상승하지 아니하는 방법으로 가열 또는 건조할 것
   라. 분쇄공정에 있어서는 위험물의 분말이 현저하게 부유하고 있거나 위험물의 분말이 현저하게 기계·기구 등에 부착하고 있는 상태로 그 기계·기구를 취급하지 아니할 것
2. 위험물의 취급 중 용기에 옮겨 담는데 대한 기준은 다음 각 목과 같다.
   가. 위험물을 용기에 옮겨 담는 경우에는 V에 정하는 바에 따라 수납할 것
   나. 삭제 <2009.3.17>
3. 위험물의 취급 중 소비에 관한 기준은 다음 각 목과 같다(중요기준).
   가. 분사도장작업은 방화상 유효한 격벽 등으로 구획된 안전한 장소에서 실시할 것
   나. 담금질 또는 열처리작업은 위험물이 위험한 온도에 이르지 아니하도록 하여 실시할 것
   다. 삭제 <2009.3.17>
   라. 버너를 사용하는 경우에는 버너의 역화를 방지하고 위험물이 넘치지 아니하도록 할 것
4. 삭제 <2009.3.17>
5. 주유취급소·판매취급소·이송취급소 또는 이동탱크저장소에서의 위험물의 취급기준은 다음 각 목과 같다.
   가. 주유취급소(항공기 주유취급소·선박 주유취급소 및 철도 주유취급소를 제외한다)에서의 취급기준
      1) 자동차 등에 주유할 때에는 고정주유설비를 사용하여 직접 주유할 것(중요기준)

2) 자동차 등에 인화점 40℃ 미만의 위험물을 주유할 때에는 자동차 등의 원동기를 정지시킬 것. 다만, 연료탱크에 위험물을 주유하는 동안 방출되는 가연성 증기를 회수하는 설비가 부착된 고정주유설비에 의하여 주유하는 경우에는 그러하지 아니하다.
3) 이동저장탱크에 급유할 때에는 고정급유설비를 사용하여 직접 급유할 것
4) 삭제
5) 삭제 <2009.3.17>
6) 고정주유설비 또는 고정급유설비에 접속하는 탱크에 위험물을 주입할 때에는 당해 탱크에 접속된 고정주유설비 또는 고정급유설비의 사용을 중지하고, 자동차 등을 당해 탱크의 주입구에 접근시키지 아니할 것
7) 고정주유설비 또는 고정급유설비에는 해당 설비에 접속한 전용탱크 또는 간이탱크의 배관외의 것을 통하여서는 위험물을 공급하지 아니할 것
8) 자동차 등에 주유할 때에는 고정주유설비 또는 고정주유설비에 접속된 탱크의 주입구로부터 4m 이내의 부분[주유취급소의 위치·구조 및 설비의 기준(별표 13) V 제1호다목 및 라목의 용도에 제공하는 부분 중 바닥 및 벽에서 구획된 것의 내부를 제외한다]에, 이동저장탱크로부터 전용탱크에 위험물을 주입할 때에는 전용탱크의 주입구로부터 3m 이내의 부분 및 전용탱크 통기관의 끝부분으로부터 수평거리 1.5m 이내의 부분에 있어서는 다른 자동차 등의 주차를 금지하고 자동차 등의 점검·정비 또는 세정을 하지 아니할 것
9) 삭제
10) 삭제 <2009.3.17>
11) 주유원간이대기실 내에서는 화기를 사용하지 아니할 것
12) 전기자동차 충전설비를 사용하는 때에는 다음의 기준을 준수할 것
   가) 충전기기와 전기자동차를 연결할 때에는 연장코드를 사용하지 아니할 것
   나) 전기자동차의 전지·인터페이스 등이 충전기기의 규격에 적합한지 확인한 후 충전을 시작할 것
   다) 충전 중에는 자동차 등을 작동시키지 아니할 것

나. 항공기 주유취급소에서의 취급기준은 가목[1) 및 7)은 제외한다]의 규정을 준용하는 외에 다음의 기준에 의할 것
1) 항공기에 주유하는 때에는 고정주유설비, 주유배관의 끝부분에 접속한 호스기기, 주유호스차 또는 주유탱크차를 사용하여 직접 주유할 것(중요기준)
2) 삭제 <2009.3.17>

3) 고정주유설비에는 당해 주유설비에 접속한 전용탱크 또는 위험물을 저장 또는 취급하는 탱크의 배관외의 것을 통하여서는 위험물을 주입하지 아니할 것
4) 주유호스차 또는 주유탱크차에 의하여 주유하는 때에는 주유호스의 끝부분을 항공기의 연료탱크의 급유구에 긴밀히 결합할 것. 다만, 주유탱크차에서 주유호스 끝부분에 수동개폐장치를 설치한 주유노즐에 의하여 주유하는 때에는 그러하지 아니하다.
5) 주유호스차 또는 주유탱크차에서 주유하는 때에는 주유호스차의 호스기기 또는 주유탱크차의 주유설비를 접지하고 항공기와 전기적인 접속을 할 것

다. 철도 주유취급소에서의 취급기준은 가목[1) 및 7)은 제외한다]의 규정 및 나목3)의 규정을 준용하는 외에 다음의 기준에 의할 것
1) 철도 또는 궤도에 의하여 운행하는 차량에 주유하는 때에는 고정주유설비 또는 주유배관의 끝부분에 접속한 호스기기를 사용하여 직접 주유할 것(중요기준)
2) 철도 또는 궤도에 의하여 운행하는 차량에 주유하는 때에는 콘크리트 등으로 포장된 부분에서 주유할 것

라. 선박 주유취급소에서의 취급기준은 가목[1) 및 7)은 제외한다]의 규정 및 나목3)의 규정을 준용하는 외에 다음의 기준에 의할 것
1) 선박에 주유하는 때에는 고정주유설비 또는 주유배관의 끝부분에 접속한 호스기기를 사용하여 직접 주유할 것(중요기준)
2) 선박에 주유하는 때에는 선박이 이동하지 아니하도록 계류시킬 것
3) 수상구조물에 설치하는 고정주유설비를 이용하여 주유작업을 할 때에는 5m 이내에 다른 선박의 정박 또는 계류를 금지할 것
4) 수상구조물에 설치하는 고정주유설비의 주위에 설치하는 집유설비 내에 고인 빗물 또는 위험물은 넘치지 않도록 수시로 수거하고, 수거물은 유분리장치를 이용하거나 폐기물 처리 방법에 따라 처리할 것
5) 수상구조물에 설치하는 고정주유설비를 이용한 주유작업은 위험물을 공급하는 배관·펌프 및 그 부속 설비의 안전을 확인한 후에 시작할 것(중요기준)
6) 수상구조물에 설치하는 고정주유설비를 이용한 주유작업이 종료된 후에는 주유취급소의 위치·구조 및 설비의 기준(별표 13) XIV제3호마목에 따른 차단밸브를 모두 잠글 것(중요기준)
7) 수상구조물에 설치하는 고정주유설비를 이용한 주유작업은 총 톤수가 300 미만인 선박에 대해서만 실시할 것(중요기준)

마. 고객이 직접 주유하는 주유취급소에서의 기준

1) 셀프용고정주유설비 및 셀프용고정급유설비 외의 고정주유설비 또는 고정급유설비를 사용하여 고객에 의한 주유 또는 용기에 옮겨 담는 작업을 행하지 아니할 것(중요기준)
2) 삭제 <2009.3.17>
3) 감시대에서 고객이 주유하거나 용기에 옮겨 담는 작업을 직시하는 등 적절한 감시를 할 것
4) 고객에 의한 주유 또는 용기에 옮겨 담는 작업을 개시할 때에는 안전상 지장이 없음을 확인한 후 제어장치에 의하여 호스기기에 대한 위험물의 공급을 개시할 것
5) 고객에 의한 주유 또는 용기에 옮겨 담는 작업을 종료한 때에는 제어장치에 의하여 호스기기에 대한 위험물의 공급을 정지할 것
6) 비상시 그 밖에 안전상 지장이 발생한 경우에는 제어장치에 의하여 호스기기에 위험물의 공급을 일제히 정지하고, 주유취급소 내의 모든 고정주유설비 및 고정급유설비에 의한 위험물 취급을 중단할 것
7) 감시대의 방송설비를 이용하여 고객에 의한 주유 또는 용기에 옮겨 담는 작업에 대한 필요한 지시를 할 것
8) 감시대에서 근무하는 감시원은 안전관리자 또는 위험물안전관리에 관한 전문지식이 있는 자일 것

바. 판매취급소에서의 취급기준

1) 판매취급소에서는 도료류, 제1류 위험물 중 염소산염류 및 염소산염류만을 함유한 것, 유황 또는 인화점이 38℃ 이상인 제4류 위험물을 배합실에서 배합하는 경우 외에는 위험물을 배합하거나 옮겨 담는 작업을 하지 아니할 것
2) 위험물은 위험물의 운반에 관한 기준(별표 19) I의 규정에 의한 운반용기에 수납한 채로 판매할 것
3) 판매취급소에서 위험물을 판매할 때에는 위험물이 넘치거나 비산하는 계량기(액용되를 포함한다)를 사용하지 아니할 것

사. 이송취급소에서의 취급기준

1) 위험물의 이송은 위험물을 이송하기 위한 배관·펌프 및 그에 부속한 설비(위험물을 운반하는 선박으로부터 육상으로 위험물의 이송취급을 하는 이송취급소에 있어서는 위험물을 이송하기 위한 배관 및 그에 부속된 설비를 말한다. 이하 나목에서 같다)의 안전을 확인한 후에 개시할 것(중요기준)
2) 위험물을 이송하기 위한 배관·펌프 및 이에 부속한 설비의 안전을 확인하기 위

한 순찰을 행하고, 위험물을 이송하는 중에는 이송하는 위험물의 압력 및 유량을 항상 감시할 것(중요기준)

3) 이송취급소를 설치한 지역의 지진을 감지하거나 지진의 정보를 얻은 경우에는 소방청장이 정하여 고시하는 바에 따라 재해의 발생 또는 확대를 방지하기 위한 조치를 강구할 것

아. 이동탱크저장소(컨테이너식 이동탱크저장소를 제외한다)에서의 취급기준

1) 이동저장탱크로부터 위험물을 저장 또는 취급하는 탱크에 액체의 위험물을 주입할 경우에는 그 탱크의 주입구에 이동저장탱크의 주입호스를 견고하게 결합할 것. 다만, 주입호스의 끝부분에 수동개폐장치를 한 주입노즐(수동개폐장치를 개방상태로 고정하는 장치를 한 것을 제외한다)을 사용하여 지정수량 미만의 양의 위험물을 저장 또는 취급하는 탱크에 인화점이 40℃ 이상인 위험물을 주입하는 경우에는 그러하지 아니하다.

2) 이동저장탱크로부터 액체위험물을 용기에 옮겨 담지 아니할 것. 다만, 주입호스의 끝부분에 수동개폐장치를 한 주입노즐(수동개폐장치를 개방상태로 고정하는 장치를 한 것을 제외한다)을 사용하여 위험물의 운반에 관한 기준(별표 19) I의 기준에 적합한 운반용기에 인화점 40℃ 이상의 제4류 위험물을 옮겨 담는 경우에는 그러하지 아니하다.

3) 이동저장탱크로부터 위험물을 저장 또는 취급하는 탱크에 인화점이 40℃ 미만인 위험물을 주입할 때에는 이동탱크저장소의 원동기를 정지시킬 것

4) 이동저장탱크로부터 직접 위험물을 자동차(「자동차관리법」 제2조제1호의 규정에 의한 자동차와 「건설기계관리법」 제2조제1항제1호의 규정에 의한 건설기계 중 덤프트럭 및 콘크리트믹서트럭을 말한다)의 연료탱크에 주입하지 말 것. 다만, 「건설산업기본법」 제2조제4호에 따른 건설공사를 하는 장소에서 이동탱크저장소의 위치·구조 및 설비의 기준(별표 10) IV제3호에 따른 주입설비를 부착한 이동탱크저장소로부터 해당 건설공사와 관련된 자동차(「건설기계관리법」 제2조제1항제1호에 따른 건설기계 중 덤프트럭과 콘크리트믹서트럭으로 한정한다)의 연료탱크에 인화점 40℃ 이상의 위험물을 주입하는 경우에는 그러하지 아니하다.

5) 휘발유·벤젠 그 밖에 정전기에 의한 재해발생의 우려가 있는 액체의 위험물을 이동저장탱크에 주입하거나 이동저장탱크로부터 배출하는 때에는 도선으로 이동저장탱크와 접지전극 등과의 사이를 긴밀히 연결하여 당해 이동저장탱크를 접지할 것

6) 휘발유·벤젠·그 밖에 정전기에 의한 재해발생의 우려가 있는 액체의 위험물을 이동저장탱크의 상부로 주입하는 때에는 주입관을 사용하되, 당해 주입관의 끝부분을 이동저장탱크의 밑바닥에 밀착할 것
7) 휘발유를 저장하던 이동저장탱크에 등유나 경유를 주입할 때 또는 등유나 경유를 저장하던 이동저장탱크에 휘발유를 주입할 때에는 다음의 기준에 따라 정전기 등에 의한 재해를 방지하기 위한 조치를 할 것
   가) 이동저장탱크의 상부로부터 위험물을 주입할 때에는 위험물의 액표면이 주입관의 끝부분을 넘는 높이가 될 때까지 그 주입관내의 유속을 초당 1m 이하로 할 것
   나) 이동저장탱크의 밑부분으로부터 위험물을 주입할 때에는 위험물의 액표면이 주입관의 정상부분을 넘는 높이가 될 때까지 그 주입배관내의 유속을 초당 1m 이하로 할 것
   다) 그 밖의 방법에 의한 위험물의 주입은 이동저장탱크에 가연성증기가 잔류하지 아니하도록 조치하고 안전한 상태로 있음을 확인한 후에 할 것
8) 이동탱크저장소는 이동탱크저장소의 위치·구조 및 설비의 기준(별표 10) I의 규정에 의한 상치장소에 주차할 것. 다만, 원거리 운행 등으로 상치장소에 주차할 수 없는 경우에는 다음의 장소에도 주차할 수 있다.
   가) 다른 이동탱크저장소의 상치장소
   나) 「화물자동차 운수사업법」에 의한 일반화물자동차운송사업을 위한 차고로서 이동탱크저장소의 위치·구조 및 설비의 기준 I의 규정에 적합한 장소
   다) 「물류시설의 개발 및 운영에 관한 법률」에 따른 물류터미널의 주차장으로서 이동탱크저장소의 위치·구조 및 설비의 기준 I의 규정에 적합한 장소
   라) 「주차장법」에 의한 주차장중 노외의 옥외주차장으로서 이동탱크저장소의 위치·구조 및 설비의 기준 I의 규정에 적합한 장소
   마) 제조소등이 설치된 사업장 내의 안전한 장소
   바) 도로(길어깨 및 노상주차장을 포함한다) 외의 장소로서 화기취급장소 또는 건축물로부터 10m 이상 거리를 둔 장소
   사) 벽·기둥·바닥·보·서까래 및 지붕이 내화구조로 된 건축물의 1층으로서 개구부가 없는 내하구조의 격벽 등으로 당해 건축물의 다른 용도의 부분과 구획된 장소
   아) 소방본부장 또는 소방서장으로부터 승인을 받은 장소
9) 이동저장탱크를 8)의 규정에 의한 상치장소 등에 주차시킬 때에는 완전히 빈 상

태로 할 것. 다만, 당해 장소가 옥외탱크저장소의 위치·구조 및 설비의 기준(별표 6) I·II 및 IX의 규정에 적합한 경우에는 그러하지 아니하다.

10) 이동저장탱크로부터 직접 위험물을 선박의 연료탱크에 주입하는 경우에는 다음의 기준에 따를 것

가) 선박이 이동하지 아니하도록 계류(繫留)시킬 것

나) 이동탱크저장소가 움직이지 않도록 조치를 강구할 것

다) 이동탱크저장소의 주입호스의 끝부분을 선박의 연료탱크의 급유구에 긴밀히 결합할 것. 다만, 주입호스 끝부분에 수동개폐장치를 설치한 주유노즐로 주입하는 때에는 그러하지 아니하다.

라) 이동탱크저장소의 주입설비를 접지할 것. 다만, 인화점 40℃ 이상의 위험물을 주입하는 경우에는 그러하지 아니하다.

자. 컨테이너식 이동탱크저장소에서의 위험물취급은 아목[1)을 제외한다]의 규정을 준용하는 외에 다음의 기준에 의할 것

1) 이동저장탱크에서 위험물을 저장 또는 취급하는 탱크에 액체위험물을 주입하는 때에는 주입구에 주입호스를 긴밀히 연결할 것. 다만, 주입호스의 끝부분에 수동개폐장치를 설비한 주입노즐(수동개폐장치를 개방상태로 고정하는 장치를 한 것을 제외한다)에 의하여 지정수량 미만의 탱크에 인화점이 40℃ 이상인 제4류 위험물을 주입하는 때에는 그러하지 아니하다.

2) 이동저장탱크를 체결금속구, 변형금속구 또는 섀시프레임에 긴밀히 결합한 구조의 유(U)볼트를 이용하여 차량에 긴밀히 연결할 것

6. 알킬알루미늄등 및 아세트알데히드등의 취급기준은 제1호 내지 제5호에 정하는 것 외에 당해 위험물의 성질에 따라 다음 각목에 정하는 바에 의한다(중요기준).

가. 알킬알루미늄등의 제조소 또는 일반취급소에 있어서 알킬알루미늄등을 취급하는 설비에는 불활성의 기체를 봉입할 것

나. 알킬알루미늄등의 이동탱크저장소에 있어서 이동저장탱크로부터 알킬알루미늄등을 꺼낼 때에는 동시에 200kPa 이하의 압력으로 불활성의 기체를 봉입할 것

다. 아세트알데히드등의 제조소 또는 일반취급소에 있어서 아세트알데히드등을 취급하는 설비에는 연소성 혼합기체의 생성에 의한 폭발의 위험이 생겼을 경우에 불활성의 기체 또는 수증기[아세트알데히드등을 취급하는 탱크(옥외에 있는 탱크 또는 옥내에 있는 탱크로서 그 용량이 지정수량의 5분의 1 미만의 것을 제외한다)에 있어서는 불활성의 기체]를 봉입할 것

라. 아세트알데히드등의 이동탱크저장소에 있어서 이동저장탱크로부터 아세트알데히

드등을 꺼낼 때에는 동시에 100kPa 이하의 압력으로 불활성의 기체를 봉입할 것

V. 위험물의 용기 및 수납

1. III제4호 및 제17호의 규정에 의하여 위험물을 용기에 수납할 때 또는 IV제2호가목의 규정에 의하여 위험물을 용기에 옮겨 담을 때에는 다음 각목에 정하는 용기의 구분에 따라 당해 각목에 정하는 바에 의한다. 다만, 제조소등이 설치된 부지와 동일한 부지내에서 위험물을 저장 또는 취급하기 위하여 다음 각목에 정하는 용기 외의 용기에 수납하거나 옮겨 담는 경우에 있어서 당해 용기의 저장 또는 취급이 화재의 예방상 안전하다고 인정될 때에는 그러하지 아니하다.
   가. 나목에 정하는 용기 외의 용기 : 고체의 위험물에 있어서는 부표 제1호, 액체의 위험물에 있어서는 부표 제2호에 정하는 기준에 적합한 내장용기(내장용기의 용기의 종류란이 공란인 것은 외장용기) 또는 저장 또는 취급의 안전상 이러한 기준에 적합한 용기와 동등 이상이라고 인정하여 소방청장이 정하여 고시하는 것(이하 V에서 "내장용기등"이라고 한다)으로서 위험물의 운반에 관한 기준(별표 19) II제1호에 정하는 수납의 기준에 적합할 것
   나. 기계에 의하여 하역하는 구조로 된 용기(기계에 의하여 들어 올리기 위한 고리·기구·포크리프트포켓 등이 있는 용기를 말한다. 이하 같다) : 위험물의 운반에 관한 기준(별표 19) I제3호나목에 규정하는 운반용기로서 위험물의 운반에 관한 기준 II제2호에 정하는 수납의 기준에 적합할 것
2. 제1호 가목의 내장용기등(내장용기등을 다른 용기에 수납하는 경우에 있어서는 당해 용기를 포함한다. 이하 V에서 같다)에 있어서는 위험물의 운반에 관한 기준(별표 19) II제8호에 정하는 표시를, 제1호나목의 용기에 있어서는 위험물의 운반에 관한 기준 II제8호 각 목 및 II제8호 및 II제13호에 정하는 표시를 각각 보기 쉬운 위치에 하여야 한다.
3. 제2호의 규정에 불구하고 제1류·제2류 또는 제4류의 위험물[위험물의 운반에 관한 기준(별표 19) V제1호의 규정에 의한 위험등급I의 위험물을 제외한다]의 내장용기등으로서 최대용적이 1ℓ 이하의 것에 있어서는 위험물의 운반에 관한 기준 II제8호가목 및 다목의 표시를 각각 위험물의 통칭명 및 동호의 규정에 의한 표시와 동일한 의미가 있는 다른 표시로 대신할 수 있다.
4. 제2호 및 제3호의 규정에 불구하고 제4류 위험물에 해당하는 화장품(에어졸을 제외한다)의 내장용기등으로서 최대용적이 150mℓ 이하의 것에 있어서는 위험물의 운반에 관한 기준(별표 19) II제8호가목 및 다목에 정하는 표시를 아니할 수 있고 최대용적이 150mℓ 초과 300mℓ 이하의 것에 있어서는 II제8호가목에 정하는 표시를 하지 아니할

수 있으며, II제8호다목의 주의사항은 동목의 규정에 의한 표시와 동일한 의미가 있는 다른 표시로 대신할 수 있다.

5. 제2호 및 제3호의 규정에 불구하고 제4류 위험물에 해당하는 에어졸의 내장용기등으로서 최대 용적이 300mℓ 이하의 것에 있어서는 위험물의 운반에 관한 기준(별표 19) II 제8호가목의 규정에 의한 표시를 하지 아니할 수 있고, II제8호다목의 주의사항을 동목의 규정에 의한 표시와 동일한 의미가 있는 다른 표시로 대신할 수 있다.
6. 제2호 및 제3호의 규정에 불구하고 제4류 위험물 중 동식물유류의 내장용기등으로서 최대용적이 3ℓ 이하의 것에 있어서는 위험물의 운반에 관한 기준(별표 19) II제8호가목 및 다목의 표시를 각각 당해 위험물의 통칭명 및 동호의 규정에 의한 표시와 동일한 의미가 있는 다른 표시로 대신할 수 있다.

VI. 「위험물안전관리법」 제5조제3항의 규정에 의한 중요기준 및 세부기준은 다음 각 호의 구분에 의한다.

1. 중요기준 : I 내지 V의 저장 또는 취급기준 중 "중요기준"이라 표기한 것
2. 세부기준 : 중요기준 외의 것

[부표] <개정 2021.7.13.>

Chapter

07 위험물 운반에 관한 기준

위험물의 운반은 그 용기 적재방법 및 운반방법에 있어서 중요기준은 화재등 위해의 예방과 응급조치에 있어서 큰 영향을 미치거나 이 기준을 위한하는 경우 직접적으로 화재를 일으킬 가능성이 있는 기준으로 I 내지 III 기준을 "중요기준"이라 표기한 것이고 세부기준은 화재 등 위해의 예방과 응급조치에 있어서 중요기준보다 상대적으로 적은 영향을 미치거나 그 기준을 위반하는 경우 간접적으로 화재를 일으킬 수 있는 기준 및 위험물의 안전관리에 필요한 표시와 서류·기구 등의 비치에 관한 기준으로서 중요기준 이외의 것이다.

I. 운반용기

1. 운반용기의 재질은 강판·알루미늄판·양철판·유리·금속판·종이·플라스틱·섬유판·고무류·합성섬유·삼·짚 또는 나무로 한다.
2. 운반용기는 견고하여 쉽게 파손될 우려가 없고, 그 입구로부터 수납된 위험물이 샐 우려가 없도록 하여야 한다.
3. 운반용기의 구조 및 최대용적은 다음 각 호의 규정에 의한 용기의 구분에 따라 당해 각 목에 정하는 바에 의한다.
   가. 나목의 규정에 의한 용기 외의 용기
   고체의 위험물을 수납하는 것에 있어서는 부표 1 제1호, 액체의 위험물을 수납하는 것에 있어서는 부표 1 제2호에 정하는 기준에 적합할 것. 다만, 운반의 안전상 이러한 기준에 적합한 운반용기와 동등 이상이라고 인정하여 소방청장이 정하여 고시하는 것에 있어서는 그러하지 아니하다.

[운반용기의 최대용적 또는 중량(위험물안전관리법 시행규칙 「별표 19」 부표 1)]

1. 고체위험물

운반용기				수납위험물의 종류									
내장용기		외장용기		제1류			제2류		제3류			제5류	
용기의 종류	최대용적 또는 중량	용기의 종류	최대용적 또는 중량	I	II	III	II	III	I	II	III	I	II
유리용기 또는 플라스틱용기	10ℓ	나무상자 또는 플라스틱상자(필요에 따라 불활성의 완충재를 채울 것)	125kg	○	○	○	○	○	○	○	○	○	○
			225kg		○	○		○		○	○		○
		파이버판상자(필요에 따라 불활성의 완충재를 채울 것)	40kg	○	○	○	○	○	○	○	○	○	○
			55kg		○	○		○		○	○		○

금속제용기	30ℓ	나무상자 또는 플라스틱상자	125kg	○	○	○	○	○	○	○	○	○	○
			225kg		○	○		○		○	○		○
		파이버판판상자	40kg	○	○	○	○	○	○	○	○	○	○
			55kg		○	○		○		○	○		○
플라스틱필름포대 또는 종이포대	5kg	나무상자 또는 플라스틱상자	50kg	○	○	○	○	○		○	○	○	○
	50kg		50kg	○	○	○	○	○					○
	125kg		125kg		○	○	○	○					
	225kg		225kg			○		○					
	5kg	파이버판상자	40kg	○	○	○	○	○		○	○	○	○
	40kg		40kg	○	○	○	○	○					○
	55kg		55kg			○		○					
		금속제용기(드럼 제외)	60ℓ	○	○	○	○	○	○	○	○	○	○
		플라스틱용기(드럼 제외)	10ℓ		○	○	○	○		○	○		○
			30ℓ			○		○					○
		금속제드럼	250ℓ	○	○	○	○	○	○	○	○	○	○
		플라스틱드럼 또는 파이버드럼(방수성이 있는 것)	60ℓ	○	○	○	○	○	○	○	○	○	○
			250ℓ		○	○		○		○	○		○
		합성수지포대(방수성이 있는 것), 플라스틱필름포대, 섬유포대(방수성이 있는 것) 또는 종이포대(여러 겹으로서 방수성이 있는 것)	50kg		○	○	○	○		○	○		○

비고)

1. "○"표시는 수납위험물의 종류별 각 란에 정한 위험물에 대하여 당해 각 란에 정한 운반용기가 적응성이 있음을 표시한다.
2. 내장용기는 외장용기에 수납하여야 하는 용기로서 위험물을 직접 수납하기 위한 것을 말한다.
3. 내장용기의 용기의 종류란이 공란인 것은 외장용기에 위험물을 직접 수납하거나 유리용기, 플라스틱용기, 금속제용기, 폴리에틸렌포대 또는 종이포대를 내장용기로 할 수 있음을 표시한다.

2. 액체위험물

운반용기				수납위험물의 종류								
내장용기		외장용기		제3류			제4류			제5류		제6류
용기의 종류	최대용적 또는 중량	용기의 종류	최대용적 또는 중량	I	II	III	I	II	III	I	II	I
유리용기	5ℓ	나무 또는 플라스틱상자(불활성의 완충재를 채울 것)	75kg	○	○	○	○	○	○	○	○	○
	10ℓ		125kg		○	○		○	○		○	
			225kg						○			
	5ℓ	파이버판상자(불활성의 완충재를 채울 것)	40kg	○	○	○	○	○	○	○	○	○
	10ℓ		55kg						○			

플라스틱용기	10ℓ	나무 또는 플라스틱상자(필요에 따라 불활성의 완충재를 채울 것)	75kg	○	○	○	○	○	○	○	○	○
			125kg		○	○		○	○		○	
			225kg						○			
		파이버판상자(필요에 따라 불활성의 완충재를 채울 것)	40kg	○	○	○	○	○	○	○	○	○
			55kg						○			
금속제용기	30ℓ	나무 또는 플라스틱상자	125kg	○	○	○	○	○	○	○	○	○
			225kg						○			
		파이버판상자	40kg	○	○	○	○	○	○	○	○	○
			55kg		○	○		○	○		○	
		금속제용기(금속제드럼 제외)	60ℓ		○	○		○	○		○	
		플라스틱용기(플라스틱드럼 제외)	10ℓ		○	○		○	○		○	
			20ℓ					○	○			
			30ℓ						○		○	
		금속제드럼(뚜껑고정식)	250ℓ	○	○	○	○	○	○	○	○	○
		금속제드럼(뚜껑탈착식)	250ℓ					○	○			
		플라스틱 또는 파이버드럼(플라스틱내 용기부착의 것)	250ℓ		○	○			○		○	

비고)

1. "○"표시는 수납위험물의 종류별 각 란에 정한 위험물에 대하여 당해 각 란에 정한 운반용기가 적응성이 있음을 표시한다.
2. 내장용기는 외장용기에 수납하여야 하는 용기로서 위험물을 직접 수납하기 위한 것을 말한다.
3. 내장용기의 용기의 종류란이 공란인 것은 외장용기에 위험물을 직접 수납하거나 유리용기, 플라스틱용기 또는 금속제용기를 내장용기로 할 수 있음을 표시한다.

나. 기계에 의하여 하역하는 구조로 된 용기

고체의 위험물을 수납하는 것에 있어서는 별표 20 제1호, 액체의 위험물을 수납하는 것에 있어서는 별표 20 제2호에 정하는 기준 및 1) 내지 6)에 정하는 기준에 적합할 것. 다만, 운반의 안전상 이러한 기준에 적합한 운반용기와 동등 이상이라고 인정하여 소방청장이 정하여 고시하는 것과 UN의 위험물 운송에 관한 권고(RTDG, Recommendations on the Transport of Dangerous Goods)에서 정한 기준에 적합한 것으로 인정된 용기에 있어서는 그러하지 아니하다.

1) 운반용기는 부식 등의 열화에 대하여 적절히 보호될 것
2) 운반용기는 수납하는 위험물의 내압 및 취급시와 운반시의 하중에 의하여 당해 용기에 생기는 응력에 대하여 안전할 것
3) 운반용기의 부속설비에는 수납하는 위험물이 당해 부속설비로부터 누설되지 아니하도록 하는 조치가 강구되어 있을 것

4) 용기본체가 틀로 둘러싸인 운반용기는 다음의 요건에 적합할 것
   가) 용기본체는 항상 틀내에 보호되어 있을 것
   나) 용기본체는 틀과의 접촉에 의하여 손상을 입을 우려가 없을 것
   다) 운반용기는 용기본체 또는 틀의 신축등에 의하여 손상이 생기지 아니할 것
5) 하부에 배출구가 있는 운반용기는 다음의 요건에 적합할 것
   가) 배출구에는 개폐위치에 고정할 수 있는 밸브가 설치되어 있을 것
   나) 배출을 위한 배관 및 밸브에는 외부로부터의 충격에 의한 손상을 방지하기 위한 조치가 강구되어 있을 것
   다) 폐지판등에 의하여 배출구를 이중으로 밀폐할 수 있는 구조일 것. 다만, 고체의 위험물을 수납하는 운반용기에 있어서는 그러하지 아니하다.
6) 1) 내지 5)에 규정하는 것 외의 운반용기의 구조에 관하여 필요한 사항은 소방청장이 정하여 고시한다.

[기계에 의하여 하역하는 구조로 된 운반용기의 최대용적(위험물안전관리법 시행규칙 「별표 20」)**]**

1. 고체위험물

운반용기		수납위험물의 종류									
종류	최대 용적	제1류			제2류		제3류			제5류	
		I	II	III	II	III	I	II	III	I	II
금속제	3,000ℓ	○	○	○	○	○	○	○	○		○
플렉시블(flexible) 합성수지제	3,000ℓ		○	○	○	○		○	○		○
플렉시블(flexible) 플라스틱 필름제	3,000ℓ		○	○	○	○		○	○		○
플렉시블(flexible) 섬유제	3,000ℓ		○	○	○	○		○	○		○
플렉시블(flexible) 종이제 (여러 겹의 것)	3,000ℓ		○	○	○	○		○	○		○
경질플라스틱제	1,500ℓ	○	○	○	○	○		○	○		○
	3,000ℓ		○	○	○	○		○	○		○
플라스틱 내용기 부착	1,500ℓ	○	○	○	○	○		○	○		○
	3,000ℓ		○	○	○	○		○	○		○
파이버판제	3,000ℓ		○	○	○	○		○	○		○
목제(라이닝부착)	3,000ℓ		○	○	○	○		○	○		○

비고)
1. "○"표시는 수납위험물의 종류별 각 란에 정한 위험물에 대하여 해당 각 란에 정한 운반용기가 적응성이 있음을 표시한다.
2. 플렉시블제, 파이버판제 및 목제의 운반용기에 있어서는 수납 및 배출방법을 중력에 의한 것에 한한다.

2. 액체위험물

운반용기		수납위험물의 종류								
종류	최대 용적	제3류			제4류			제5류		제6류
		I	II	III	I	II	III	I	II	I
금속제	3,000ℓ		○	○		○	○		○	
경질플라스틱제	3,000ℓ		○	○		○	○		○	
플라스틱 내용기 부착	3,000ℓ		○	○		○	○		○	

비고) "○"표시는 수납위험물의 종류별 각 란에 정한 위험물에 대하여 해당 각 란에 정한 운반용기가 적응성이 있음을 표시한다.

4. 제3호의 규정에 불구하고 승용차량(승용으로 제공하는 차 실내에 화물용으로 제공하는 부분이 있는 구조의 것을 포함한다)으로 인화점이 40℃ 미만인 위험물 중 소방청장이 정하여 고시하는 것을 운반하는 경우의 운반용기의 구조 및 최대용적의 기준은 소방청장이 정하여 고시한다.
5. 제3호의 규정에 불구하고 운반의 안전상 제한이 필요하다고 인정되는 경우에는 위험물의 종류, 운반용기의 구조 및 최대용적의 기준을 소방청장이 정하여 고시할 수 있다.
6. 제3호 내지 제5호의 운반용기는 다음 각 목의 규정에 의한 용기의 구분에 따라 당해 각 목에 정하는 성능이 있어야 한다.
   가. 나목의 규정에 의한 용기 외의 용기
   소방청장이 정하여 고시하는 낙하시험, 기밀시험, 내압시험 및 겹쳐쌓기시험에서 소방청장이 정하여 고시하는 기준에 적합할 것. 다만, 수납하는 위험물의 품명, 수량, 성질과 상태 등에 따라 소방청장이 정하여 고시하는 용기에 있어서는 그러하지 아니하다.
   나. 기계에 의하여 하역하는 구조로 된 용기
   소방청장이 정하여 고시하는 낙하시험, 기밀시험, 내압시험, 겹쳐쌓기시험, 아랫부분 인상시험, 윗부분 인상시험, 파열전파시험, 넘어뜨리기시험 및 일으키기시험에서 소방청장이 정하여 고시하는 기준에 적합할 것. 다만, 수납하는 위험물의 품명, 수량, 성질과 상태 등에 따라 소방청장이 정하여 고시하는 용기에 있어서는 그러하지 아니하다.

Ⅱ. 적재방법

1. 위험물은 I의 규정에 의한 운반용기에 다음 각 목의 기준에 따라 수납하여 적재하여야 한다. 다만, 덩어리상태의 유황등을 운반하기 위하여 적재하는 경우 또는 위험물을 동일구내에 있는 제조소등의 상호간에 운반하기 위하여 적재하는 경우에는 그러하지 아니하다(중요기준).
   가. 위험물이 온도변화 등에 의하여 누설되지 아니하도록 운반용기를 밀봉하여 수납할 것. 다만, 온도변화 등에 의한 위험물로부터의 가스의 발생으로 운반용기안의 압력이 상승할 우려가 있는 경우(발생한 가스가 독성 또는 인화성을 갖는 등 위험성이 있는 경우를 제외한다)에는 가스의 배출구(위험물의 누설 및 다른 물질의 침투를 방지하는 구조로 된 것에 한한다)를 설치한 운반용기에 수납할 수 있다.
   나. 수납하는 위험물과 위험한 반응을 일으키지 아니하는 등 당해 위험물의 성질에 적합한 재질의 운반용기에 수납할 것
   다. 고체위험물은 운반용기 내용적의 95% 이하의 수납률로 수납할 것
   라. 액체위험물은 운반용기 내용적의 98% 이하의 수납률로 수납하되, 55도의 온도에서 누설되지 아니하도록 충분한 공간용적을 유지하도록 할 것
   마. 하나의 외장용기에는 다른 종류의 위험물을 수납하지 아니할 것
   바. 제3류 위험물은 다음의 기준에 따라 운반용기에 수납할 것
      1) 자연발화성물품에 있어서는 불활성 기체를 봉입하여 밀봉하는 등 공기와 접하지 아니하도록 할 것
      2) 자연발화성물품 외의 물품에 있어서는 파라핀·경유·등유 등의 보호액으로 채워 밀봉하거나 불활성 기체를 봉입하여 밀봉하는 등 수분과 접하지 아니하도록 할 것
      3) 라목의 규정에 불구하고 자연발화성물품 중 알킬알루미늄등은 운반용기의 내용적의 90% 이하의 수납률로 수납하되, 50℃의 온도에서 5% 이상의 공간용적을 유지하도록 할 것
2. 기계에 의하여 하역하는 구조로 된 운반용기에 대한 수납은 제1호(다목을 제외한다)의 규정을 준용하는 외에 다음 각 목의 기준에 따라야 한다(중요기준).
   가. 다음의 규정에 의한 요건에 적합한 운반용기에 수납할 것
      1) 부식, 손상 등 이상이 없을 것
      2) 금속제의 운반용기, 경질플라스틱제의 운반용기 또는 플라스틱내 용기부착의 운반용기에 있어서는 다음에 정하는 시험 및 점검에서 누설 등 이상이 없을 것
         가) 2년 6개월 이내에 실시한 기밀시험(액체의 위험물 또는 10kPa 이상의 압력을

가하여 수납 또는 배출하는 고체의 위험물을 수납하는 운반용기에 한한다)

나) 2년 6개월 이내에 실시한 운반용기의 외부의 점검·부속설비의 기능점검 및 5년 이내의 사이에 실시한 운반용기의 내부의 점검

나. 복수의 폐쇄장치가 연속하여 설치되어 있는 운반용기에 위험물을 수납하는 경우에는 용기본체에 가까운 폐쇄장치를 먼저 폐쇄할 것

다. 휘발유, 벤젠 그 밖의 정전기에 의한 재해가 발생할 우려가 있는 액체의 위험물을 운반용기에 수납 또는 배출할 때에는 당해 재해의 발생을 방지하기 위한 조치를 강구할 것

라. 온도변화 등에 의하여 액상이 되는 고체의 위험물은 액상으로 되었을 때 당해 위험물이 새지 아니하는 운반용기에 수납할 것

마. 액체위험물을 수납하는 경우에는 55℃의 온도에서의 증기압이 130kPa 이하가 되도록 수납할 것

바. 경질플라스틱제의 운반용기 또는 플라스틱 내 용기부착의 운반용기에 액체위험물을 수납하는 경우에는 당해 운반용기는 제조된 때로부터 5년 이내의 것으로 할 것

사. 가목 내지 바목에 규정하는 것 외에 운반용기에의 수납에 관하여 필요한 사항은 소방청장이 정하여 고시한다.

3. 위험물은 당해 위험물이 전락(轉落)하거나 위험물을 수납한 운반용기가 전도·낙하 또는 파손되지 아니하도록 적재하여야 한다(중요기준).
4. 운반용기는 수납구를 위로 향하게 하여 적재하여야 한다(중요기준).
5. 적재하는 위험물의 성질에 따라 일광의 직사 또는 빗물의 침투를 방지하기 위하여 유효하게 피복하는 등 다음 각 목에 정하는 기준에 따른 조치를 하여야 한다(중요기준).

가. 제1류 위험물, 제3류 위험물 중 자연발화성물질, 제4류 위험물 중 특수인화물, 제5류 위험물 또는 제6류 위험물은 차광성이 있는 피복으로 가릴 것

나. 제1류 위험물 중 알칼리금속의 과산화물 또는 이를 함유한 것, 제2류 위험물 중 철분·금속분·마그네슘 또는 이들 중 어느 하나 이상을 함유한 것 또는 금수성물품은 방수성이 있는 피복으로 덮을 것

다. 제5류 위험물 중 55℃ 이하의 온도에서 분해될 우려가 있는 것은 보냉 컨테이너에 수납하는 등 적정한 온도관리를 할 것

라. 액체위험물 또는 위험등급II의 고체위험물을 기계에 의하여 하역하는 구조로 된 운반용기에 수납하여 적재하는 경우에는 당해 용기에 대한 충격 등을 방지하기 위한 조치를 강구할 것. 다만, 위험등급II의 고체위험물을 플렉서블(flexible)의 운반용기, 파이버판제의 운반용기 및 목제의 운반용기 외의 운반용기에 수납하여 적재하는

경우에는 그러하지 아니하다.

6. 위험물은 다음 각 목의 규정에 의한 바에 따라 종류를 달리하는 그 밖의 위험물 또는 재해를 발생시킬 우려가 있는 물품과 함께 적재하지 아니하여야 한다(중요기준).

가. 혼재가 금지되고 있는 위험물

[유별을 달리하는 위험물의 혼재기준(위험물안전관리법 시행규칙 「별표 19」 부표 2)]

위험물의 구분	제1류	제2류	제3류	제4류	제5류	제6류
제1류		×	×	×	×	○
제2류	×		×	○	○	×
제3류	×	×		○	×	×
제4류	×	○	○		○	×
제5류	×	○	×	○		×
제6류	○	×	×	×	×	

비고)

1. "×"표시는 혼재할 수 없음을 표시한다.
2. "○"표시는 혼재할 수 있음을 표시한다.
3. 이 표는 지정수량의 10분의 1 이하의 위험물에 대하여는 적용하지 아니한다.

나. 「고압가스 안전관리법」에 의한 고압가스(소방청장이 정하여 고시하는 것을 제외한다)

7. 위험물을 수납한 운반용기를 겹쳐 쌓는 경우에는 그 높이를 3m 이하로 하고, 용기의 상부에 걸리는 하중은 당해 용기 위에 당해 용기와 동종의 용기를 겹쳐 쌓아 3m의 높이로 하였을 때에 걸리는 하중 이하로 하여야 한다(중요기준).

8. 위험물은 그 운반용기의 외부에 다음 각 목에 정하는 바에 따라 위험물의 품명, 수량 등을 표시하여 적재하여야 한다. 다만, UN의 위험물 운송에 관한 권고(RTDG, Recommendations on the Transport of Dangerous Goods)에서 정한 기준 또는 소방청장이 정하여 고시하는 기준에 적합한 표시를 한 경우에는 그러하지 아니하다.

가. 위험물의 품명·위험등급·화학명 및 수용성("수용성" 표시는 제4류 위험물로서 수용성인 것에 한한다)

나. 위험물의 수량

다. 수납하는 위험물에 따라 다음의 규정에 의한 주의사항

1) 제1류 위험물 중 알칼리금속의 과산화물 또는 이를 함유한 것에 있어서는 "화기·충격주의", "물기엄금" 및 "가연물접촉주의", 그 밖의 것에 있어서는 "화기·충격주의" 및 "가연물접촉주의"

2) 제2류 위험물 중 철분·금속분·마그네슘 또는 이들 중 어느 하나 이상을 함유한

것에 있어서는 "화기주의" 및 "물기엄금", 인화성고체에 있어서는 "화기엄금", 그 밖의 것에 있어서는 "화기주의"

3) 제3류 위험물 중 자연발화성물질에 있어서는 "화기엄금" 및 "공기접촉엄금", 금수성물질에 있어서는 "물기엄금"

4) 제4류 위험물에 있어서는 "화기엄금"

5) 제5류 위험물에 있어서는 "화기엄금" 및 "충격주의"

6) 제6류 위험물에 있어서는 "가연물접촉주의"

9. 제8호의 규정에 불구하고 제1류 · 제2류 또는 제4류 위험물(위험등급 I의 위험물을 제외한다)의 운반용기로서 최대용적이 1ℓ 이하인 운반용기의 품명 및 주의사항은 위험물의 통칭명 및 당해 주의사항과 동일한 의미가 있는 다른 표시로 대신할 수 있다.

10. 제8호 및 제9호의 규정에 불구하고 제4류 위험물에 해당하는 화장품(에어졸을 제외한다)의 운반용기 중 최대용적이 150mℓ 이하인 것에 대하여는 제8호 가목 및 다목의 규정에 의한 표시를 하지 아니할 수 있고, 최대용적이 150mℓ 초과 300mℓ 이하의 것에 대하여는 제8호가목의 규정에 의한 표시를 하지 아니할 수 있으며, 동호다목의 규정에 의한 주의사항을 당해 주의사항과 동일한 의미가 있는 다른 표시로 대신할 수 있다.

11. 제8호 및 제9호의 규정에 불구하고 제4류 위험물에 해당하는 에어졸의 운반용기로서 최대용적이 300mℓ 이하의 것에 대하여는 제8호가목의 규정에 의한 표시를 하지 아니할 수 있으며, 동호다목의 규정에 의한 주의사항을 당해 주의사항과 동일한 의미가 있는 다른 표시로 대신할 수 있다.

12. 제8호 및 제9호의 규정에 불구하고 제4류 위험물 중 동식물유류의 운반용기로서 최대용적이 3ℓ 이하인 것에 대하여는 제8호 가목 및 다목의 표시에 대하여 각각 위험물의 통칭명 및 동호의 규정에 의한 표시와 동일한 의미가 있는 다른 표시로 대신할 수 있다.

13. 기계에 의하여 하역하는 구조로 된 운반용기의 외부에 행하는 표시는 제8호 각 목의 규정에 의하는 외에 다음 각 목의 사항을 포함하여야 한다. 다만, UN의 위험물 운송에 관한 권고(RTDG, Recommendations on the Transport of Dangerous Goods)에서 정한 기준 또는 소방청장이 정하여 고시하는 기준에 적합한 표시를 한 경우에는 그러하지 아니하다.

가. 운반용기의 제조년월 및 제조자의 명칭

나. 겹쳐쌓기시험하중

다. 운반용기의 종류에 따라 다음의 규정에 의한 중량

1) 플렉서블 외의 운반용기 : 최대총중량(최대수용중량의 위험물을 수납하였을 경

우의 운반용기의 전중량을 말한다)

2) 플렉서블 운반용기 : 최대수용중량

라. 가목 내지 다목에 규정하는 것 외에 운반용기의 외부에 행하는 표시에 관하여 필요한 사항으로서 소방청장이 정하여 고시하는 것

III. 운반방법

1. 위험물 또는 위험물을 수납한 운반용기가 현저하게 마찰 또는 동요를 일으키지 아니하도록 운반하여야 한다(중요기준).
2. 지정수량 이상의 위험물을 차량으로 운반하는 경우에는 당해 차량에 다음 각 목의 기준에 의한 표지를 설치하여야 한다.
   가. 한 변의 길이가 0.3m 이상, 다른 한 변의 길이가 0.6m 이상인 직사각형의 판으로 할 것
   나. 바탕은 흑색으로 하고, 황색의 반사도료 그 밖의 반사성이 있는 재료로 "위험물"이라고 표시할 것
   다. 표지는 차량의 전면 및 후면의 보기 쉬운 곳에 내걸 것
3. 지정수량 이상의 위험물을 차량으로 운반하는 경우에 있어서 다른 차량에 바꾸어 싣거나 휴식·고장 등으로 차량을 일시 정차시킬 때에는 안전한 장소를 택하고 운반하는 위험물의 안전확보에 주의하여야 한다.
4. 지정수량 이상의 위험물을 차량으로 운반하는 경우에는 당해 위험물에 적응성이 있는 소형수동식소화기를 당해 위험물의 소요단위에 상응하는 능력단위 이상 갖추어야 한다.
5. 위험물의 운반도중 위험물이 현저하게 새는 등 재난발생의 우려가 있는 경우에는 응급조치를 강구하는 동시에 가까운 소방관서 그 밖의 관계기관에 통보하여야 한다.
6. 제1호 내지 제5호의 적용에 있어서 품명 또는 지정수량을 달리하는 2 이상의 위험물을 운반하는 경우에 있어서 운반하는 각각의 위험물의 수량을 당해 위험물의 지정수량으로 나누어 얻은 수의 합이 1 이상인 때에는 지정수량 이상의 위험물을 운반하는 것으로 본다.

IV. 「위험물안전관리법」 제20조제1항의 규정에 의한 중요기준 및 세부기준은 다음 각 호의 구분에 의한다.

1. 중요기준 : I 내지 III의 운반기준 중 "중요기준"이라 표기한 것
2. 세부기준 : 중요기준 외의 것

V. 위험물의 위험등급

제조소등에서의 위험물의 저장 및 취급에 관한 기준(별표 18) V, 이 표 I 및 II에 있어서 위험물의 위험등급은 위험등급I · 위험등급II 및 위험등급III으로 구분하며, 각 위험등급에 해당하는 위험물은 다음 각 호와 같다.

1. 위험등급 I의 위험물

가. 제1류 위험물 중 아염소산염류, 염소산염류, 과염소산염류, 무기과산화물 그 밖에 지정수량이 50kg인 위험물

나. 제3류 위험물 중 칼륨, 나트륨, 알킬알루미늄, 알킬리튬, 황린 그 밖에 지정수량이 10kg 또는 20kg인 위험물

다. 제4류 위험물 중 특수인화물

라. 제5류 위험물 중 유기과산화물, 질산에스테르류 그 밖에 지정수량이 10kg인 위험물

마. 제6류 위험물

2. 위험등급 II의 위험물

가. 제1류 위험물 중 브롬산염류, 질산염류, 요오드산염류 그 밖에 지정수량이 300kg인 위험물

나. 제2류 위험물 중 황화린, 적린, 유황 그 밖에 지정수량이 100kg인 위험물

다. 제3류 위험물 중 알칼리금속(칼륨 및 나트륨을 제외한다) 및 알칼리토금속, 유기금속화합물(알킬알루미늄 및 알킬리튬을 제외한다) 그 밖에 지정수량이 50kg인 위험물

라. 제4류 위험물 중 제1석유류 및 알코올류

마. 제5류 위험물 중 제1호라목에 정하는 위험물 외의 것

3. 위험등급 III의 위험물 : 제1호 및 제2호에 정하지 아니한 위험물

Chapter

08 위험물 운송시 준수기준

1. **운송책임자의 감독 또는 지원의 방법은 다음 각 목의 1과 같다.**

가. 운송책임자가 이동탱크저장소에 동승하여 운송 중인 위험물의 안전 확보에 관하여 운전자에게 필요한 감독 또는 지원을 하는 방법. 다만, 운전자가 운반책임자의 자격이 있는 경우에는 운반책임자의 자격이 없는 자가 동승할 수 있다.

나. 운송의 감독 또는 지원을 위하여 마련한 별도의 사무실에 운송책임자가 대기하면서 다음의 사항을 이행하는 방법

1) 운송경로를 미리 파악하고 관할 소방관서 또는 관련 업체(비상대응에 관한 협력을 얻을 수 있는 업체를 말한다)에 대한 연락체계를 갖추는 것

2) 이동탱크저장소의 운전자에 대하여 수시로 안전 확보 상황을 확인하는 것

3) 비상시의 응급처치에 관하여 조언을 하는 것

4) 그 밖에 위험물의 운송 중 안전 확보에 관하여 필요한 정보를 제공하고 감독 또는 지원하는 것

2. **이동탱크저장소에 의한 위험물의 운송시에 준수하여야 하는 기준은 다음 각 목과 같다.**

가. 위험물 운송자는 운송의 개시 전에 이동저장탱크의 배출밸브 등의 밸브와 폐쇄장치, 맨홀 및 주입구의 뚜껑, 소화기 등의 점검을 충분히 실시할 것

나. 위험물 운송자는 장거리(고속국도에 있어서는 340km 이상, 그 밖의 도로에 있어서는 200km 이상을 말한다)에 걸치는 운송을 하는 때에는 2명 이상의 운전자로 할 것. 다만, 다음의 1에 해당하는 경우에는 그러하지 아니하다.

1) 제1호가목의 규정에 의하여 운송책임자를 동승시킨 경우

2) 운송하는 위험물이 제2류 위험물·제3류 위험물(칼슘 또는 알루미늄의 탄화물과 이것만을 함유한 것에 한한다) 또는 제4류 위험물(특수인화물을 제외한다)인 경우

3) 운송도중에 2시간 이내마다 20분 이상씩 휴식하는 경우

다. 위험물 운송자는 이동탱크저장소를 휴식·고장 등으로 일시 정차시킬 때에는 안전한 장소를 택하고 당해 이동탱크저장소의 안전을 위한 감시를 할 수 있는 위치에 있는 등 운송하는 위험물의 안전 확보에 주의할 것

라. 위험물 운송자는 이동저장탱크로부터 위험물이 현저하게 새는 등 재해발생의 우려가 있는 경우에는 재난을 방지하기 위한 응급조치를 강구하는 동시에 소방관서 그 밖의 관계기관에 통보할 것

마. 위험물(제4류 위험물에 있어서는 특수인화물 및 제1석유류에 한한다)을 운송하게

하는 자는 운송하게 하는 위험물의 취급방법 및 응급조치요령을 알기 쉽게 기록한 카드(이하 바목에서 “위험물안전카드”라 한다)를 위험물운송자로 하여금 휴대하게 할 것

바. 위험물 운송자는 위험물안전카드를 휴대하고 당해 카드에 기재된 내용에 따를 것. 다만, 재난 그 밖의 불가피한 이유가 있는 경우에는 당해 기재된 내용에 따르지 아니할 수 있다.

참고문헌

중앙소방학교, 위험물시설론, 중앙소방학교(2009년)

소방방재청, 위험물시설해설, 소방안전협회(2009년)

소방안전협회, 위험물안전관리자 실무교재, 소방안전협회(2009년)

공하성, 소방관계법규, 성안당(2009년)

김태환, 소방시설이해(위험물시설), 인쇄출판 토파인(2008년)

김창섭, 위험물각론, 인쇄출판 토파인(2008년)

정기성 외 8명, 소방법규해설, 도서출판 동화기술(2010년)

법제처 국가법령정보센터 위험물안전관리 시행법칙 및 시행령

찾아보기

ㄱ

ㅅ

ㅈ

ㅎ

기타

저 자 : **정 거 성**

- 제1기소방간부후보생수료
- 경기도 동두천, 광명, 안산 소방서장
- 인천광역시 중부, 북부, 서부 소방서장
- 중앙 119구조대장
- 중앙소방학교 서무과장
- 서울특별시 소방방재본부 예방과장
- 전라북도 소방본부장
- 대한소방공제회 상임이사
- 중앙소방기술 심의위원
- 한국소방검정기술 심의위원
- (전) 우석대학교 소방안전학과 교수

위험물시설론 정가 18,000원

발 행 2024년 9월 10일 5판 2쇄
저 자 정거성
발행인 정우용
발행처 도서출판 **동 화 기 술**
경기도 파주시 광인사길 201(문발동, 파주출판도시)
Tel (031)955-4211~6 donghwapub@nate.com
Fax (031)955-4217 www.donghwapub.co.kr
(등록) 1977년 12월 19일/9-16호

Printed in Korea
ISBN 978-89-425-9454-2